智能制造类产教融合人才培养系列教材

智能制造数字化
PCB系统设计

郑维明　宋立博　曲　凌　李劲松　编

机械工业出版社

本书作为智能制造类产教融合人才培养系列教材，以西门子工业软件相关技术平台为支撑。全书共分为 11 章，内容包括概述、高速 PCB 设计流程、中心库管理、原理图的创建与编辑、PADS Pro PCB 功能及基本操作、Expedition PCB 功能及基本操作、PCB 设计布局、PCB 布线、Xpedition Enterprise 高级应用、电子产品设计应用案例、西门子智能制造平台集成。

本书基于西门子工业软件有限公司旗下的 Mentor Graphics PCB 设计系统，全面、系统地介绍了以数据管理为核心的完整 PCB 设计流程，包括创建与维护电子元器件库、使用原理图设计工具完成电路设计、导入网表信息到 PCB 工具中进行布局布线、设定设计规则以满足电气规则和生产制造规则、生成制造所需要的所有加工文件这一完整流程的相关知识点。同时，本书还介绍了面向数字化智能制造的先进设计技术，以及无缝整合于西门子智能制造完整体系的集成技术和方法。

本书可作为高等职业院校和职业本科院校电子产品制造技术、电子信息工程技术和智能产品开发与应用等专业的教材，也可以作为相关技术人员的参考用书。

图书在版编目（CIP）数据

智能制造数字化 PCB 系统设计／郑维明等编 . —北京：机械工业出版社，2021.7
智能制造类产教融合人才培养系列教材
ISBN 978-7-111-68270-7

Ⅰ. ①智… Ⅱ. ①郑… Ⅲ. ①智能制造系统—系统设计—教材 Ⅳ. ①TH166

中国版本图书馆 CIP 数据核字（2021）第 091622 号

机械工业出版社（北京市百万庄大街 22 号 邮政编码 100037）
策划编辑：黎 艳 责任编辑：黎 艳
责任校对：郑 婕 封面设计：张 静
责任印制：李 昂
北京联兴盛业印刷股份有限公司印刷
2021 年 8 月第 1 版第 1 次印刷
184mm×260mm · 21 印张 · 519 千字
0001—1900 册
标准书号：ISBN 978-7-111-68270-7
定价：69.00 元

电话服务 网络服务
客服电话：010-88361066 机 工 官 网：www.cmpbook.com
010-88379833 机 工 官 博：weibo.com/cmp1952
010-68326294 金 书 网：www.golden-book.com
封底无防伪标均为盗版 机工教育服务网：www.cmpedu.com

西门子智能制造产教融合研究项目
课题组推荐用书

编写委员会

郑维明　　　　宋立博　　　　曲　凌　　　　李劲松

吴　岩　　　　尤立夫　　　　刘雪峰　　　　胡建伟

黄　捷　　　　向　进　　　　乐　静　　　　李凤旭

熊　文　　　　张　英　　　　许　淏

编 写 说 明

为贯彻中央深改委第十四次会议精神，加快推进新一代信息技术和制造业融合发展，顺应新一轮科技革命和产业变革趋势，以智能制造为主攻方向，加快工业互联网创新发展，加快制造业生产方式和企业形态根本性变革，同时，更好提高社会服务能力，西门子智能制造产教融合课题研究项目近日启动，为各级政府及相关部门的产业决策和人才发展提供智力支持。

该项目重点研究产教融合模式下的学科专业与教学课程建设，以数字化技术为核心，为创新型产业人才培养体系的建设提供支持，面向不同培养对象和阶段的教学课程资源研究多种人才培养模式；以智能制造、工业互联网等"新职业"技能需求为导向，研究"虚实融合"的人才实训创新模式，开展机电一体化技术、机械制造与自动化、模具设计与制造、物联网应用技术等专业的学生培养；并开展数字化双胞胎、人工智能、工业互联网、5G、区块链、边缘计算等领域的人才培养服务研究。

西门子智能制造产教融合研究项目课题组组建了教材编写委员会和专家指导组，在专家和出版社编辑的指导下有计划、有步骤、保质量完成教材的编写工作。

本套教材在编写过程中，得到了所有参与西门子智能制造产教融合课题研究项目的学校领导和教师的积极参与，得到了企业专家和课程专家的全力帮助，在此一并表示感谢，

希望本套教材能为我国数字化高端产业和产业高端需要的高素质技术技能人才的培养提供有益的服务与支撑，也恳请广大教师、专家批评指正，以利进一步完善。

西门子智能制造产教融合研究项目课题组　郑维明

2020 年 8 月

前　言

　　几乎每种电子设备，小到电子手表、计算器，大到计算机、通信设备、电子雷达系统，只要存在电子元器件之间的电气互连，就需要使用印制电路板（Printed Circuit Board，PCB）。在电子产品的研制过程中，影响其成功的最基本因素之一就是该产品 PCB 的设计和制造。

　　数字化 PCB 系统设计是西门子数字化智能制造的重要组成部分，几乎涵盖了工业界所有领域，其复杂产品甚至包括多块电子板级系统设计。而随着计算机技术发展起来的 EDA（电子设计自动化）已成为所有电子设计的核心和标准配置。同时，数字化智能制造的发展使电子系统在产品中的比重越来越大，从而需要大量掌握 EDA 设计的工程技术人员。

　　本书基于西门子股份公司旗下的 Mentor Graphics PCB 设计系统，全面、系统地介绍了使用 PCB 系统设计软件完成电子元器件库创建与维护、使用原理图设计工具完成电路设计、导入网表信息到 PCB 工具中进行布局布线、设定设计规则以满足电气规则和生产制造规则、生成制造所需要的所有加工文件这一完整流程的相关知识点。同时，本书还介绍了面向数字化智能制造的先进设计技术以及无缝整合于西门子智能制造完整体系的集成技术和方法。

　　西门子股份公司不仅是工业 4.0 的倡导者，更是工业领域实践的排头兵，它提供了数字化企业所必需的多学科专业领域最广泛的工业软件和行业知识，涵盖了机械设计、电子及自动化设计、软件工程、仿真测试、制造规划、制造运行等方面，帮助学校建立可以同时满足科研、实训与企业服务的产教融合平台。本书由上海交通大学与西门子工业软件上海研发中心合作完成。

　　由于编者水平有限，书中不妥之处在所难免，恳请读者批评指正。

编　者

目　　录

第1章

概　　述

1.1　电子设计自动化（EDA）

随着电子技术的发展和进步，小到电子手表、计算器，大到计算机、通信设备、电子雷达系统、飞机航电控制系统、巡航导弹、卫星及船艇控制系统等都离不开电子元器件。将这些电子元器件焊接在基板上，同时通过铜皮和走线连接在一起实现一定功能的硬件设备，称为印制电路板（Printed Circuit Board，PCB）。在电子产品和设备的研发过程中，PCB 的稳定性和可靠性是影响其成功与否的最基本因素之一。

PCB 诞生于 20 世纪初期。1903 年，德国人 Albert Hanson 首先提出"线路"的概念，并将其用于电话机交换系统的研发。Albert Hanson 设想把薄金属箔切割成线路导体黏合在石蜡纸后，再在上面贴上一层石蜡纸，这便构成现今 PCB 的结构雏形。1936 年，奥地利人 Paul Eisler 博士真正发明了 PCB 的制作技术，并将其应用于收音机，标志着 PCB 真正诞生。

系统功能决定着 PCB 的复杂程度。当 PCB 功能较为简单，使用的芯片较少，芯片也具有较长的外部可焊接引脚时，面包板就是最常用的 PCB 基体。用一块面包板作为基础，在板上规划好元件布局，将芯片或元件引脚插入孔洞中，用导线把这些引脚按电路要求焊接在一起，这就是电路板的初始形态。如图 1.1 所示。此时，在基板一面安装元件，另一面布线，初步形成"层"的概念。

使用面包板时，由于线路都在同一个平面分布，无太多遮盖点，易于检查。在出现问题时，还可以外加飞线，非常灵活。但稳定性和可靠性较差，多用于试制或电路功能测试场合。

电子技术的不断进步，布线设计和制作工艺也逐渐成熟。对于喜欢 DIY 的设计人员，先在敷铜板上用模板印制防腐蚀膜图，再腐蚀刻线，整个过程和印刷技术类似，"印制电路板"名字也由此而来。腐蚀加工得到的 PCB 走线工整，还可以焊接贴片元件，较面包板的稳定性好得多。采用腐蚀法加工好的一块 PCB 如图 1.2 所示。在具备雕刻机等设备时，还可以使用雕刻机加工简单的 PCB。

印制电路板的应用大幅度降低了生产成本。随着 PCB 工艺的进步，出现了双面板，即在板子两面同时敷铜和腐蚀刻线的 PCB。随着芯片功能的增强和引脚的大量增加，如 iPAD 等便携设备的流行，双面电路板已经无法满足布线要求，设计和制造 6 层、8 层、10 层或更多层 PCB 已经成为大势所趋。多层电路板就是在双面板的基础上叠加单面板增加层数，这就是多层电路板。例如，图 1.3 所示苹果公司 iPhone4 系列手机的小 L 型电路板，采用小型、高密度设计结构，大大增加了电路板本身的复杂程度。该款手机使用高达 10 层的电路板，如图 1.4 所示，大量使用埋盲孔工艺，而且层与层之间采用先进的光刻连接，以激光或光学成像（Photo-Imaging）技术所制作，而非传统的钻孔技术。

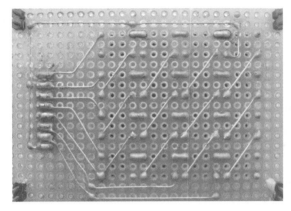

图 1.1　以面包板为基板的 PCB

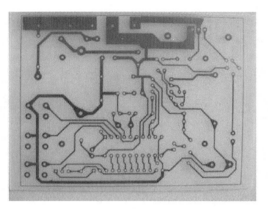

图 1.2　采用腐蚀法加工的 PCB

如图 1.5 所示为一块复杂、高密度、高速 PCB，其网格数量达到 10000 个，过孔数量超过 120000 个，元器件数量超过 14000 个，高速信号比例超过 80%，大量使用埋盲孔等高密度互连（High Density Interconnector，HDI）工艺。

图 1.3　苹果公司 iPhone4 系列手机的小 L 型电路板

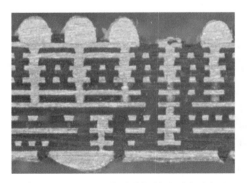

图 1.4　iPhone4 系列手机的电路板剖面

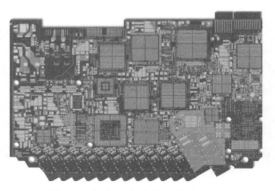

图 1.5　复杂、高密度、高速 PCB

　　随着电子产品集成程度的不断提高，元器件运行频率也越来越高，出现了许多新型高频绝缘介质板材，来减小信号在 PCB 上传输的高频损耗。而小型化技术的发展，也使 PCB 和芯片集成度更加紧密，SiP/MCM 等新技术也开始逐渐广泛使用，大规模 FPGA 和高速串行总线出现在更多的电子系统中。电路板相关的技术发展趋势如图 1.6 所示。

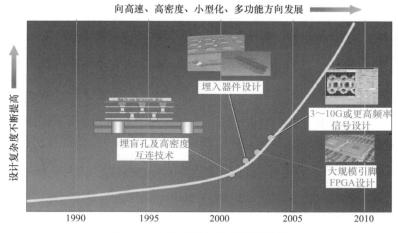

图 1.6　电路板相关技术发展趋势

　　显然，电子产品集成程度的增加、稳定性要求的提高及涉及工程领域需求的增加，原来的单人单机简单设计的方法已无法满足工程方面的要求。借助计算机强大的计算能力，使自动化技术进入电子设计领域并逐渐发展成熟。电子设计自动化英语为 Electronics Design Automation，简称 EDA 技术（Electronics Design Automation，EDA）是指以计算机为工作平台，融合应用电子技术、计算机技术及智能化技术等最新成果研发而成的电子 CAD 通用软件，主要用于 IC 设计、电子电路设计和 PCB 辅助设计三方面的工作。在 20 世纪 60 年代中期，该技术由计算机辅助设计（CAD）、计算机辅助制造（CAM）、计算机辅助测试（CAT）及计算机辅助工程（CAE）的理念结合电子设计技术发展而来。

　　EDA 技术具有如下作用：

　　1）辅助电路设计功能，这是 EDA 技术的基本功能之一。使用计算机进行电路设计，可及时对设计方案进行备份、修改和升级。同时，在多人同时设计时，还可以借助分层设计等方法实现同步独立设计，再综合方案的快速设计，提高设计效率和生产率。

　　2）EDA 软件均有自动布线功能，可先自动布线后再进行手工调整，提高 PCB 硬件电路板的可靠性，尤其是结合布局和走线等工程经验的手工走线可进一步提高 PCB 的可靠性和稳定性。

　　3）EDA 软件均有分析和仿真功能，尤其是热分析、EMC/EMI 稳定性分析、电源完整性分析及高频电路分析等功能，可在实际制造之前发现可能存在的设计缺陷，对确保系统稳定性很有意义。

　　4）很多 EDA 软件有验证和综合功能，尤其是针对 FPGA 芯片的综合功能，可以先期验证 SOC 或 ASIC 系统设计的可行性和可靠性，避免潜在问题和错误的发生。

　　EDA 技术现在已经成为电子技术领域的关键核心技术之一，用于 PCB 设计已有 40 年的发展历程。其大致可分为 CAD、CAE 和 EDA 三个阶段，如图 1.7 所示。

在 20 世纪 60 年代，电子系统硬件设计采用分立元件和中小规模标准集成电路，硬件设计开始进入初级阶段。设计人员只需将这些器件焊接在 PCB 上，电子系统的调试也是在组装好的 PCB 上进行的。

20 世纪 70 年代，计算机辅助设计（CAD）阶段，其特点是图形化工具的出现和使用。此时，设计人员开始用计算机辅助进行原理图、网表设计和 PCB 布局布线，设计过程中布图、布线等高度重复性的繁杂劳动可以使用 CAD 二维图形编辑与分析工具替代，最具代表性的是美国 Accel 公司的 Tango 布线软件。

20 世纪 80 年代，计算机辅助工程（CAE）阶段，其特点是工程设计概念的出现。与 CAD 相比，CAE 除了纯粹的图形绘制功能外，又增加了电路功能设计和结构设计功能，并可通过网络表将电气原理图和 PCB 结合在一起，出现工程设计理论和方法。

20 世纪 90 年代，进入电子系统设计自动化（EDA）阶段，其特点在于仿真工具的出现和使用。随着 PCI 总线的应用和普及，高速信号引发的信号完整性等问题越来越突出，针对高速电路的仿真分析软件和技术蓬勃发展，如图 1.7 所示。

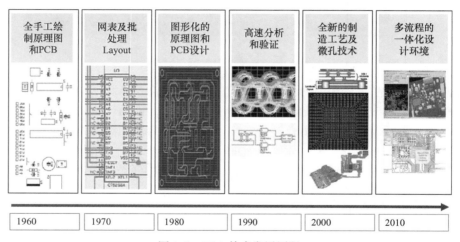

图 1.7　EDA 技术发展历程

2000 年以后，是小型化技术的应用，蜂窝式电话、笔记本计算机等便携式设备这些大量新事物的出现，带来小型化技术，包括高密度互连 HDI 技术、柔性板、埋入式无源器件、高密度 BGA 封装等，EDA 工具也在不断增加功能以满足设计需求。

2010 年以后，EDA 强调的是在整个设计链中如何实现多个设计流程与环境的一体化和协同，突破了 PCB 设计流程原有的"原理图→网络表→PCB"设计思路，实现了如 PCB 和 FPGA 一体化设计、PCB 和结构一体化设计、PCB 设计和生产制造协同、PCB 设计团队内部多人协同设计、热电协同仿真、信号完整性/电源完整性协同仿真及企业级 PCB 设计数据管理等整合设计能力。如图 1.8 所示，这种形式的改变既提高了 PCB 设计、仿真的效率，也打破了多种设计流程间的直接障碍，优化了团队、企业内部的工作模式。

本书以西门子工业软件有限公司旗下 Mentor Graphics 产品的 MentorPADS Professional 和 Expedition 软件为基础，详细介绍其在 EDA 设计领域的应用。

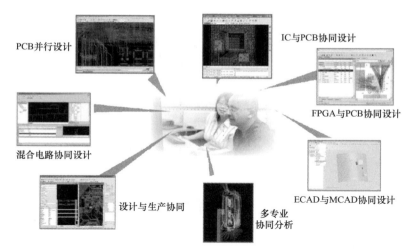

图 1.8　一体化协同设计环境

1.2　Mentor Graphics 产品设计方案与平台

1.2.1　全流程方案与设计平台

近年来，通过不断整合和创新，使 Mentor Graphics 提供了从 PCB 设计到生产的全流程解决方案，产品覆盖原理图设计、PCB 设计、PCB 仿真分析、可制造性分析及产品数据管理等。Mentor Graphics 产品线以全流程著称，如图 1.9 所示。

图 1.9　Mentor Graphics 全流程解决方案

1.2.2　Expedition Enterprise 协同设计平台

设计开发流程有串行和协同设计两种模式。在传统的串行开发流程中，设计人员首先进行产品设计，然后将设计文档交给工艺部门进行工艺流程设计和制造准备，采购部门根据要求进行采购，待一切准备好之后再进行生产和测试。若测试结果不满意再反复修改设计和工艺，重复生产测试，直至达到设计要求为止。在这种开发流程中，各个部门独立进行，特别是设计阶段很少考虑工艺和生产部门的要求，因而造成设计修改反复循环、彼此无协同，严重影响产品上市时间、质量和成本。

随着市场竞争加剧，用户对产品质量、成本和功能要求越来越高，产品生命周期也越来越短。为了赢得市场，企业不得不加速解决新产品开发、提高质量、降低成本和提供优质服务等一系列难题。其中，加快产品开发速度，加速上市时间是获胜的关键。传统的串行开发模式已经无法满足这一需求，必须从根本上改变并适应新模式。

协同工程（Concurrent Engineering）是指集成的、并行的设计产品并包括制造过程等相关过程的系统方法。协同工程的方法学要求研发人员在项目初期就要考虑后期生产制造、测试、维护等因素。

在协同工程方法学基础上，Mentor Graphics 推出一系列最先进的协同设计产品，包括板级仿真软件 HyperLynx 系列、可制造性设计软件 Valor 系列、企业级 PCB 设计软件 Expedition Enterprise（简称 EE）系列、个人及工作组 PCB 设计软件 PADS Pro 系列等。其中，Expedition Enterprise 系列是企业级 PCB 设计环境。EE Flow 将协同设计思想和业界最先进的设计和分析功能融合，是专为大中型企业、研究院所及使用高级 PCB 或高速系统设计团队量身定制的系统设计平台。

以 IP Management 为核心，Mentor Graphics 基于协同设计思想贯穿的 Expedition Enterprise 设计流程，如图 1.10 所示。

图 1.10　基于协同设计思想贯穿的 Expedition Enterprise 设计流程

Expedition Enterprise 具有如下特点：

1）基于 Windows 平台研发，界面更友好，操作更方便，支持 Windows XP、Windows 7、Linux 等多种操作系统。

2）获得专利的并行设计技术，可以实现原理图和 PCB 的多人实时协同设计。

3）具有完整的设计流程，包括库设计与管理、原理图设计、PCB 设计、生产数据的处理、SI 仿真、EMC/EMI 分析、热分析及数模混合仿真等，确保设计数据在整个流程中无缝传递。

4）设计数据实时同步更新，PCB 可随时更新原理图信息，实现原理图与 PCB 的并行设计。

5）全面支持前沿 PCB 设计技术，例如，高密度互联 HDI 微过孔、埋入式元件、刚柔结合板及多引脚、高性能的 IC 封装，支持 SiP、MCM 设计。

6）集成最先进的布局和布线技术，可大幅度提高设计效率，提高产品质量。

7）具有高速预分析和后验证技术，可用于从传统模拟电路到千兆位高速数字信号的互联设计仿真和验证。

8）集成企业信息管理和供应链系统，实现优化的零部件挑选和采购，以及与生产的有效沟通。

9）紧密结合 FPGA 设计流程，缩短设计周期，优化系统性能，减少产品成本。

10）与 ADS（Advanced Design System）等专业 RF 设计工具无缝结合。

11）高性能的 EMI、EMC 分析设计功能，提高系统整体性能。

12）共享式约束编辑管理系统，方便流程中的所有工具使用。

13）开放式系统架构，可提供 C++、Java、VB 等工业标准的开发语言及函数接口，方便用户进行二次开发及定制个性化设置。

在基础和核心的 PCB 设计领域，Mentor Graphics 产品以数据管理为核心的完整 PCB 设计流程如图 1.11 所示，封装库、符号库、原理图、设计规则、PCB、仿真波形、Gerber 光绘文件、装配图、BOM 文件及器件资料等全部以流程方式管理和组织，设计输入、约束定义、布局布线及生产制造等环节在相互协同和联系的同时皆可独立进行仿真验证，强大的数据管理能力和独立的功能设计是 Mentor Graphics 产品的一大特色。

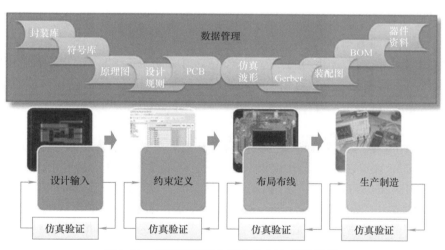

图 1.11　以数据管理为核心的 PCB 设计流程

本书将重点介绍 Expedition Enterprise 系列产品中的中心库管理工具 Library Manager、原理图设计工具 DxDesigner、PCB 设计工具 Expedition PCB 和 Mentor PCB 及约束编辑管理系统 CES 等模块的使用方法和技巧。

1.3 电子电路设计需掌握的知识

电子电路设计涉及众多学科和技术领域，设计人员对相关领域知识的掌握和熟悉的程度对 PCB 可靠性、稳定性和先进性有重要影响。在进行电子电路设计前，设计人员必须掌握如下基础知识。

1. 模拟电路知识

模拟电路是电子系统基本电路类型之一，其上的信号以模拟方式传输。在电流和电压较小时，模拟信号易受外界干扰而影响其稳定性和可靠性。如何保证模拟信号的可靠采集和传输是保证 PCB 稳定性和可靠性的关键和基础。此时，要求设计人员熟练掌握集成运放和三极管的基本知识。

2. 数字电路知识

数字电路是电子系统另一种电路类型，其上的信号以数字信号方式传输。低频数字电路易于布线，当在高速数字电路和总线型电路中如何可靠传输数字信号也是设计人员必须掌握的内容之一。

3. 控制器知识

基本上所有的 PCB 都会采用一个或几个处理器芯片。早期的 PCB 以 51 系列、Atmel 公司 AVR 系列、Microchip 公司 PIC 系列及 Freescale 公司 MS9S08 系列等 8 位 MCU 为主，中期的 PCB 则以 Freescale 公司 MC9S16 系列、TI 公司 MSP430F 系列 16 位芯片为主，逐渐过渡到以 Cortex - M3、Cortex - M4 及 Cortex - A 系列多核 ARM 芯片为主，而在数字信号处理领域，TI 公司 TMS C2000 系列、C5000 系列及 C6000 系列 DSP 得到大量应用。此外，在某些特殊领域，还存在部分专用控制器芯片。在进行 PCB 设计时，对控制器的掌握程度也是决定 PCB 电路质量的一个关键因素。

4. 电路电子设计软件

在教育领域中，以应用 Altium 公司的 Altium Designer 为主。但在工程技术领域，Mentor Graphics 产品占据主流地位。对相关软件的掌握和熟悉程度，是影响 PCB 质量的另一个关键因素。

5. 常用接口芯片

一般 PCB 电路均配置有与外部器件、传感器和系统的通信接口。采用 RS232 接口时，需要选用 RS232 接口芯片；采用 RS485 接口时，需要选用 RS485 接口芯片；采用 CAN 接口时，需要选用 CAN 接口芯片；采用 Ethernet 接口时，需要选用 Ethernet 接口芯片；采用 USB 接口时，需要选用 USB 接口芯片等。多种接口类型的存在，需要设计人员熟练掌握这些硬件接口的信号特征和常用接口芯片结构。另外，半导体公司经常推出新型号的接口芯片，也需要设计人员及时了解这些接口芯片动态相关信息。

6. 一定的工程设计经验

不同芯片对布局和布线有不同要求，各半导体公司也会发布芯片的布局和布线指南。同时，为保证 PCB 稳定性，工程师也会逐渐积累不同应用场合下的芯片布局和布线经验。总结自己工程经验的同时，借鉴、消化、吸收和灵活应用他人的工程经验也是设计人员的必备技能之一。

第2章
高速PCB设计流程

2.1 规则驱动的模块化设计流程

作为业界功能强大的 PCB 设计与仿真软件，Mentor PADS Professional 和 Xpedition 的秘诀在于全流程、模块化和规则驱动。Mentor Graphics 提供了从设计仿真到生产制造，再至数据与流程管理的全流程解决方案，这些特色构成了 PCB 设计与仿真功能特色化和强大的基础。本章主要介绍模块化和规则驱动两方面的内容。

2.1.1 模块化设计方法学

模块化设计（Modular Design），是欧美一些国家于 20 世纪 50 年代为解决产品品种、规格与设计制造周期、成本之间的矛盾提出的设计理论。模块化设计思想来源于机床设计，后逐渐渗透至减速器、家用电器、计算机、软件设计等诸多领域，现在已经成为产品设计的一种标准方法和思路。

模块是指一组具有同一功能和组合要素，但性能、规格或结构不同却能互换的单元。模块在不同领域具有不同意义。在机械领域，模块可以指连接部位的形状、尺寸、连接件间的配合或啮合等。在软件设计领域，模块是指具有确定功能，功能相对独立，结构清晰，参数明确，并可与其他模块接口和交换数据的功能单元或程序段。模块可以有多种形式，可以是函数，也可以是函数组合在一起形成的 ". dll" 动态文件等。例如，如下所示 C 语言中的结构体就可以认为是一个非常典型的模块。

```
struct student
{   char*   name;            //姓名
    char*   gender;          //性别
    char*   identification;  //身份证号
    char*   studentNo;       //学号
    char*   class;           //班级
} student1 ;
```

对其调用可以使用 student1. name = " Zhang San "，student1. gender = " Zhang San "，student1. identification = "Zhang San"，student1. studentNo = "1050020 11087" 及 student1. class = "1050020" 的方法进行，这就是一种模块调用方法。

模块是模块化产品和设计的功能单元，它具有三大特征：

1）独立性：可对模块进行单独设计，便于制造、调试、修改和存储。

2）互换性：模块接口结构、尺寸和参数标准化，便于实现不同模块间的数据通信和交换。

3）通用性：有利于实现纵、横系列及跨系列产品间模块的通用性和相互调用。

模块化设计建立在模块化思路基础之上。所谓的模块化设计是指在对产品进行科学市场预测、功能分析的基础上，划分并设计出一系列通用、功能相对独立的较小功能模块，根据用户要求，通过不同模块的选择和组合，即可构成不同功能或功能相同但性能和规格不同的产品，以满足市场不同需求的设计方法。简单来说，模块化设计就是将产品的不同要素重新组合在一起构成一个子系统，再将这个具有特定功能的子系统作为通用模块与其他要素进行多种组合，以产生多种不同功能或相同功能、不同性能的系列产品。这就是模块化设计方法的原理。

模块化设计的原则有两个：模块系列化和模块少量化，尽可能以最少的有限产品模块和规格组成尽可能多的产品，力求在以最大限度又经济合理地符合市场要求基础上提高产品精度和性能。

模块化设计的宗旨是效益。其最终目的是满足市场的多样化和层次化需求，缩短产品研发周期，增加产品系列，以快速适应市场变化。同时，在多品种、小批量生产模式下，尽可能减少或消除对环境不利的影响，方便升级、维修及后续拆卸、回收和处理，实现最佳效益和质量。

模块化设计具有五种主要方式：

（1）横系列模块化设计　在不改变产品主参数的条件下，利用不同组合模块发展变形或变异产品。横系列模块化是应用最广的模块化设计方法。

（2）纵系列模块化设计　在同一类型产品中对不同规格基型产品的主参数进行重新设计。由于主参数不同，其较横系列模块化设计复杂。若划分区段合理，其通用性更强，适用范围更大。

（3）横系列和跨系列模块化设计　除发展横系列产品之外，还可改变某些模块以得到其他系列产品。

（4）全系列模块化设计　全系列包括纵系列和横系列，属于混合设计领域。

（5）全系列和跨系列模块化设计　这主要是在全系列基础上用于参数和结构比较类似的跨产品模块化设计。

模块化对象是指产品或系统构成，不在于研究或解决某个单独产品或系统的设计或构成问题，而在于解决某类产品或系统的最佳构成形式问题，即系统由标准化的模块组合而成。模块化设计与产品标准化设计、系列化设计密切相关，即所谓"三化"。模块化设计与产品标准化设计、系列化设计互相影响和制约，综合在一起即可成为评定产品质量优劣的重要指标。

1）模块化与系列化、通用化、组合化、标准化的关系。

模块化设计技术来自于产品系列化、组合化、通用化和标准化需求。系列化目的在于以有限规格的产品来最大限度且较经济合理地满足市场需求。通用化是尽可能借用原有成熟模块，用以缩短设计周期，降低成本，并提高产品可靠性。组合化则是尽可能使用通用系列模块及较少数量的专用模块组合成专用产品。标准化实际上是跨品种、跨厂商甚至跨行业的更大范围的模块通用化。

2）产品模块化、系列化设计分类与库管理。

对于生产，减少模块数量和种类更有利；但对于产品使用，又希望扩大模块类型以增加产品种类。针对生产和使用上的矛盾，设计时须从系统总体出发，对产品功能、性能及等成本方面的问题进行全面综合分析，合理确定模块划分。产品模块化设计可参照自顶而下方法，分为系统级模块、产品级模块、部件级模块及零件级模块；再按照功能、加工和组合要求分为基本模块、通用模块及专用模块；然后按照接口组合要求，分为内部接口模块和外部接口模块等。这些不同层次的模块需要使用库和分类方法进行管理。

由此可见，模块化设计的主要方法是系统功能的分解和组合。如何合理划分模块、能否有效地组合成产品、产品分解和组合的技巧和运用水平是模块化设计的核心问题。模块化的目标是形成模块系统和模块化的产品系统。建立模块是模块化设计的前提，形成模块化产品或系统则是模块化设计的目标。

2.1.2　规则驱动的设计方法学

随着产品功能的增强及设计复杂程度的提高，当今板级系统中通常会用到 FPGA、DDRx SDRAM、SERDES 高速串行接口及 HDI 先进工艺等。同时，器件的高速翻转也会给电源系统带来严重的 SSN 同步开关噪声。因此，为应对高速效应并确保设计一次成功，Expedition Enterprise 高速 PCB 设计流程必须基于设计约束驱动（Constraint-driven）。

基于设计约束驱动是指在整个高速 PCB 设计过程中，必须由统一的约束条件对设计进行约束以确保设计规则的一致性。其中，这些约束条件来自于仿真或经验，不是凭空设置的。同时，在 PCB 设计完成之后，还需要使用仿真工具对基于约束条件而完成的设计进行验证。基于设计约束驱动的设计流程如图 2.1 所示。

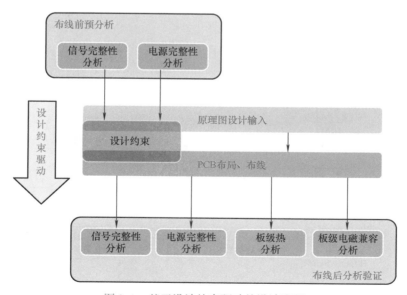

图 2.1　基于设计约束驱动的设计流程

Mentor Graphics 产品同样提供了基于设计约束驱动的完整高速 PCB 设计解决方案。该设计包括原理图设计输入、PCB 布局布线、全流程统一的设计约束管理环境、全面的仿真分析解决方案等，其中，仿真分析解决方案更加全面而系统，包括信号完整性分析、电源完整性分析、板级热分析、板级电磁兼容分析及数模混合电路分析等。Mentor Graphics 产品的高速 PCB 设计流程如图 2.2 所示。

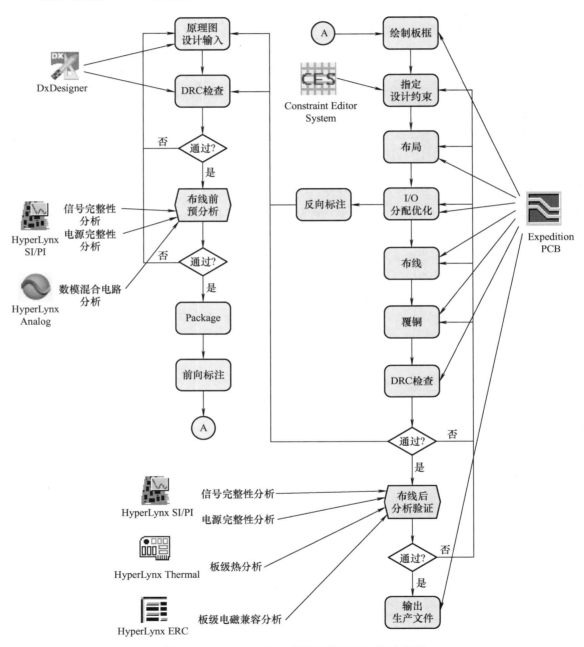

图 2.2　Mentor Graphics 产品的高速 PCB 设计流程

2.2　设计规则的创建与管理

为确保设计的可靠性和稳定性，对 PCB 设计有一定的要求。要确保可靠性，必须遵守相关规定和准则，尤其是工程设计经验。相比较而言，来自工程设计经验的准则对 PCB 稳定性更加重要。

2.2.1　约束管理系统（CES）

Mentor Graphics 产品在 Professional 和 EE 中内置了约束管理系统（Constraint Editor System，CES）环境，也称为约束管理器，用于设计过程中约束规则定义与管理。约束管理器贯穿于整个 PCB 设计流程，设计人员在原理图环境 Dx Designer 和 PCB 设计环境均可启动 CES，对设计规则进行设置，并通过前向标注、反向标注等实现约束规则的传递，确保约束规则的连贯性和一致性。利用约束管理器，设计人员可在前端和后端环境中创建和管理基于约束的设计。CES 通过 iCDB 与原理图和 PCB 相互联系，交互关系如图 2.3 所示。

约束管理器采用电子表格界面，通过集成式数据库链接可供 Dx Designer 和 Professional Layout 共同使用和双向同步。利用 CES 系统，设计人员可开发和维护原理图与 PCB Layout 之间的所有设计约束。

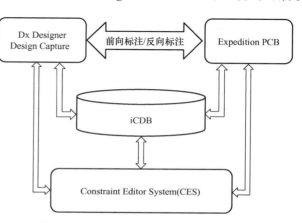

图 2.3　原理图、PCB 与 CES 的交互关系

CES 可设置和管理物理规则和电气规则。其中，物理规则主要包括 PCB 走线线宽、间距、过孔使用及 PCB 布线面分布等；电气规则主要包括电气长度、延时要求、走线拓扑要求、过冲与振铃等。CES 涵盖 PCB 设计的全方位要求，为高密度和高速 PCB 设计提供完整、全面的系统级和专家级解决方案。

为方便设计人员使用，CES 提供三种打开方式。

1）单独启动方式。通过 Windows "开始" 菜单→ "所有程序" →Mentor Graphics SDD→Constraint Entry→Constraint Editor System 以启动。

2）在 Dx Designer 中启动方式。通过 Tools→Constraint Editor System 启动或单击快捷工具栏上 CES 图标 ▽ ･ ⦾ ･ 📖 🖼 ･ 📇 📑 🗞 ❰ 📋 启动。

3）在 Expedition PCB 中启动方式。通过 Setup→Constraints…启动或单击快捷工具栏上 CES 图标 🖼 ◈ ⦾ 📑 ⬧ DRC ✓ DRC ✓ 📑 ✕ 启动。

启动之后，CES 基本界面如图 2.4 所示。CES 界面由主菜单栏、快捷工具栏、导航栏、表格栏、输出结果栏、状态栏及选项约束卡等组成。

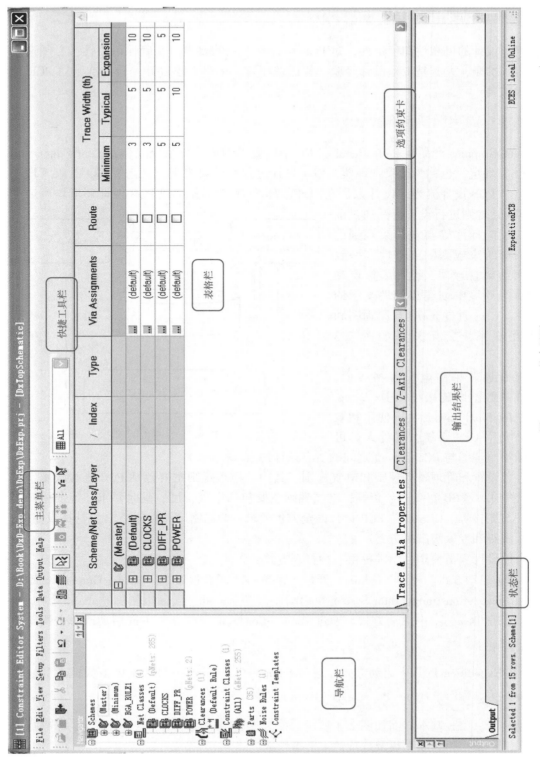

图 2.4　CES 基本界面

约束管理器中的 Schemes（方案）定义了可在 PCB Layout 期间使用的物理设计规则类别。打开约束管理器时，存在 Master 和 Minimum 两种默认方案。其中，Master 方案可定义用于整个设计流程的默认 Clearances 和 Trace & Via Properties 约束。在没有应用特定约束或规则区域的情况下，将会使用这些值。Minimum 方案为只读，它总结了针对设计流程内所有方案输入的最小间隙及走线和过孔属性值，可为用户提供一种用来查看已输入的任何可能性不可接受约束的简单方法。CES 具体应用将在后面章节中介绍。

2.2.2　电子产品设计常用规则

设置适当的规则是产品设计成功的基础，如何设置规则及并对这些规则细化和量化又是其中的关键。本节所指设计常用规则是指区域规则、差分信号、总线等长规则及复杂拓扑等常见约束规则。

1. 区域规则及设置

区域规则用于创建区域范围，并对此区域下的 Trace & Via Properties（走线与过孔属性）及 Clearance（间距规则）等走线物理规则进行编辑定义。

区域规则设置较为简单，可分为创建区域规则方案及创建区域范围两步。在如图 2.5 所示界面中，右击 Schemes→New Scheme，以 BGA 为例新建一个区域规则方案并命名。

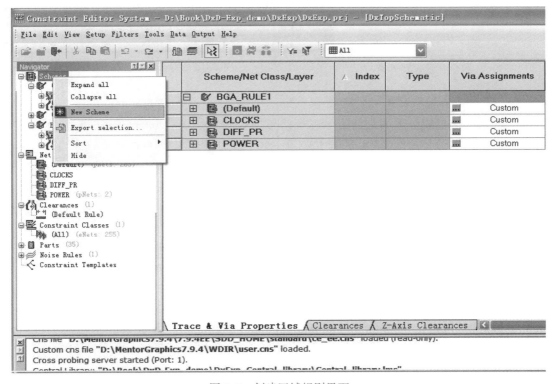

图 2.5　创建区域规则界面

在 Draw Mode（绘图模式）下，按照要求绘制图框，把图框属性 Type 修改为 Rule Area，如图 2.6 所示，定义区域规则作用的走线层 Layer 及区域规则的名字。此时，区域规则方案即可作用至 PCB 指定区域。

在 BGA 区域设置走线线宽为 3mil，主方案区域线宽为 5mil⊖。启动"走线"命令后，网络进出 BGA 规则区域时，走线线宽自动变化，如图 2.7 所示。

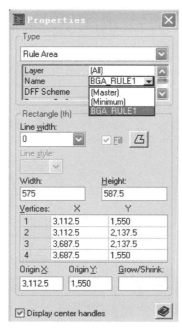

图 2.6 制定区域方案界面

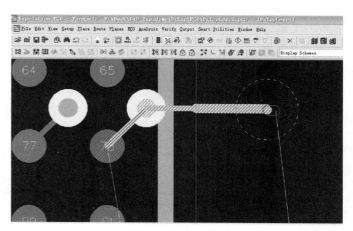

图 2.7 BGA 区域线宽自动改变效果

2. 差分信号线及设置

差分信号线也就是采用差分信号进行信号传输的走线。常见的有 USB 差分信号线 U + 和 U −，CAN 差分信号线 CAN_H 和 CAN_L，RS485 差分信号线 A 和 B 及欧标的差分编码器信号等，在走线时需采用差分信号线走线以提高信号传输的可靠性和稳定性。差分信号线通常需要进行阻抗控制好时序控制等，走线涉及走线线宽、耦合间距及差分长度误差等要求。

差分信号走线时首先需要定义差分网络对，差分对的定义有手动定义和自动定义两种方法。手动定义就是手工指定差分信号并走线的方法。激活 Constraint Classes（电气约束类）后，选中两个需要创建的网络，单击右键选择 Create Diff Pair（创建差分对），如图 2.8 所示。

选中两个需要创建的网络，通过 View→Toolbars→Pairs 菜单命令打开 Diff 工具栏的显示，单击如图 2.9 所示快捷工具栏。

选中两个需要创建的网络，通过 Edit→Diff Pairs→Diff Pairs from selected Nets 菜单命令即完成差分信号对的手动定义。手动创建差分对效率较低，适用于 PCB 上信号差分对较少的情况。

在 PCB 上差分信号较多时，自动创建差分对显然具有更高的效率和准确性。PADS Professional 要求相关网络命名比较规范，例如，使用"P/N"或" +/ −"后缀结束。启动 Auto Assign

---

⊖ mil 即千分之一英寸，等于 0.0254mm。

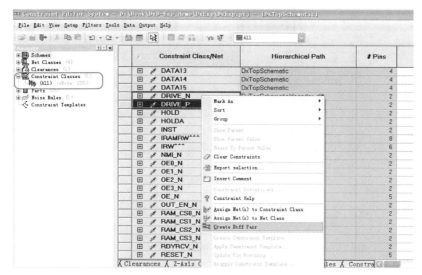

图 2.8　"手工定义差分对"界面

Difference Pairs（自动创建差分对）菜单有两种方法：

　　1）启动菜单栏 View→Toolbars→Pairs 命令，打开 Diff 工 具 栏 的 显 示，单 击 快 捷 工 具 栏 图 标

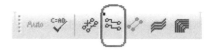

图 2.9　Diff 快捷工具栏

。

　　2）启动菜单栏 Edit→Diff Pairs→Auto Assign Diff Pairs 命令，如图 2.10 所示。

　　根据要求在 Auto Assign Differential Pairs 菜单中定义差分对名称，如图 2.11 所示。此时，CES 会自动列出符合命名规则的差分网络。定义好之后，差分对的另一个要求就是定义较为严格的线宽和间距以确保 EMC/EMI 性能。与定义普通信号线宽类似，定义差分线宽如图 2.12所示。根据差分线所属网络，可在 Scheme 下找到网络类设置，依据其传输速率等设置其线宽和间距。

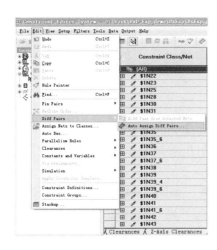

图 2.10　启动 Auto Assign Differential
Pairs 菜单界面

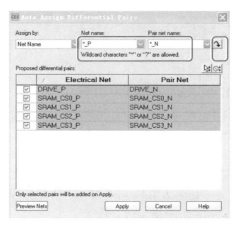

图 2.11　在"自动创建差分对"
界面定义差分对名称

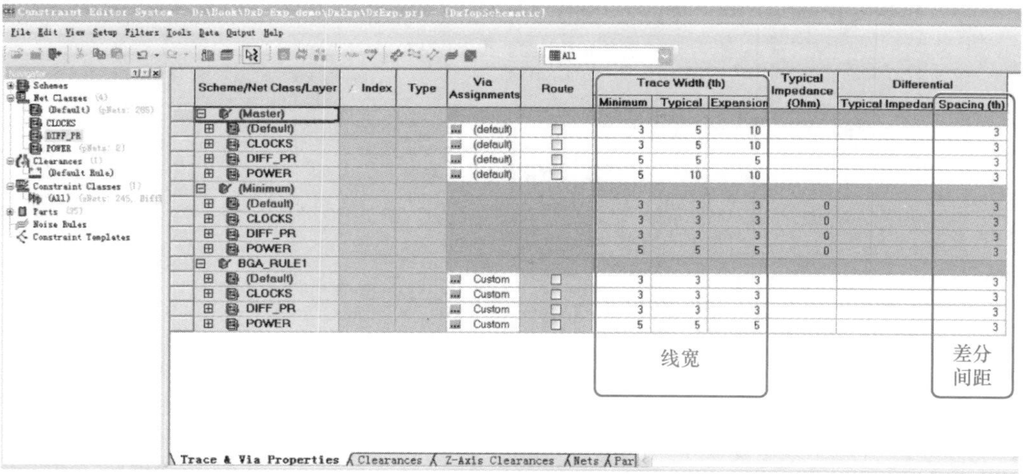

图 2.12   定义差分线宽和间距界面

在 PCB 上实际走线时，差分线往往需要耦合平行走线。也就是说，转弯时一起转弯，过孔时一起过孔，必须确保其差分线传输特征的一致性。此时，需要为差分线定义耦合规则，设置界面如图 2.13 所示。

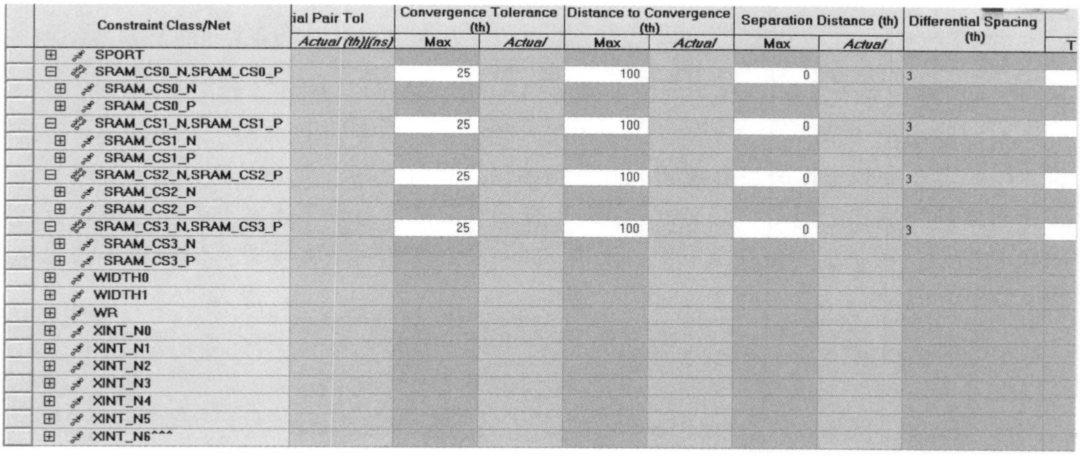

图 2.13   设置差分线耦合规则界面

其中，部分选项含义如下：

Differential Pair Tol：指差分对内两线长度最大差值允许值。

Distance to Convergence Max：指差分线从焊盘引出到耦合走线之间长度的最大允许值，如图 2.14a 所示的 S1 + S2 长度。

Separation Distance Max：指差分线最大分离长度，如图 2.14b 所示指示线长度。

Convergence Tolerance Max：指差分线从焊盘引出到耦合走线之间两线的长度最大差值，如图 2.14c 所示指示线长度差。

Differential Spacing：指差分耦合间距，无法修改，和差分间距规则保持一致。

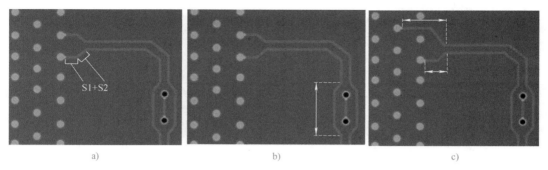

图 2.14　不同选项设置后效果

3. 总线等长规则及设置

总线（bus）是一系列数据线和地址线的总称。在低频系统中，对总线要求不高。在高速 PCB 中，总线走线一般要求等长。这就要求在对总线进行约束时，需要先在约束类（Constraint Class）下创建新的约束类。如图 2.15 所示，再按照如下步骤操作。

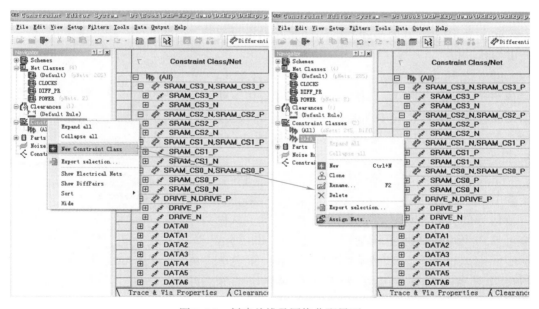

图 2.15　创建总线及网络分配界面

右击 Constraint Class，选择 New Constraint Class，生成新的约束组，可以修改其名字并命名为 DATA_BUS；右击选中新生成的约束组，选择 Assign Net。完成约束组 DATA_BUS 的创建与网络分配后，还需要对约束组内长度进行设置，CES 界面如图 2.16 所示。

选中要定义等长约束的约束组 DATA_BUS，在 Filters→Group 下选择 Delays and Lengths 选项，对总线组进行长度约束（Length of TOF）。各选项含义如下：

Type：指约束类型，可选择 Length（长度）或 TOF（延时）。

Min：指最小长度或延时。

Max：指最大长度或延时。

Constraint Class/Net	Net Class	Type	Length or TOF Delay						Match	Tol (th)(	Delta	Range (
			Min (th)	Max (	Actual	Manha	Min Le						
⊟ ᴫ BUS_DATA	(Default)	Length										
⊟ ᴣ BUS_DATA0	(Default)	Length							A	50		
ᴫ BUS_DATA0	(Default)	TOF										
⊟ ᴣ BUS_DATA1	(Default)	Length							A	50		
ᴫ BUS_DATA1	(Default)	Length										
⊟ ᴣ BUS_DATA2	(Default)	Length							A	50		
ᴫ BUS_DATA2	(Default)	Length										
⊟ ᴣ BUS_DATA3	(Default)	Length							A	50		
ᴫ BUS_DATA3	(Default)	Length										
⊟ ᴣ BUS_DATA4	(Default)	Length							A	50		
ᴫ BUS_DATA4	(Default)	Length										
⊟ ᴣ BUS_DATA5	(Default)	Length							A	50		
ᴫ BUS_DATA5	(Default)	Length										
⊟ ᴣ BUS_DATA6	(Default)	Length							A	50		
ᴫ BUS_DATA6	(Default)	Length										
⊟ ᴣ BUS_DATA7	(Default)	Length							A	50		
ᴫ BUS_DATA7	(Default)	Length										

图 2.16 定义总线等长约束组和误差界面

Match：用于设置匹配组，相同的匹配组名等长约束偏差一致。

设置完约束并更新至前端设计环境中，即完成约束设定。在 Expedition PCB 环境中，使用 General→Options→Display Tuning Meter 菜单命令打开绕线长度标尺显示界面，如图 2.17所示。

完成总线布线及绕等长设置后，可从 CES 目录栏 Data→Actuals→Update All（Updata Selected）更新信号的实际布线长度，如图 2.18 所示。从图中可见约束组内实际走线情况。其中，Delta 列表示实际误差值情况，灰色表示符合要求，黄色表示接近但未超出约束边缘，红色表示超出约束要求。

4. 复杂拓扑规则及设置

此处的拓扑结构是指 PCB 上各器件间相互连接的形式和结构关系。在高速 PCB 设计过程中，常需对走线拓扑进行约束，以确保器件以规定形式相互连接。

常见的拓扑结构有 MST、Chained、T-Topology、Star-Topology、H-Tree 及 Complex 几种形式，分别如图 2.19a～e 所示。

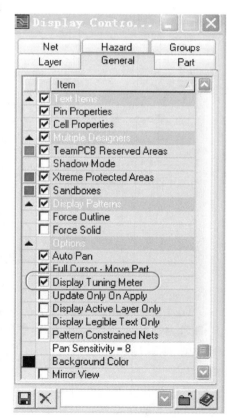

图 2.17 打开绕线长度标尺显示界面

Max (th)|(ns)	Actual (th)|(ns	Manhattan (t	Min Length (th)	Match	Tol (th)|(ns)	Delta (th)|(ns)	Range (th):(th)|(ns):(ns)
	2,306,744	1,933.5		A	10	2.539	2,284,522:2,309,282
	2,306,744	1,783.5		A	10	2.538	2,284,522:2,309,282
	2,299,597	1,633.5		A	10	9.685	2,284,522:2,309,282
	2,306,744	1,483.5		A	10	2.538	2,284,522:2,309,282
	2,284,522	1,271.5		A	10	24,761	2,284,522:2,309,282
	2,309,282	1,521.5		A	10	0	2,284,522:2,309,282
	2,306,744	1,926.5		A	10	2.538	2,284,522:2,309,282
	2,306,744	2,076.5		A	10	2.538	2,284,522:2,309,282

（表头上方）Length or TOF Delay

图 2.18　更新信号的实际布线长度界面

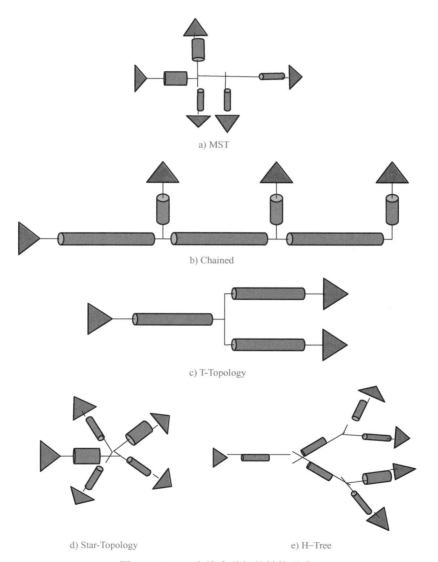

a) MST

b) Chained

c) T-Topology

d) Star-Topology

e) H-Tree

图 2.19　PCB 走线多种拓扑结构示意

其中，MST 为 CES 默认网络拓扑，未定义布线顺序；Chained 为菊花链拓扑，从驱动器开始，依次连接各个负载；T-Topology 为 T 形拓扑，通过虚拟点产生两个分支，且上、下分支基本对称；Star-Topology 为星形拓扑，通过虚拟点产生多个分支；H-Tree 为树形拓扑，通过多个虚拟点产生多个分支；Complex 为复杂拓扑，非标准拓扑结构，为多种拓扑结构的组合，未在图中给出。

下面以图 2.20 为例，说明复杂拓扑结构的定义及应用。

（1）创建拓扑的布线引脚顺序　按照图 2.21所示。

首先，因在 MST 结构下无法自定义拓扑，把 Topology Type 改成 Custom 或者 Complex；单击 Netline Order 按钮，启动 Netline Order 菜单。然后，定义布线引脚顺序。完成后，即可在图 2.22 所示表格内显示网络的 Pin Pairs 和 From To 行显示。若

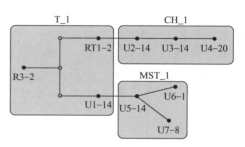

图 2.20　复杂拓扑结构示意

网络下未显示 Pin pairs 和 From To，可使用 Filters→Levels 菜单命令打开工具栏，查看是否已设置为显示。另外，在此界面中还可以对某些 Pin pairs 和 From To 长度等进行单独设置。

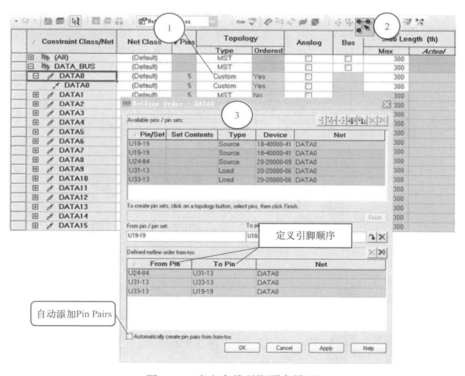

图 2.21　定义布线引脚顺序界面

（2）创建约束模板　完成单个网络的拓扑规则定义后，可以以此为约束模板赋给其他同类网络。右击该网络，选择 Create Constraint Template，定义模板的名字以及注释，操作方法如图 2.23 所示。

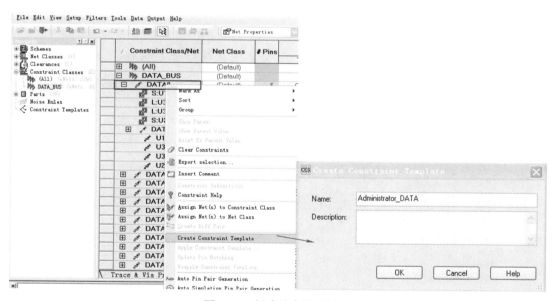

Constraint Class/Net	Net Class	# Pins	Topology		Analog	Bus
			Type	Ordered		
⊞ ▶▶ (All)	(Default)		MST		☐	☐
⊟ ▶▶ DATA_BUS	(Default)		MST		☐	☐
⊟ ⚏ DATA0	(Default)	5	Custom	Yes	☐	
⚏ S:U19-19,S:…						
⚏ L:U31-13,L:U…						
⚏ L:U33-13,S:U…						
⚏ S:U24-84,L:U…						
⊞ ⚏ DATA0	(Default)	5	Custom	Yes	☐	
⚏ U19-19,U18…						
⚏ U31-13,U33…						
⚏ U33-13,U19…						
⚏ U24-84,U31…						
⊞ ⚏ DATA1	(Default)	5	MST	No	☐	
⊞ ⚏ DATA2	(Default)	5	MST	No	☐	
⊞ ⚏ DATA3	(Default)	5	MST	No	☐	
⊞ ⚏ DATA4	(Default)	5	MST	No	☐	
⊞ ⚏ DATA5	(Default)	5	MST	No	☐	
⊞ ⚏ DATA6	(Default)	5	MST	No	☐	
⊞ ⚏ DATA7	(Default)	5	MST	No	☐	
⊞ ⚏ DATA8	(Default)	4	MST	No	☐	
⊞ ⚏ DATA9	(Default)	4	MST	No	☐	
⊞ ⚏ DATA10	(Default)	4	MST	No	☐	
⊞ ⚏ DATA11	(Default)	4	MST	No	☐	

╲ Trace & Via Properties ╱ ╲ Clearances ╲ Nets ╱ Parts ╱

图 2.22　Pin Pair 和 From To 界面

图 2.23　创建约束模板界面

（3）应用约束模板　选中规则约束相同的网络，如图 2.24 所示，右击选择 Apply Constraint Template，再选择需要应用的模板，确认使用此模板为约束模板。

2.2.3　PCB 设计工具规则管理器

在具体的 PCB 设计过程中，还需要根据 PCB 的具体要求设置具体的规则。其中，较为重要要的有基本参数、PCB 层叠及物理参数、物理约束规则、约束方案、网络类、间距规则、电气约束规则及噪声约束规则等设置。

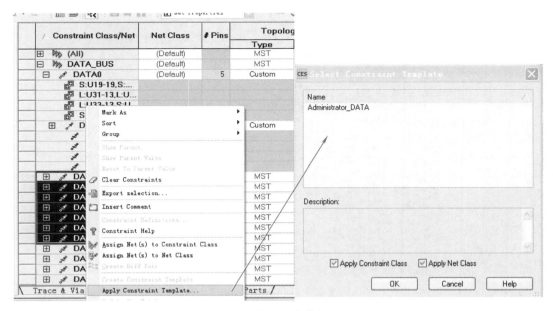

图 2.24　应用约束模板界面

1. 基本参数设置

基本参数设置用于设置网络属性的定义、计算单位等 CES 全局参数，可从菜单栏 Setup→Setting 命令启动。

Electrical Nets（Enet）设置菜单如图 2.25 所示，其中，Physical nets count per electrical nets 用来设置每个电气网络最多包含的物理网络数，Power pin count 表示网络包含的引脚数，超过定义数量则被认定为电源网络。

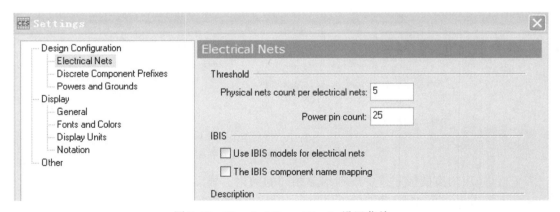

图 2.25　Electrical Nets（Enet）设置菜单

Discrete Component Prefixes 设置菜单如图 2.26 所示，用于设置分离元器件的前缀识别标识。例如，电容前缀为 C，二极管前缀为 D，电感前缀为 L，电阻前缀为 R 等。

Powers and Grounds 设置菜单如图 2.27 所示，用于设置电源网络的电压值和是否在 CES 网络类中显示。

Display Units 设置菜单如图 2.28 所示，用于设置 CES 中显示单位，包含长度、角度、

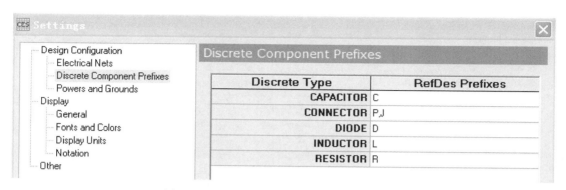

图 2.26　Discrete Component Prefixes 设置菜单

温度、电压、时间等。例如，角度以 deg 显示，电压以 V 显示等。

　　Notation 设置菜单如图 2.29 所示，用于设置 CES 中数字的显示方式，如精度、格式等。例如，十进制符号是 "."，小数点后显示 4 位。

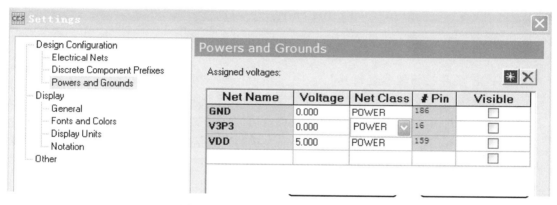

图 2.27　Powers and Grounds 设置菜单

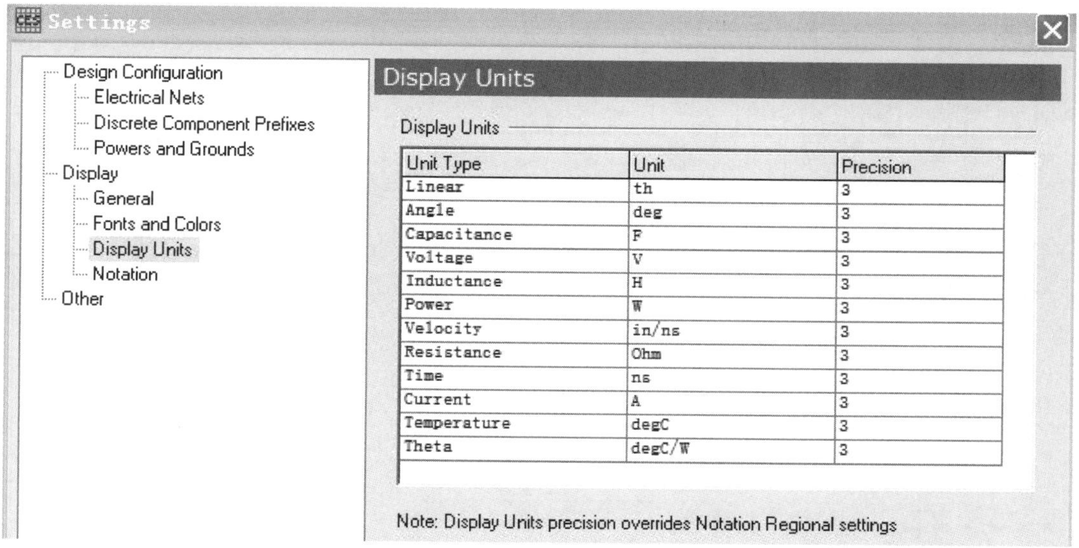

![图 2.28 Display Units 设置菜单]

图 2.28　Display Units 设置菜单

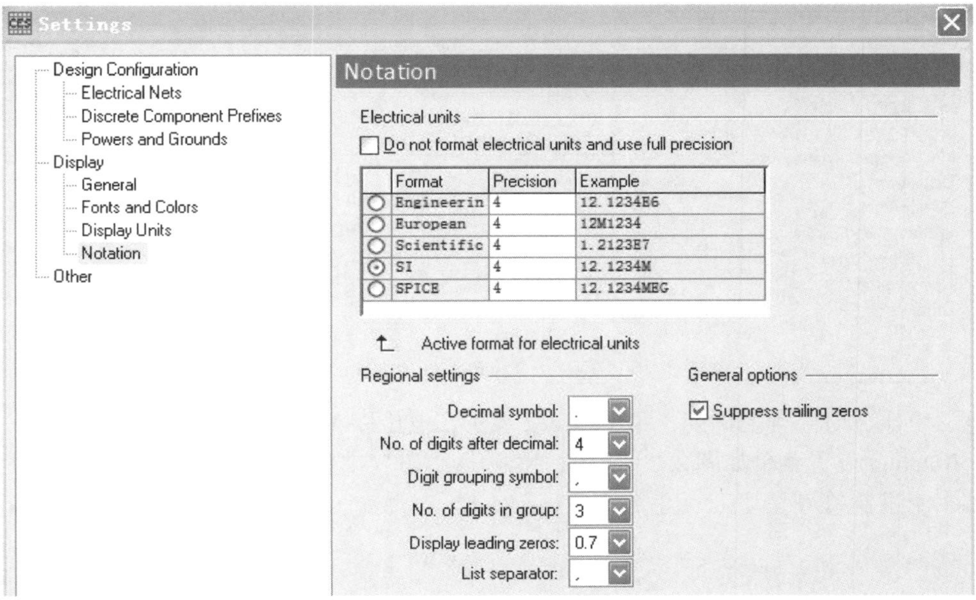

图 2.29　Notation 设置菜单

2. PCB 层叠及物理参数设置

PCB 层叠（Stackup）及物理参数设置适用于多层板场合，用来设置层叠结构和物理参数，以对 PCB 板厚及阻抗进行控制。层叠信息可以在 CES 里设置，也可以在 Expedition PCB 中设置。但 CES 层叠信息可继承 Expedition PCB 的层叠信息，若 CES 前端已经定义，Expedition PCB 后面无需修改。CES 可通过 Setup→Stackup 菜单命令启动层叠设置，或通过单击快捷工具图标 ≣ 启动。以六层板 PCB 界面层叠及物理参数设置为例，如图 2.30 所示。

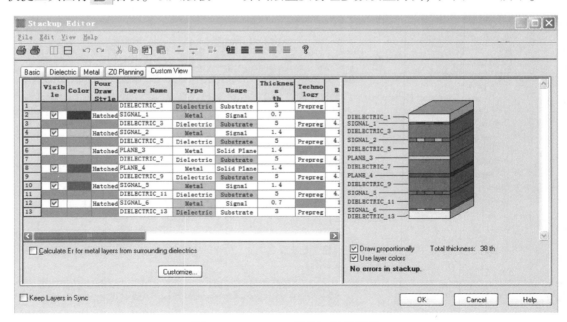

图 2.30　Stackup（层叠）设置界面

3. 物理约束规则

物理规则主要面向走线线宽、过孔和间距等，并根据实际需求对 PCB 局部以及各层布线规则进行调整，以满足高速、高密度布线及其他性能要求。在 Expedition PCB 设计环境中，需要对物理规则进行方案（Scheme）设定。Expedition PCB 物理规则方案图如图 2.31 所示。

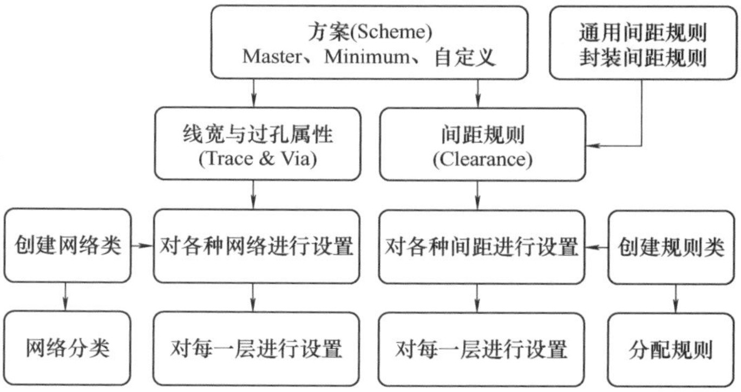

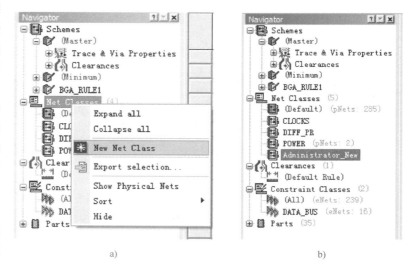

图 2.31　物理约束规则

4. 网络类规则

因不同网络的设计需求不一样，例如对电源网络过流能力、过孔及线宽都有要求，而高速信号线对阻抗有要求，还需要对线宽等进行约束。因此，在 PCB 布线前需要对网络进行统一规划分类。网络类设计规则包括创建网络类、指定网络到网络类及定义网络类布线规则三步。

创建网络类操作步骤是：单击右键选择 Net Classes，再选择 New Net Class，双击新的网络类进行重命名，如图 2.32a、b所示。

指定网络到网络类是设置网络类规则的第二步。创建完网络类后，还需要把网络进行

图 2.32　创建网络类界面

归类，赋予网络类型，创建方法。操作方法为单击右键选择要分配网络的类型，选择 Assign Nets，筛选网络并移动至目标网络类型，如图 2.33a、b 所示。

定义网络类布线规则是设置网络类规则的第三步。打开图 2.34 所示 Trace & ViaProperties（线宽过孔属性）界面，可以设置线宽、线间距及过孔参数。其中，Default 是默认线宽、线间距、过孔定义，对于任何一个 PCB 设计都须定义默认规则。

其中，Scheme/Net Class/Layer 位于界面左上角列表中，显示已有 Net Class。单击 New Net Class 或 Copy Net Class 图标，用来创建新的 Net Class；单击 Delete Net Class 图标，用来删除选择的 Net Class。但是，用户不能删除 Default Net Class。未分配给任何一个用户自定义 Net Class 的网络，将自动分配给默认 Net Class。在 Net Class 列表选中一项，可在对话框余下部分中显示该 Net Class 的有关设置。

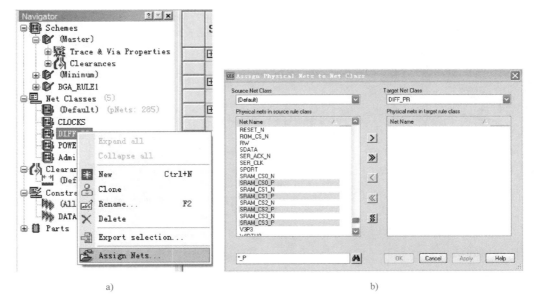

图 2.33　指定网络到网络类界面

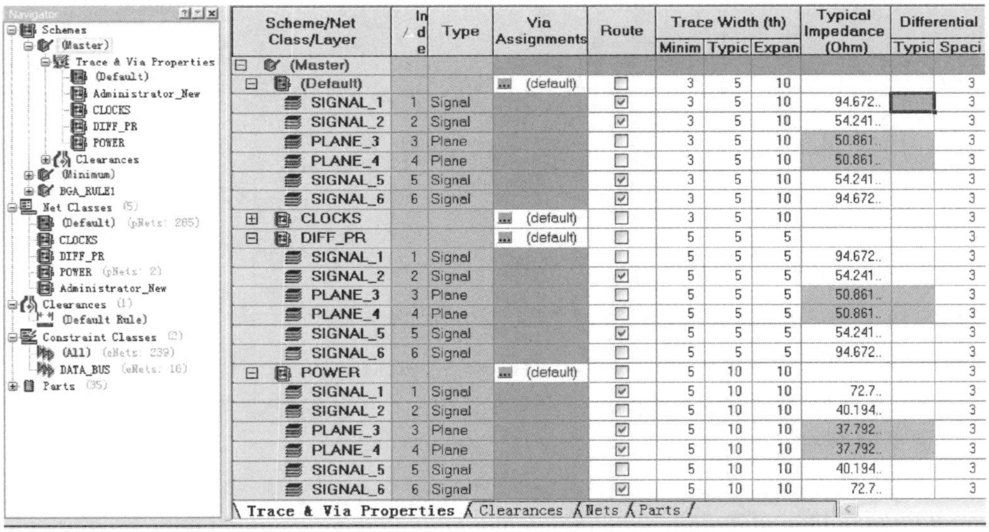

图 2.34　线宽过孔属性界面

Route：设定布线层，用户可针对不同方案下的特殊网络类设计需求，对该网络进行布线层的设定。一般情况下，平面层可不进行布线处理。

Trace Width：用户可根据选中的 Net Class 板层基础，在板层上设置导线宽度和阻抗值（阻抗可根据层叠自动计算）。布线线宽默认有三种形式，其中 Minimum Width 为最小线宽；Typical Width 为典型线宽，是在 PCB 中启动走线命令后的默认线宽；Expansion Width 为扩展线宽。

Via Assignments：过孔分配，用于根据网络类进行过孔分配。这一操作将替代在 PCB 环境 Setup Parameters 对话框中定义的通孔焊盘。

Diff Pair Spacing：用于定义相同网络属性的差分线对之间的间距。

5. 间距规则

间距规则包括创建并定义间距规则、网络类到网络类间距规则、封装间距规则及通用间距规则共四部分内容。

（1）创建间距规则　方法有两种：第一种，单击右键选择 Schemes→New Clearance Rule 菜单命令；第二种，单击右键选择 Clearance→New Clearance Rule 菜单命令。两者创建的 Clearance Rule 都会自动加载到另一方区域中，界面如图 2.35 所示。

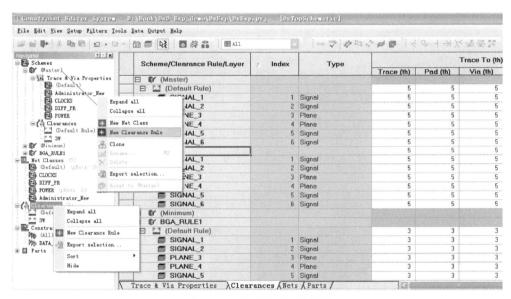

图 2.35　创建间距规则界面

其中，Default Rules 是默认间距规则，可用于方便地定义 Pad to Trace、Trace to Trace 等多种间距。对于任一设计，必须设定默认间距规则。

（2）网络类到网络类间距规则　不同网络类型所需间距规则可能不一样，定义完规则后还需要对这些规则进行分配。操作步骤：单击 Clearance 图标 ，激活"间距规则分配"，若选择其他规则，间距快捷工具栏显示为灰色，再选择方案区域，最后分配具体间距规则。界面如图 2.36 所示。

例如，要定义 Power 网络类中的网络遵循一个非默认的间距规则，操作步骤：首先新建一个间距规则（Power To Power）、定义好间距规则的各项参数；然后创建网络类到网络类间距规则，在 Source Net Class 和 Target Net Class 中均选择 Power 网络类，在 Clearance Rules 中选择创建的间距规则；最后保存 CES 数据，间距规则生效。

（3）封装间距规则　用于约束不同封装、不同器件放置面、不同摆放方向状况下的间距要求。操作步骤：单击"封装间距规则"图标 ，在弹出界面中分别设置器件间间距，如图 2.37 所示。

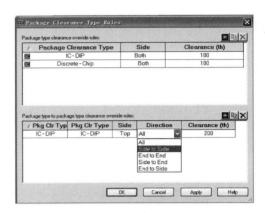

图 2.36 间距规则分配界面   图 2.37 封装间距规则设置界面

需要注意的是器件边界以 Placement Outline 为参考, 方向以 PCB 为参考, 横向为 Side, 纵向为 End, 与器件摆放方向无关。同一封装摆放方向不同, End、Side 方向一致, 如图 2.38 所示。

(4) 通用间距规则 用来定义一些特殊组件的间距规则, 如常用的器件间距、测试点间距、器件距板边缘间距及 Contour 间距等。单击 "通用间距规则" 图标 ⬥ , 设置界面如图 2.39 所示。

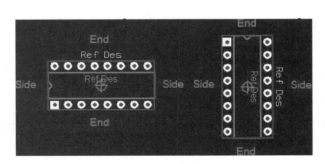

图 2.38 封装位置示意图

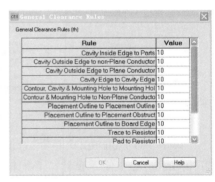

图 2.39 通用间距规则设置界面

6. 创建约束类

按约束条件不同, 可将网络定义为不同约束类, 以便于在复杂约束规则下进行管理和操作, 包括新建约束类和分配约束类网络两部分。

新建约束类操作较简单。右击 Constraint Class, 选择 New Constraint Class。创建的新约束将自动加载至约束类里, 右击可修改其名字, 操作方法如图 2.40 所示。

右击约束网络类, 选择 Assign Nets,

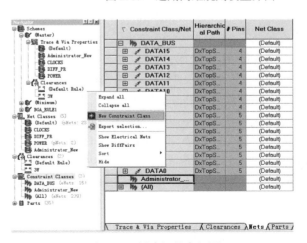

图 2.40 创建新约束组图

在 Assign Nets to Constraint Class（分配网络界面）中从左边选择网络到右边约束类，如图 2.41所示。

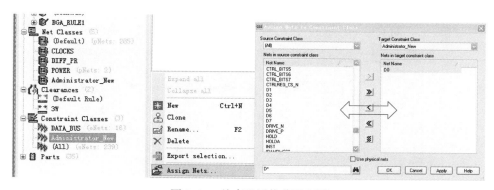

图 2.41 约束组网络分配组图

7. 电气约束规则

在 CES 中可以定义很多电气规则。若在图 2.42 所示的显示控制过滤器中选择 ALL，则可看到该网络所有约束。为方便查看和设置，也可只显示部分栏目。

以 Electrical net 电气网络设定、Delays and Lengths 子选项、Differential Pair Property 子选项、I/O 子选项、Net Property 子选项、Overshoot/Ringback 子选项、Simulated Delays 子选项及 Template 子选项设置为例说明如下。

（1）Electrical net 电气网络设定　Electrical net 为电气网络，不同于器件引脚直连的物理网络。若两个非电源的物理网络通过电阻连在一起，可视为一个电气网络 Enet。物理网络 DATA_1 和 DATA_2 通过一个串联电阻连接，形成一个总的电气网络，且在 Nets 界面中显示为其中某个网络名 ×⌃⌃⌃，分别如图 2.43a、b 所示。

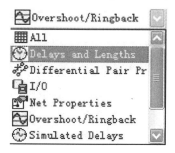

图 2.42 显示控制过滤器界面

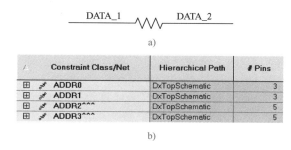

图 2.43 Electrical net 电气网络示意图

CES 可根据 Setup→Setting 中的 Discrete Component Prefixes 设定自动识别分立元器件参考位号，并把两端的非电源网络自动加载为电气网络。若如图 2.44 所示将 Part 界面下对应的器件（如某个串联匹配电阻）Series 栏的取消勾选，则可将某个网络识别为 Electrical net。

	Part/Ref Des/Pin #	Qty	Part Type	Series
⊞	10-01796-00	1	Capacitor	☐
⊞	10-24455-07	1	Capacitor	☑

图 2.44 不勾选 Series 栏则不会被识别为电气网络

（2）Delays and Lengths 子选项　如图 2.45 所示，该子选项用于对网络延迟和长度设置，包括最大/狭小长度、一组网络内的长度匹配 Match 及允许误差 Tol。同时，可通过公式 Formulas 对不同网络间的复杂长度或时序关系进行设定。在 Delays 和 Lengths 中，还可通过更新版图设计数据，对实际布线长度与 CES 设定的长度进行比较，确保布线满足要求。

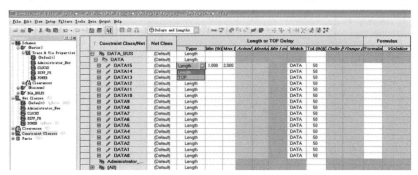

图 2.45　Delays and Lengths 主要设置项界面

（3）Differential Pair Property 子选项　如图 2.46 所示，该子选项主要用于差分线对参数设置，包括差分对间允许长度误差、差分对汇聚和分开的参数设置、最大允许的分开距离、差分对间距及差分阻抗等。

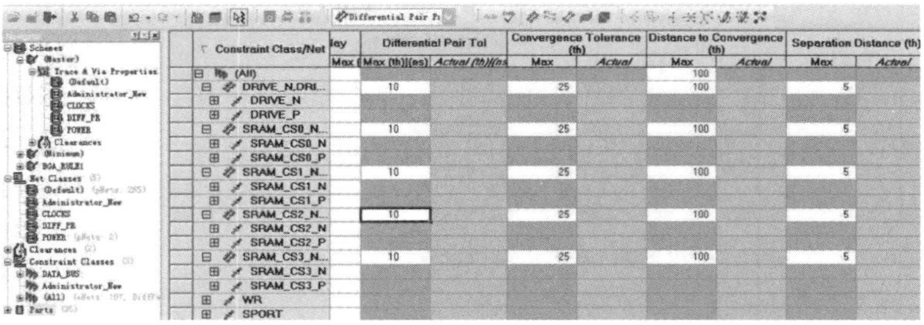

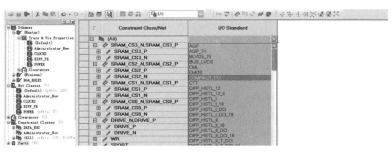

图 2.46　Differential Pair Property 主要设置项界面

（4）I/O 子选项　如图 2.47 所示，该子选项主要用于对网络 I/O 标准进行设置，可从下拉列表中选择相应的 I/O 标准。

图 2.47　I/O 标准设置界面

（5）Net Property 子选项　如图 2.48 所示，该子选项主要用于设置网络属性参数，包括网络拓扑结构 Topology、Analog 选项（勾选时用于模拟网络）、网络 Stub Lengths 及最大允许过孔数目等。

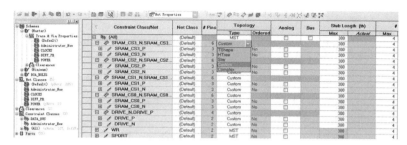

图 2.48　Net Property 子选项设置

（6）Overshoot/Ringback 子选项　如图 2.49 所示，该子选项主要用于对过冲和振铃等选项的设置，包括静态低电平最大允许过冲、静态高电平最大允许过冲、动态低电平最大允许过冲、动态高电平最大允许过冲、高电平振铃边界、低电平振铃边界以及非单调沿等，并可导入仿真结果进行对比。

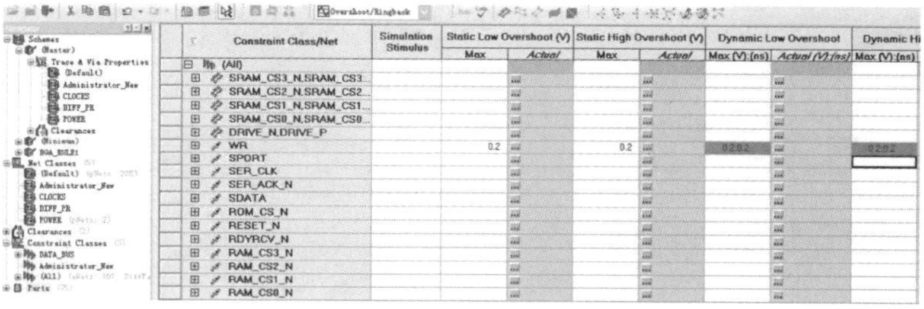

图 2.49　Overshoot/Ringback 子选项设置界面

（7）Simulated Delays 子选项　如图 2.50 所示，该子选项主要设置仿真相关的延迟，包括最大/最小延迟时间、延迟的最大允许范围及与其他网络的延迟匹配关系等。

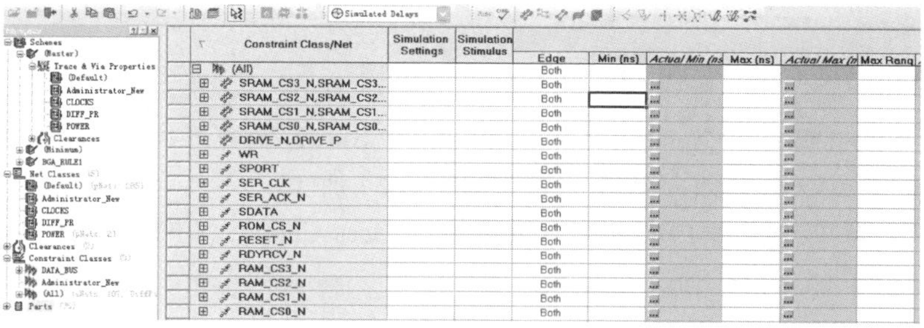

图 2.50　Simulated Delays 子选项设置界面

（8）Template 子选项　如图 2.51 所示，该子选项主要对网络约束模板进行选择和应用，约束模板的创建和应用将在专门章节中详细介绍。

8. 噪声约束规则

差分线等重要信号线布线时，需要对平行走线以及噪声进行约束以防止串扰，包括定义平行规则、分配规则及定义噪声规则三部分内容。

（1）定义平行规则　平行走线规则的定义较为简单，操作方法：选择 Edit→Parallelism Rule→Define Parallelism Rule 菜单命令，启动 Define Parallelism Rules 菜单，从中设置新创建

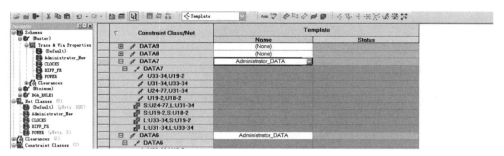

图 2.51　Template 子选项设置界面

平行走线约束规则、定义同一层平行走线间距以及最大允许耦合长度、定义相邻层平行走线间距以及最大允许耦合长度，如图 2.52 所示。

（2）分配规则　平行走线规则分配较为简单，操作方法：选择噪声规则类型（Class to Class 或 Net to Net）、定义两组平行走线的对象、分配平行走线规则 Parallelism，如图 2.53 所示。

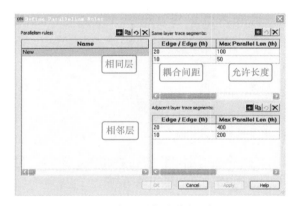

图 2.52　定义平行走线规则界面

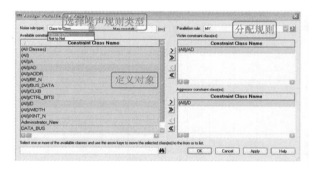

图 2.53　平行走线规则分配界面

（3）定义噪声规则　噪声规则的设置包括噪声类型、串扰网络、并行规则及串扰值等。操作方法：单击右键选择 Noise Rules→New Noise Rule，修改并创建噪声规则名字、对创建的噪声规则进行定义和修改参数等，界面如图 2.54 所示。

其中，Noise Type 为噪声类型，有类到类（Class-Class）和网络到网络（Net-Net）两种类型；Constraint Class or Electrical Net Name 用于定义串扰相关网络；Victim 用于定义受攻击或影响对象；Aggressor 用于定义攻击网络或噪声来源；Parallelism Rule 为并行规则，用于设置串扰网络遵循的并行走线规则；Crosstalk 为串扰值，用来设置允许串扰的最大值并与仿真工具交互。在并行规则和串扰值为黄色时，表明并行规则和串扰值都已设置，仿真器默认为串扰。

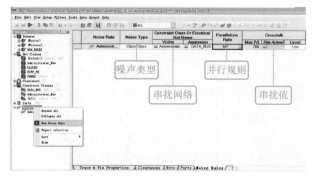

图 2.54　噪声规则（Noise Rules）设置界面

第 3 章
中心库管理

3.1 中心库与 Library Manager 设计环境

中心库（Central Library）是 Expedition Enterprise（简称 EE）设计流程的基础，它包括相关联的符号（Symbol）、器件（Part）、封装（Cell）和焊盘（Padstack）等。工程项目中的原理图要用到的元器件符号以及在 PCB 中它们相对应的封装和焊盘，都是从中心库中提取出来的。中心库并不是只跟某一个工程项目关联，它可以独立存在，并且能够被多个项目工程所调用。

中心库结构如图 3.1 所示，包含了 PCB 设计所需的符号、焊盘、封装、器件、PCB 设计模板、可重用模块等。这些对象之间相互关联，如封装会引用相关的焊盘，器件则是由对应的符号和封装以及相关属性组成。如果对某个焊盘进行修改，对应的封装也会随之改变。

在中心库中，多个元器件可以引用一个符号和封装，一个焊盘库也可以在多个封装中被引用。这种紧密关联的中心库结构可以有效地减少库数据的冗杂，保持其一致性和正确性。中心库中的对象并不是直接以单个独立文件的方式存储和管理的，而是需要由中心库管理工具 Library Manager 进行维护。

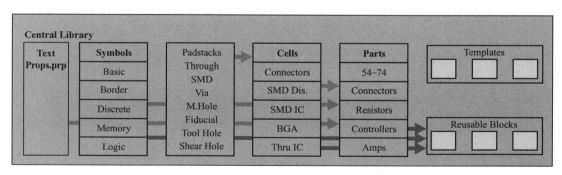

图 3.1　中心库结构

Library Manager 是 EE Flow 中独立的中心库管理工具，设计人员可以使用它完成对焊盘、符号、封装、器件、PCB 模板、可重用模块等对象的新建、管理和查询等任务。

通过打开 Windows "开始" 菜单→ "所有程序" →Mentor Graphics SDD→Data and Library Manager→Library Manager 命令，或者在 Dashboard 中单击 Library Manager 图标，启动 Library Manager，其界面如图 3.2 所示，主要由左侧的中心库结构树（Library Navigator Tree）

和右侧的封装和符号显示窗口构成，上方排列出的一些图标对应的软件常用功能。

在结构树中，单击库中某个器件，则可以看到其所关联的符号和封装；如果单击某个封装，则可以看到其在哪些器件中被引用以及其引用的焊盘，如图 3.3 所示。

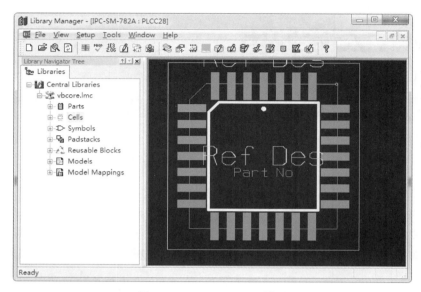

图 3.2　Library Manager 界面

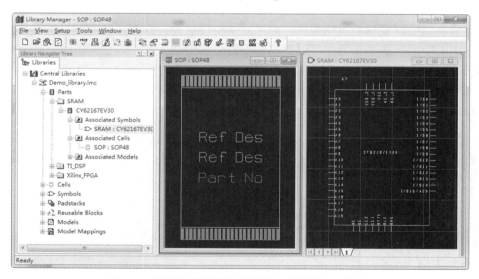

图 3.3　通过左侧的结构树可以查看库的相互关系

3.2　创建中心库

启动 Library Manager，选择 File→New 命令新建中心库，进入某个空目录，例如 Demo \ Demo_library，中心库是由多个文件和文件夹组成，在新建中心库的时候应选择一个空目录，避免与其他文件混杂，Flow type 默认为 DxDesigner/Expedition，单击 OK 以确定，如图 3.4 所示。

新建的中心库如图 3.5 所示，没有 Parts 和 Cells 分区，而 Symbols 也只有三个默认符号分区，所以首先需要做的是进入 Partition Editor 创建分区。

图 3.4 新建中心库

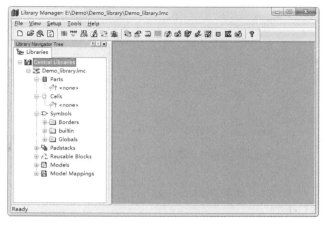

图 3.5 新建的中心库默认未分区

在菜单中选择 Setup→Partition Editor，进入分区编辑器，界面如图 3.6 所示，分区的新建 ✳ 和删除 ✕ 操作都在这里完成，可以通过切换选项卡对 Symbols、Cells 和 Parts 分区分别编辑。Library Partition Name 列是分区名字，Entries 列的数字表示该分区中包含库的数量，Reserved 列表示该分区是否正被其他人所操作。

Cells 通常按照封装分类创建分区，如 BGA、SOP、DIP 等；而 Parts 和 Symbols 则可以按照元器件厂家或者功能创建分区，如 DSP、TI、SDRAM 等，单击 ✳ 图标新建对应的分区，分区后左侧的结构树如图 3.7 所示。

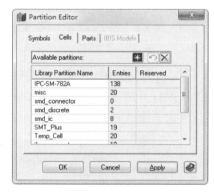

图 3.6 Partition Editor 界面

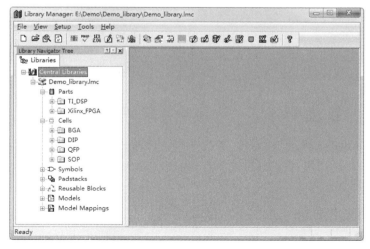

图 3.7 创建分区后的结构树

多个原理图或 PCB 设计工程可以调用同一个中心库的符号、封装和器件库，这里需要通过 Setup→Partition Search Paths 命令设置，而且还可以设置不同的分区搜索路径，只对中心库中部分的数据进行调用。如在中心库 Partition Search Paths 中新建 ✳ 一个 Scheme，如图 3.8 所示。

将此 Scheme 定义的 Symbols/Cells/Parts 分区按照需求进行勾选和优先级排序，某个设计工程在 DxDesigner 和 Expedition PCB 的设置中选择该 Scheme 的名字，如图 3.9 和图 3.10 所示，该工程就会按照在中心库中的定义在指定分区提取库数据。

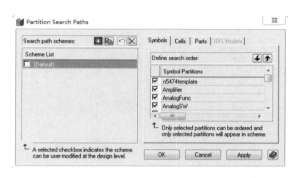

图 3.8　在 Partition Search Paths 中定义分区
是否引用及其优先级

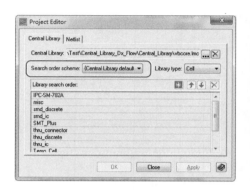

图 3.9　在 DxDesigner 中选择
Partition Search Paths

一个统一的中心库，可按照不同的产品分类设置不同的分区搜索路径。从计算机的资源管理器打开刚才的 Demo_library 目录，里面新增了多个文件和文件夹，如图 3.11 所示，这些组成了刚才通过 Library Manager 新建的中心库。

图 3.10　在 Expedition PCB 中选择 Partition Search Paths

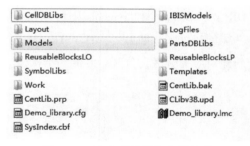

图 3.11　中心库目录和文件结构

3.3　创建焊盘库

一个焊盘的堆叠结构如图 3.12 所示，创建焊盘库主要是定义铜（Copper）、阻焊掩膜（Solder Mask）和助焊锡膏（Paste Mask）的形状和大小。如果是使用通孔的元件，还要规定孔的形状和大小。

3.3.1　创建焊盘

创建焊盘需要使用焊盘编辑器（Padstack Editor） 。在焊盘编辑器中有四个选项卡，分别用来定义焊盘堆叠（Padstacks）、焊盘图形（Pads）、孔（Holes）和自定义焊盘及钻孔符号（Custom Pads & Drill Symbols），界面如图 3.13 所示。

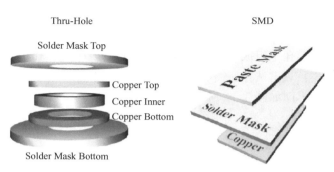

图 3.12　通孔和表贴焊盘堆叠结构

1. 焊盘堆叠 Padstacks

焊盘堆叠是组成 PCB 的最基本元素之一，由 PCB 各个层的焊盘图形组成。如果涉及带有孔的焊盘，还需要添加一个对应的孔，其编辑界面如图 3.14 所示。

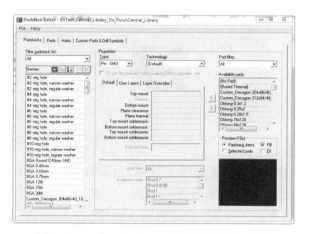

图 3.13　Padstack Editor（焊盘编辑器）界面

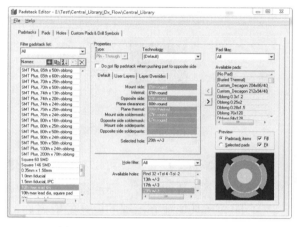

图 3.14　Padstacks 选项卡编辑界面

在 Names 栏顶部单击适当的按钮，就能对焊盘进行创建 ⊛、复制 🖺、排序 🔼 和删除 ☒ 等操作。当焊盘正在被某个封装使用时，不能将其删除。对某一焊盘重新命名时，Library Manager 将自动更新中心库和在其他地方出现的该焊盘的旧名称，如封装库中封装所关联的焊盘名称。

Properties 栏用于设置焊盘堆叠的类型、图形、焊盘层等属性，并提供预览视图。

2. 焊盘图形 Pads

焊盘图形是组成焊盘堆叠的基础，在创建焊盘堆叠之前需要首先创建所需的焊盘图形。标准的 Pads 在创建和编辑过程中均是使用参数化的方式，只需选择所需的类型，输入尺寸参数即可。Pads 图形不仅可以在一个 Padstacks 中被多次调用，还可以在多个 Padstacks 中被多次调用。Pads 选项卡编辑界面如图 3.15 所示。

在 Names 栏顶部单击适当的按钮，就能对焊盘图形进行创建 ⊛、复制 🖺、排序 🔼 和删除 ☒ 等操作。当焊盘图形正在被某个封装使用时，不能将其删除。对某一焊盘图形重新命名时，Library Manager 将自动更新中心库和在其他地方出现的该焊盘图形的旧名称，如封装库中焊盘堆叠所关联的焊盘图形名称。

Properties 栏用于设置焊盘图形的单位、形状及参数属性并可预览。

3. 孔 Holes

孔是组成通孔型焊盘堆叠的基础。标准的孔在创建和编辑过程中，均是使用参数化的方式，只需选择所需的类型，输入尺寸参数即可。孔不可以在一个焊盘堆叠中多次调用，其编辑界面如图 3.16 所示。

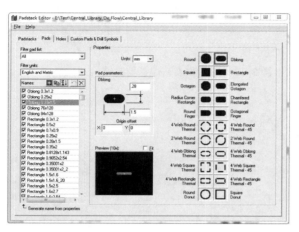

图 3.15　Pads 选项卡编辑界面

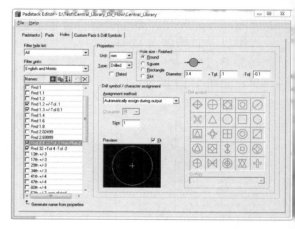

图 3.16　Holes 选项卡编辑界面

在 Names 栏右侧，可以对孔进行创建 ▓、复制 ▤、排序 ▓ 和删除 ✕ 等操作。当孔正在被某个封装使用时，不能将其删除。对某一孔重新命名时，Library Manager 将自动更新中心库和在其他地方出现的该孔的旧名称，例如封装库中焊盘堆叠所关联的孔名称。

Properties 栏用于设置孔的单位、形状和尺寸等属性，PCB 加工需要钻孔图和钻孔表，在钻孔图中一般使用不同的字符或者特殊的图形来标识各种不同尺寸的孔，Drill symbol/character assignment 栏用于钻孔符号的设置。

4. 自定义焊盘及钻孔符号 Custom Pads & Drill Symbols

非标准形状的焊盘图形或者钻孔图可以通过自定义的方式创建。在焊盘编辑器界面中，切换至 Custom Pads & Drill Symbols 选项卡，其界面如图 3.17 所示。可以通过自行绘制图形的方式或者导入 DXF 图形（通过打开菜单 File→Import DXF 命令）的方式定义特殊焊盘图形。绘制图形的方法与 Expedition PCB 中一致。

3.3.2　表贴焊盘 Pin-SMD 创建流程

下面根据图 3.18 所示器件手册封装尺寸，讲解表贴焊盘的创建流程。

1）单击工具栏图标 ▓，选择 Pads 选项卡，创建所需的焊盘图形。

2）创建表层焊盘图形。单击 Names 栏右侧的 New Pad 图标 ▓，Units 栏选择 th⊖，焊盘图形类型选择 Rectangle（长方形），在 Pad Parameters 栏输入长和宽的值：12 和 55。由于

⊖　th 是英制单位，叫做毫英寸，1th = 25.4 × 10⁻³ mm。

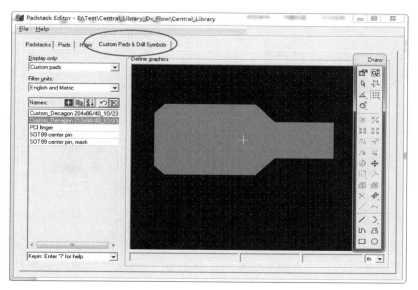

图 3.17　Custom Pads & Drill Symbols 选项卡编辑界面

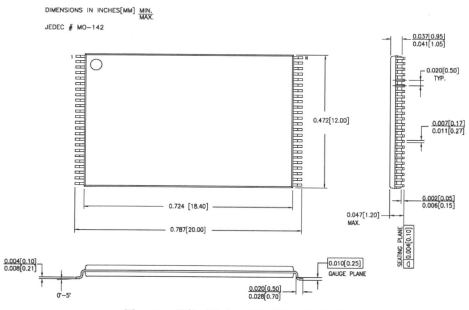

图 3.18　器件手册中的表贴器件封装尺寸

焊盘名字前的 Generate Name from Properties 框被勾选，所以将会自动根据属性产生焊盘图形名字 Rectangle 55×12，如图 3.19 所示。

　　3）创建阻焊层焊盘图形。单击 Names 栏右侧的 New Pad 图标 ❋，Units 栏选择 th，焊盘图形类型选择 Rectangle（长方形），在 Pad Parameters 栏输入长和宽的值：18 和 65。同样的，将会自动根据属性产生焊盘图形名字 Rectangle 65×18，如图 3.20 所示。

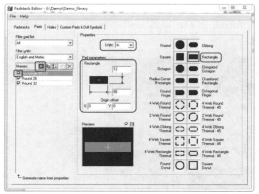
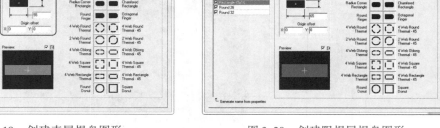

图 3.19　创建表层焊盘图形　　　　　　　　　图 3.20　创建阻焊层焊盘图形

　　表贴焊盘通常只需要表层金属层、组焊层和助焊/钢网层（尺寸与金属层相同），所需的焊盘图形已经创建完毕。新建未保存的焊盘图形的 Name 栏会显示为黄色，一旦保存之后将会变成正常白色。

　　4）选择 Padstacks 选项卡，创建所需的焊盘堆叠，如图 3.21 所示。单击 Names 栏右侧的 New Padstack 图标 ![*]，将新建的 Padstack 名字从 New 改为 SMD Rectangle 55 × 12 th，Type 栏选择 Pin-SMD；在 Default 栏选中 Top mount、Bottom mount、Top mount solderpaste、Bottom mount solderpaste（按住 Ctrl 键可复选多个选项），在右侧的 Available pads 栏选中 Rectangle 55 × 12，单击 ![<] 图标；在 Default 栏选中 Top mount soldermask、Bottom mount soldermask，在右侧的 Available pads 栏选中 Rectangle 65 × 18，单击 ![<] 图标。完成设置后，可以在 Preview（预览）窗口看见创建的焊盘堆叠图形。

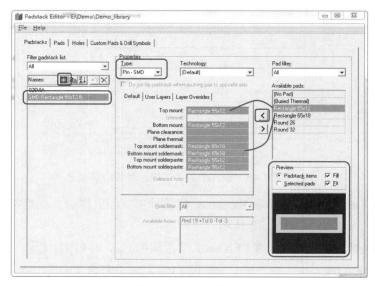

图 3.21　创建焊盘堆叠

3.3.3　通孔焊盘 Pin-Through 创建流程

下面根据图 3.22 所示器件手册封装尺寸，创建所需的 DIP 通孔焊盘。

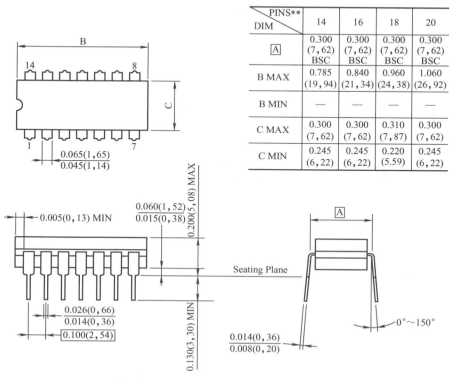

DIM \ PINS**	14	16	18	20
A	0.300 (7,62) BSC	0.300 (7,62) BSC	0.300 (7,62) BSC	0.300 (7,62) BSC
B MAX	0.785 (19,94)	0.840 (21,34)	0.960 (24,38)	1.060 (26,92)
B MIN	—	—	—	—
C MAX	0.300 (7,62)	0.300 (7,62)	0.310 (7,87)	0.300 (7,62)
C MIN	0.245 (6,22)	0.245 (6,22)	0.220 (5.59)	0.245 (6,22)

图 3.22　器件手册中的插装器件封装尺寸

1）单击工具栏图标 ![icon]，进入 Padstack Editor 界面。选择 Pads 选项卡，创建所需的焊盘图形。

2）创建金属层焊盘图形。单击 Names 栏右侧的 New Pad 图标 ![icon]，Units 栏选择 th，焊盘图形类型选择 Round（圆形），在 Pad Parameters 栏输入直径的值：60。系统将会自动根据属性产生焊盘图形名字 Round 60，如图 3.23 所示。

3）创建阻焊层焊盘图形。单击 Names 栏右侧的 New Pad 图标 ![icon]，Units 栏选择 th，焊盘图形类型选择 Round（圆形），在 Pad Parameters 栏输入直径的值：70。系统自动根据属性产生焊盘图形名字 Round 70，如图 3.24 所示。

4）创建孔。选择 Holes 选项卡，单击 Names 栏右侧的 New Hole 图标 ![icon]，Unit 栏选择 th，孔类型选择 Drilled，在 Hole size-Finished 栏选择 Round，输入孔直径：35。系统自动根据属性产生孔名字 Rnd 35，如图 3.25 所示。

5）选择 Padstacks 选项卡，创建所需的焊盘堆叠。单击 Names 栏右侧的 New Padstack 图标 ![icon]，将新建的 Padstack 名字从 New 改为 THRU Round 60P 35D；Type 栏选择 Pin-Through；在 Default 栏选中 Mount side、Internal、Opposite side（按住 Ctrl 键可复选多个选项），在右侧

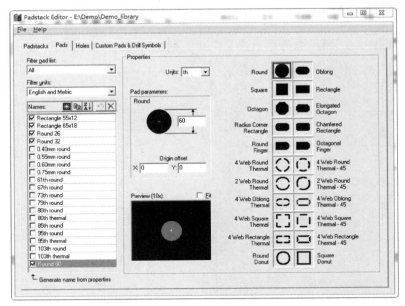

图 3.23　创建金属层焊盘图形

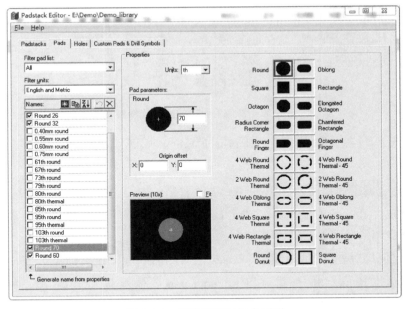

图 3.24　创建阻焊层焊盘图形

的 Available pads 栏选中 Round 60，单击 < 图标；在 Default 栏选中 Mount side soldermask、Opposite side soldermask，在右侧的 Available pads 栏选中 Round 70，单击 < 图标；在 Available holes 中选中 Rnd 35，Selected hole 栏则会出现对应的孔名称。完成设置之后，可以在 Preview（预览）窗口看见创建的焊盘堆叠图形，如图 3.26 所示。

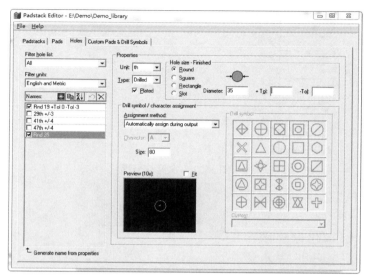

图 3.25　创建孔

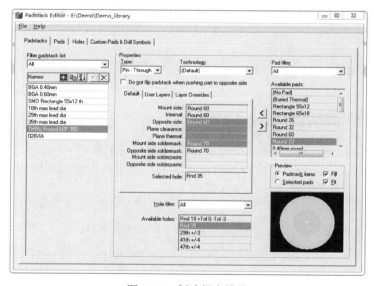

图 3.26　创建焊盘堆叠

3.3.4　安装孔焊盘 Mounting Hole

安装孔焊盘 Mounting Hole 的定义方式与通孔焊盘类似，只是在创建时 Type（类型）处选择有所不同，从下拉列表中选择 Mounting Hole 设置即可。同样定义方式的还有过孔，创建时需选择 Via 类型。

3.4　创建符号库

符号 Symbol 是设计原理图的基础，如图 3.27 所示，通过图形和属性定义来表示元器件。

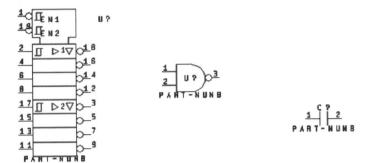

图 3.27 常见符号形状

在 EE 设计流程中，将符号 Symbol 分为四种 Type（类型）：Composite 表示层次化原理图产生的顶层符号；Module 表示通常的元器件符号类型；Annotate 表示图框等类型的图形符号；Pin 表示特殊的引脚符号，如电源地符号、端口符号等。除 Module 以外，其他三种都不表示一个具体的元器件，如图 3.28 所示。

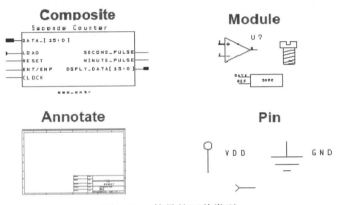

图 3.28 符号的四种类型

3.4.1 符号编辑器 Symbol Editor

符号编辑器如图 3.29 所示，由 Symbol 符号图形显示窗口、Pins 引脚列表窗口、Properties 属性窗口和 Console 命令行窗口组成，这些窗口可以自由缩放和排列。

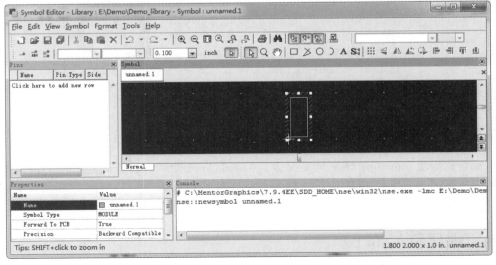

图 3.29 符号编辑器界面

1. Symbol 窗口

Symbol 窗口是符号的主要显示窗口，如图 3.30 所示，可以直观地看到符号的外形、引脚的放置等情况。

符号编辑器可以打开多个符号，每一个符号都有单独的界面，并且界面的标签上会用其名字作为标识。

符号主要由引脚和符号图形组成，引脚需要有引脚号和引脚名等属性。符号外框（Symbol Outline）并不存在实际的图形，也不会显示在 DxDesigner 中。它表示符号（包括引脚和图形等）占用了多少空间。在编辑符号后，需要将符号外框调整到合适的尺寸，也就是与引脚边沿一致，否则可能会导致在 DxDesigner 中绘制原理图时无法与引脚连接。也可以使用 Symbol 菜单下的 Update Symbol Outline 命令进行自动调整。符号原点通常放置在符号外框的左下角，选中符号原点，其即可移动。背景的白色小圆点表示 Grid 格点的位置。符号编辑时设置的格点应该与 DxDesigner 中使用的格点相同，而且所有的引脚都应该跟格点靠齐。

2. Pin 窗口

Pins 窗口如图 3.31 所示，通过列表记录了符号包含的引脚基本信息。在 Pins 列表中选中引脚，在 Symbol 窗口中该引脚就会高亮显示。

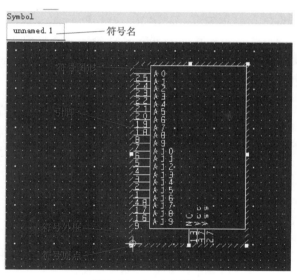

图 3.30　Symbol 窗口

	Name	Pin Type	Side	Pin Number
	A16	IN	Left	48
	A17	IN	Left	17
	A18	IN	Left	16
	A19	IN	Left	9
*	I/O0	BI	Right	29
*	I/O1	BI	Right	31
*	I/O2	BI	Right	33
*	I/O3	BI	Right	35
*	I/O4	BI	Right	38
*	I/O5	BI	Right	40
*	I/O6	BI	Right	42
*	I/O7	BI	Right	44

图 3.31　Pins 列表界面

如果在 Name 之前的一列有"＊"，表示该引脚还未放置到 Symbol 窗口中。按如图 3.32 所示操作选中引脚并拖动到 Symbol 窗口，即可实现放置过程。

Name 是引脚名。EE 设计流程中不允许引脚名称重复。

Pin Type 表示引脚类型。不同的引脚类型有不同的显示图形。勾选符号编辑器 View 菜单下的 Show port type 项，在 Symbol 窗口中可看到 Pin Type 的显示。

Side 表示引脚的位置，只能通过下拉菜单从 Left、Right、Top 和 Bottom 中选择。

Pin Number 表示引脚号。

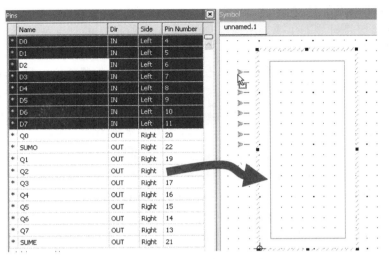

图 3.32 拖动引脚到 Symbol 窗口

3. Properties 窗口

符号主要由图形和相关的属性组成。属性窗口会根据选中的对象自动显示其带有的属性内容。如果未选中对象则显示符号属性（Symbol Properties），如图 3.33 所示。Symbol Type 表示符号的类型；Forward To PCB 表示该器件信息是否被带入 PCB 中；Pcb Properties 选项下需要添加一个基本属性：Ref Designator（元件编号），将其值根据需要来命名，例如电阻为"R?"，二极管为"D?"等。

如果选中对象为引脚，则显示引脚属性（Pin Properties），如图 3.34 所示。

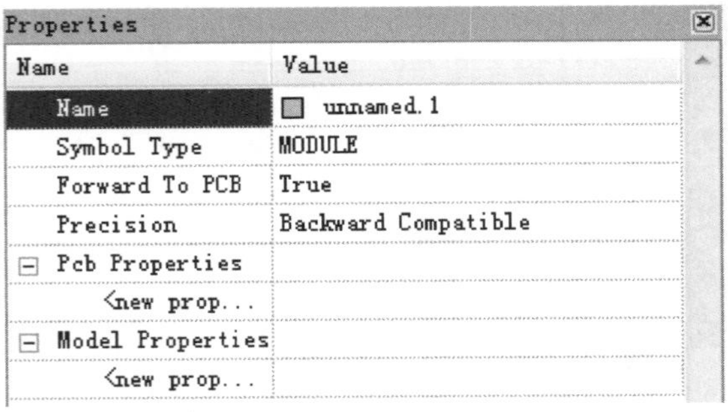

图 3.33 符号属性 Symbol Properties

图 3.34 引脚属性 Pin Properties

Pin Name 表示引脚名。如果在该项值前添加一个"~"，则该引脚在 Symbol 窗口中的显示将在引脚名上添加一根横线表示低电平有效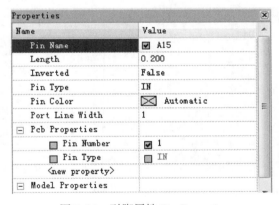。Length 表示引脚的长度。Inverted 表示该引脚是否是反转有效的。如果该项值为 True，则该引脚在 Symbol 窗口中的显示将添加一个圆圈作为标识  。

4. Console 窗口

Console 命令行窗口会输出操作的记录日志，也可以作为命令行的输入窗口。

3.4.2 使用 Symbol Wizard 创建元器件符号

除了在 Symbol Editor 中以新建或者编辑方式创建新符号以外，还可以通过 Symbol Wizard 向导来完成。

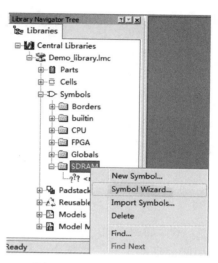

1）在 Library Manager 中，选中所需操作的分区，单击鼠标右键，如 3.35 所示，选中 Symbol Wizard 命令。在出现的 New Symbol Name 窗口中输入符号名称，如 CY62167EV30。

2）如图 3.36 所示，选择符号类型是 Module（器件类型）还是 Composite（顶层功能符号类型）。此处选择 Module。

如果器件引脚数不多，可以选择第一项 Do not fracture symbol，表示不拆分符号；如果器件引脚数很多，希望拆分成几个符号，选择第二项 Fracture symbol。此处选择第一项。然后单击"下一步"。

3）如图 3.37 所示，再次确认或者修改符号名称及存储的分区，再单击"下一步"。

图 3.35 进入 Symbol Wizard

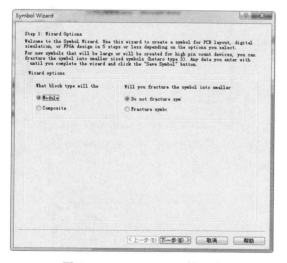

图 3.36 Symbol Wizard 第一步

图 3.37 Symbol Wizard 第二步

4）如图 3.38 所示，主要是确认引脚之间的间隔（Spacing between pins）、引脚长度（Pin length）、引脚号是否显示（Pin Num Visibility）、引脚号位置（Pin Num location）以及格点、字体等。通常这一步无需更改设置，直接单击"下一步"。

5）如图 3.39 所示，主要是设置符号的一些属性。通常这一步可以不做修改直接单击"下一步"。

图 3.38　Symbol Wizard 第三步　　　　　图 3.39　Symbol Wizard 第四步

6）如图 3.40 所示，此步骤是最重要的录入引脚信息的步骤。在这个表格中，设计人员可以逐一手动添加引脚，而且可以马上看到符号的变化。

也可以依照如下步骤从 Excel 表格中将引脚信息拷入。

首先，从器件手册中将器件引脚信息按照格式和顺序拷贝录入 Excel 中，如图 3.41 所示。

然后将所需的内容选中并拷贝，如图 3.42 所示。

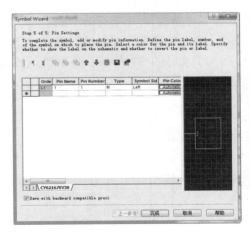

图 3.40　Symbol Wizard 第五步

最后，单击 Symbol Wizard 第五步表格的第一列第一格，使用粘贴（Ctrl + V）命令，Excel 信息就会自动填入对应的位置，得到图 3.43 所示结果。

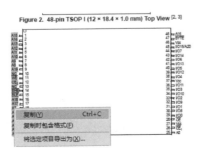

图 3.41　从器件手册拷贝引脚信息　　　　图 3.42　从 Excel 中拷贝信息

7）单击"完成"，Symbol Wizard 向导设置结束，完成的符号将会自动用 Symbol Editor 打开，如图 3.44 所示，可以对其进行进一步的修改和编辑。

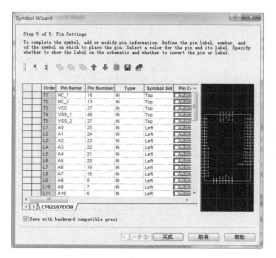

图 3.43 Symbol Wizard 自动导入 Excel 信息

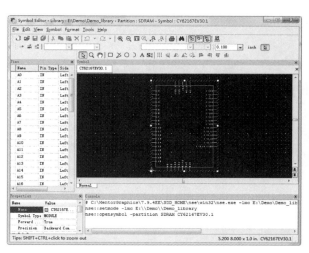

图 3.44 进入 Symbol Editor 进行再次编辑

3.5 创建封装库

元器件的封装通常由焊盘、外形图形、位号标识等组成，在 PCB 装配过程中用于元器件的安装。封装库一般可以根据封装类型进行分区管理，如分成双列直插器件 DIP、球栅阵列器件 BGA 等。

单击 图标，即可打开封装编辑器（Cell Editor），用于新建、编辑和管理元器件封装、机械封装、图形封装和拼板板边封装，其界面如图 3.45 所示。

3.5.1 封装属性编辑 Properties

封装编辑器选中某个封装，然后单击 Properties 图标，进入封装属性编辑窗口，界面如图 3.46 所示。

Name and descriptions：表示封装名字和描述。封装描述可以记录封装文档名称或者封装创建人信息等。

Date：显示封装的创建日期或修改日期，是只读信息。

Clearance type：表示间距类型。在后期的 Expedition PCB 中 CES 定义规则时可以用于区分不同间距类型的封装。

Package group：表示封装分类。

Mount type：表示封装装配方式。

Height：用于设置封装的最高高度值。

Underside space：用于设置 PCB 表面与封装底部之间的距离。当元件 A 下方安放元件 B 时，B 元件的 Height 值不能大于 A 元件的 Underside space 值。

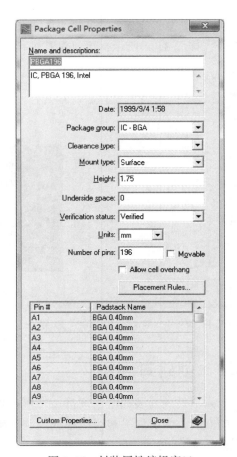

图 3.45　Cell Editor 操作界面　　　　图 3.46　封装属性编辑窗口

Verification status：表示封装是否被验证。Verified 表示被验证过，该器件在 Cell Editor 中显示的 Cell Name 为黑色；Unverified 表示被未验证过，该器件在 Cell Editor 中显示的 Cell Name 为红色。

Units：用于设置封装使用的单位，包括 in、mm、um 和 th。在封装编辑界面不能更改单位，在编辑过程中如需更改，则应该存盘回到此次进行更改。

Number of pins：表示器件的引脚数目。

Movable：表示引脚在 Expedition PCB 中可否被移动。

Allow cell overhang：勾选此项，允许该器件的 Placement Outline 在 Expedition PCB 中与 Board Outline 重叠；不勾选此项，则不允许该器件的 Placement Outline 在 Expedition PCB 中与 Board Outline 重叠。

Placement Rules：表示器件放置的规则，如放置角度、放置在 PCB 的顶层或者底层等。

Custom Properties：表示自定义的属性。

3.5.2　封装图形编辑 Edit Graphics

在封装编辑器选中某个封装，然后单击 Edit Graphics 图标，进入封装图形编辑界面。

如图 3.47 所示，封装图形编辑界面与 Expedition PCB 设计界面类似，只是减少了许多无关的菜单和工具栏，增加了几个封装编辑的功能 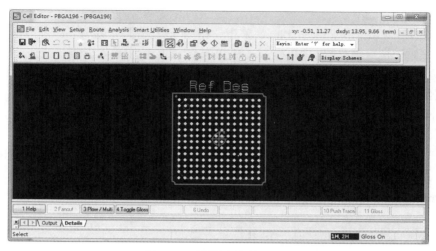。

图 3.47　封装图形编辑界面

3.5.3　表贴封装创建流程

创建一个 48 脚表贴封装的操作步骤如下：

1）单击 图标，进入封装编辑器。

2）选择 Partition 的 SOP 选项，单击 New Cell 图标 ，新建表贴封装，如图 3.48 所示。

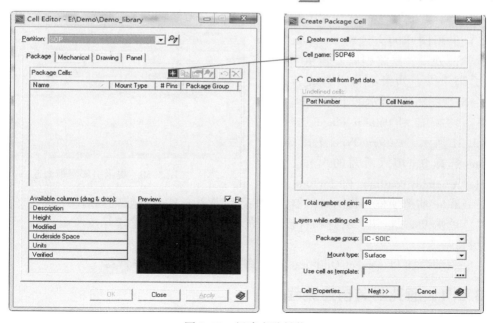

图 3.48　新建表贴封装

3）在打开的 Create Package Cell 窗口中选择第一项 Create new cell，Cell name 填写封装名 "SOP48"，Total number of pins 填写引脚数量 "48"，Layers while editing cell 填写层数 "2"，Package Group 选择 "IC – SOIC" 组，Mount Type 将自动选择 Surface，单击 Next 按钮。

4）在接下来出现的 Place Pin 菜单中，给每一个引脚指定所需的焊盘 SMD Rectangle 55x12 th。对于批量焊盘统一指定 Padstack Name，可先选中起始引脚，按住＜Shift＞键不放，滑动右侧的滑动条，再次单击需选中的最后一个引脚，然后在 Padstack Name 的下拉表中选择焊盘名称，所有被选中引脚将会同时被指定焊盘名（整个过程中不能释放＜Shift＞键），如图 3.49 所示。

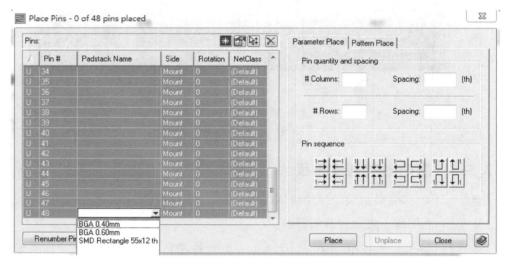

图 3.49　批量指定引脚焊盘

5）采用同样的方法将 Rotation 选择为 90°，此处设置是将引脚旋转 90°放置，避免引脚干涉。如果不将引脚旋转 90°，可能会出现图 3.50 所示的干涉提示。

6）切换右侧 Pattern Place 选项卡，如图 3.51 所示。Pattern Type 选择 SOIC，Rotation 选择 0，填入所需的尺寸。勾选 Include Assembly outline 和 Include Silk-

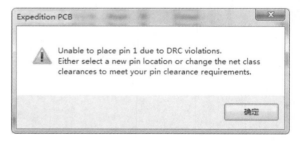

图 3.50　提示引脚间距太近

screen outline 前选项框，将同时把器件的装配外框和丝印外框放置到封装中。

7）单击 Place 按钮，引脚和封装所需的丝印外框、位号丝印等按照图 3.52 所示自动放置在封装中。

8）手动添加 Placement Outline，或者直接存盘退出封装编辑器。

3.5.4　通孔封装创建流程

创建一个 14 脚通孔封装的步骤如下：

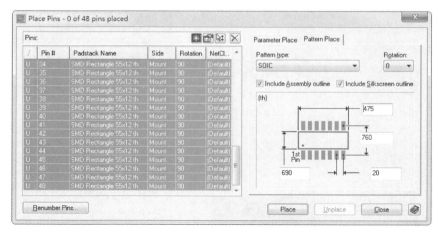

图 3.51 设置引脚放置参数

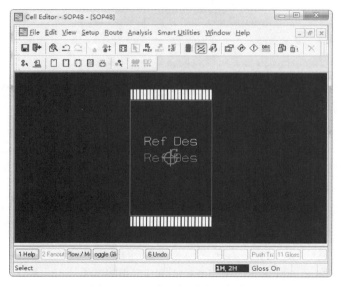

图 3.52 已放置好引脚的封装

1）单击 图标，进入封装编辑器。

2）选择 Partition 中 DIP 选项，单击 New Cell 图标 ，新建一个通孔封装。

3）如图 3.53 所示，在打开的 Create Package Cell 窗口中选择第一项 Create new cell，Cell name 填写封装名"DIP14"。Total number of pins 填写引脚数量"14"，Layers while editing cell 填写层数"2"，Package Group 选择"IC – DIP"组，Mount Type 将自动选择 Through，单击 Next 按钮。

4）在接下来出现的 Place Pins 窗口中，选中所有引脚指定所需的焊盘名 THRU Round 60P 35D，如图 3.54 所示。

5）切换右侧选项卡至 Pattern Place，如图 3.55 所示。在 Pattern type 下选择 DIP，Rotation 选择 0，填入所需的尺寸；勾选 Include Assembly outline 和 Include Silkscreen outline 前选

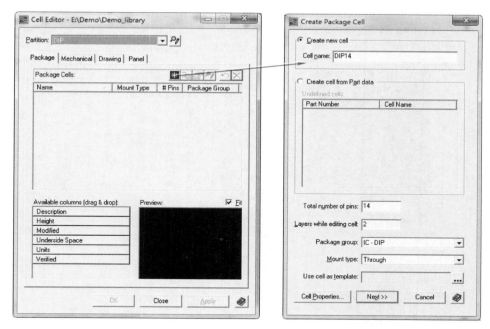

图 3.53　新建通孔封装

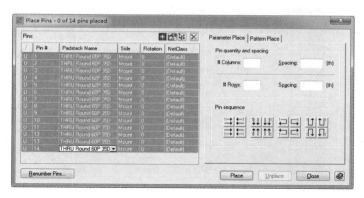

图 3.54　批量定义引脚焊盘

项框，把器件的装配外框和丝印外框同时放置到封装中。

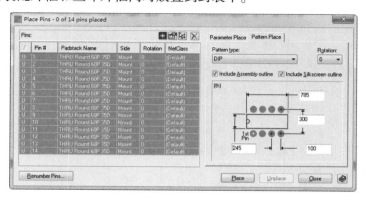

图 3.55　设置引脚放置参数

6）单击 Place 按钮，引脚和封装所需的丝印外框、位号丝印等按照图 3.56 所示自动放置在封装中。

7）手动添加 Placement Outline，或者直接存盘退出封装编辑器。

3.6 创建器件库

Part 器件库是由器件和符号、封装以及附属的属性组成，它们之间的关系如图 3.57 所示。

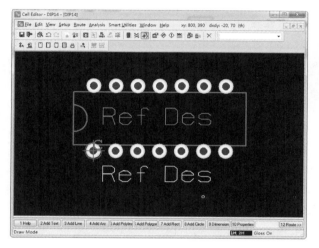

图 3.56 已放置好引脚的封装

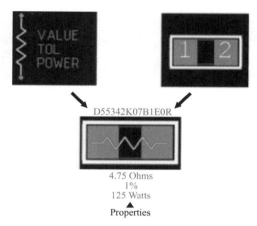

图 3.57 器件和符号、封装、属性的关系

器件存放在 Parts Database 或 Part Partition 器件分区中。在一个中心库中，可以存在多个器件分区。器件除了描述器件的逻辑符号和物理封装的对应关系（Pin Mapping），还包括以下信息：

1）如何将单元的物理引脚号映射到符号的逻辑引脚名。

2）定义那些在 PC 板上可交换的引脚和逻辑门电路。

3）包含与元件的其他属性相关的信息，如成本、电阻、电容，以及用于电路仿真的模型等。

3.6.1 创建器件流程

1）运行 Library Manager，打开 Demo_library 中心库，单击 Part Editor 图标 ✐，进入器件编辑器，如图 3.58 所示。器件编辑器能够在中心库的 PDB 分区中添加和修改对象。在 Expedition PCB 中，运行 Setup→PDB Editor 命令，即可启动 Part Editor，并打开在本地工程文件夹中的 PDB 库进行编辑。

2）在 Partition 栏选择 SRAM，单击 New 图标 ❋。

3）在 Parts listing 列表中会出现新的 Part，初始命名都为"New"。在 Number 栏和 Name 栏填入器件名称"CY62167EV30"。Number 是该器件的唯一、必填值，用 DxDesigner 绘制的原理图会根据其符号上的 Part Number 属性在中心库中匹配对应的 Part。Name 也是必填值，但是允许重复。Label 是可选填项，允许重复。

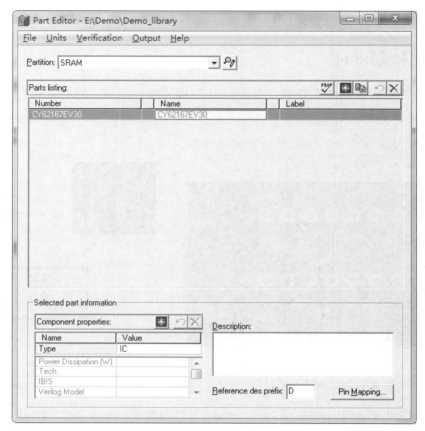

图 3.58　Part Editor 操作界面

4）在 Reference Des Prefix 栏填入器件位号的前缀。如果此次填入的值和在定义 Symbol 时填写的 Ref Designer 位号值不同，如 Symbol 中位号为 "U?"，而且此处填入 "D"，该器件在放入 DxDesigner 中时初始显示为 "U?"，但是通过 Package（封装）之后将会根据器件顺序产生新的位号 "D*"，* 为数字。

5）在 Component Properties 部分可以输入所需的器件属性。如该器件是集成电路，如图 3.59 所示，在 Type 栏选择 IC，属性列表会根据所选的 Type（类型）自动调整。如果是电阻类型，属性列表就会出现阻值、误差、功耗等参数。

6）单击 Pin Mapping，进入引脚映射环境，在这里指定符号、指定 Cell 封装和引脚映射信息，如图 3.60 所示。

7）指定符号，在 Assign Symbol 窗口选择 Import（导入）命令，操作过程如图 3.61 所示。

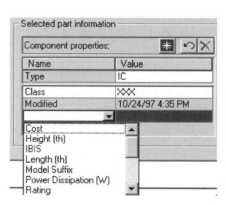

图 3.59　Component Properties

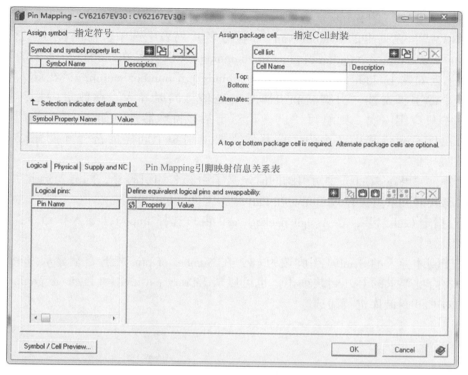

图 3.60　引脚映射窗口

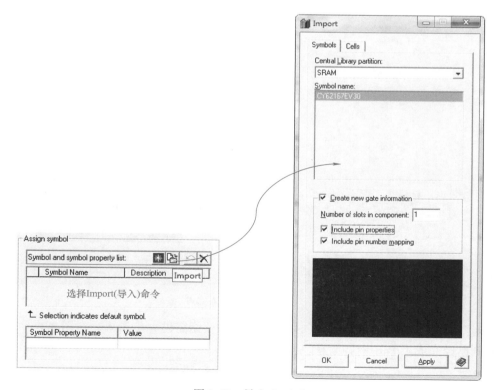

图 3.61　导入 Symbol

在 Import 窗口的 Symbols 选项卡下，首先选择存放符号的 Central Library partition 分区"SRAM"，在列出的 Symbol Name（符号名）列表中选中所需的符号名。勾选 Create new gate information。Number of slots in component（该符号在此器件中使用的数量）填写"1"，并且勾选 Include pin properties 和 Include pin number mapping，在导入符号的同时将符号中的引脚属性、引脚名和引脚号对应信息同时导入。在数量一栏，普通的符号在器件中只应用一次，则填写"1"。而对于某些特殊器件，如 74 系列的门电路，选择的符号可能只表示其中一个门，该器件需要使用 8 个同样的符号才能完成，这种情况则需填写"8"。

此外，如果在 Symbol 中对引脚同时定义了引脚名和引脚号，同时勾选此项，则将符号中的引脚映射关系直接导入，无需在 Part 中再定义。

8）指定 Cell 封装，在 Assign package cell 窗口选择 Import（导入）命令，操作过程如图 3.62 所示。

由于刚才导入的 Symbol 引脚数为 48，在 Number of pins 栏会自动显示为 48，并且将中心库中符合此要求的 Cell 封装列出。也可以从 Library partition 和 Package group 栏选择合适的条件对 Cell 封装库进行筛选。

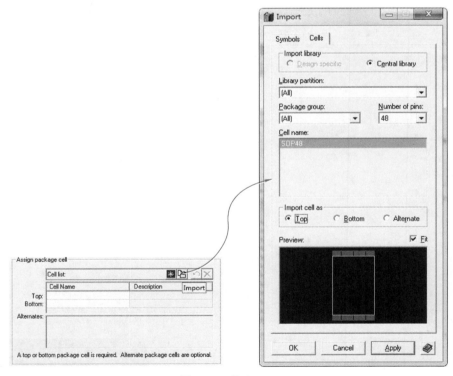

图 3.62　导入 Cell

9）由于引脚映射信息直接从 Symbol 中导入，无需进一步录入。在图 3.63 所示界面可以看到已经完成了 Part 引脚信息映射。

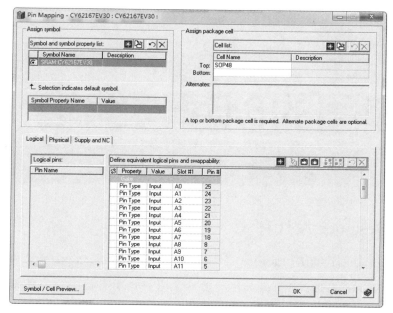

图 3.63　Part 引脚信息映射完成

3.6.2　创建多封装器件

　　某些器件在 PCB 设计中可能会使用多种不同的封装，在 Library Manager 创建 Part 的时候可以在指定 Cell 封装的时候添加多个封装，参见上一小节第 8）步。

　　在原理图和 PCB 设计中放置器件的时候就可以根据实际需求选择所需的封装形式。

3.6.3　定义可交换引脚

　　对于 FPGA 之类可交换引脚的元器件，在 Part 定义的时候可以将可交换的引脚定义为一个 Swap group（交换分组），Group 内的引脚就可以在 PCB 设计中使用 Pin swap 功能进行交换，优化 PCB 的布局和布线。Library Manager 中用不同图形来表示不同的 Swap group（交换分组），如图 3.64 所示。

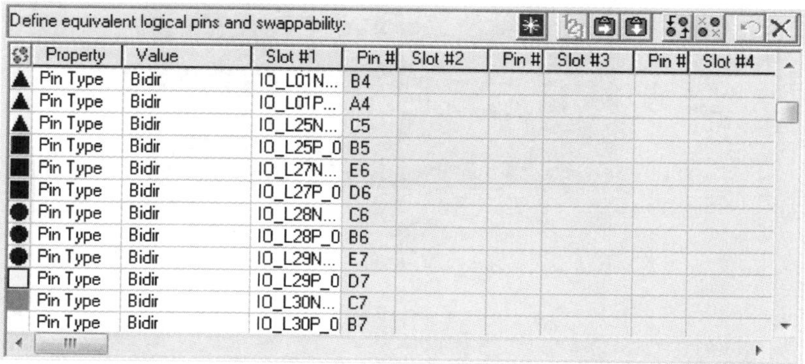

图 3.64　定义引脚交换分组

第4章

原理图的创建与编辑

4.1 DxDesigner 设计环境

DxDesigner 是创建与编辑原理图的环境，包括设计创建、设计定义和设计复用等功能。单击 图标，或者通过 Windows "开始" 菜单→ "所有程序" →Mentor Graphics SDD→Design Entry→DxDesigner，启动 DxDesigner。

4.1.1 DxDesigner 用户界面

界面如图 4.1 所示，除原理图绘制窗口外，还有多个子窗口，可以通过工具栏上的功能按钮 打开或关闭。

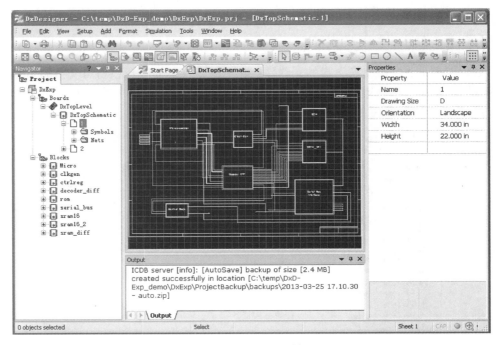

图 4.1　DxDesigner 界面

1. 　 Navigator（项目结构目录树）

Navigator 窗口主要用于对项目 Project 中各个对象的浏览和管理，查看当前页包含的器件和网络。通常位于原理图绘制窗口的左侧。

2. 　 DxDataBook（Dx 数据库）

DxDataBook 窗口主要用于对元器件的调用和放置，如图 4.2 所示。CL View 是中心库信息列表，三个选项卡中 Part View 主要用于存放普通元器件，Symbol View 主要用于放置图框、电源、地、连接符号，Reuse Blocks 主要用于放置复用模块。Search 窗口可与后台标准格式数据库文件链接，并提供查找功能，可以按照参数搜索需要的元器件。

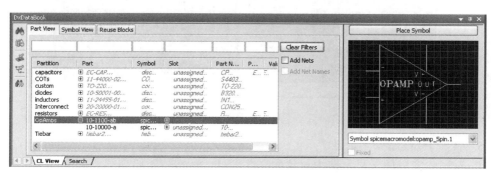

图 4.2　DxDataBook 元器件放置窗口

3. 　 ICT Viewer（互联表格查看）

ICT（Inter Connectivity Table）Viewer 窗口如图 4.3 所示，有三个选项卡 Hierarchy、Net Properties 和 Symbol Properties，分别用于查看原理图中网络连接、网络属性和元器件属性信息，支持与原理图的交互式定位，可以对设计对象进行排序搜索和分类查看。

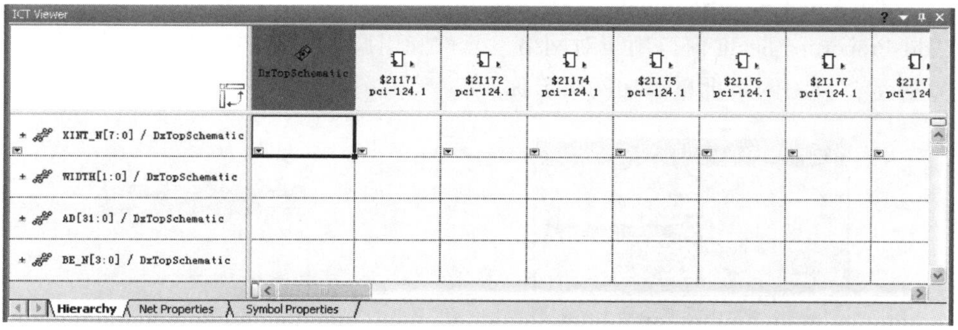

图 4.3　ICT Viewer 窗口

4. 　 eExp View（PCB 查看）

eExp View 窗口如图 4.4 所示，可以在原理图环境中查看 PCB 版图而无需启动 Expedition PCB 软件。使用该功能查看 PCB 版图时，必须先进行反标，并且勾选 Create eExp View during Back Annotation 选项（Expedition PCB 环境中的选项，详见第 6 章），待反标成功后即可在该窗口显示当前 PCB 的设计情况。该功能不是实时同步的，如果 PCB 有改动，必须进行反标操作才能更新 eExp View 窗口中的视图。

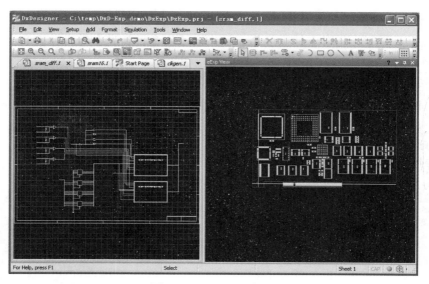

图 4.4　eExp View 窗口

5.　Properties（属性）

Properties 窗口用于显示选中对象的属性信息，通常位于原理图绘制窗口的右侧。

6.　Output（输出记录）

Output 窗口用于输出错误、报告和一些常规信息等，通常放置在原理图绘制窗口下方。

7.　Selection Filter（选择过滤器）

Selection Filter 窗口如图 4.5 所示，用于设置原理图中各个对象的可选性，便于在操作中区分不同对象。

8.　Add Properties mode（属性添加）

Add Properties mode 窗口用于对网络、元件和引脚等对象进行单个或批量添加属性，如图 4.6 所示，可为网络批量添加网络名称。

图 4.5　Selection Filter 窗口

图 4.6　Add Properties mode 窗口

此外，工具栏还有很多其他按钮，这些按钮是在进行原理图设计时的一些常用操作命令，与菜单中相应的功能是相同的。

4.1.2　DxDesigner 主要菜单功能

这里主要集中介绍 File（文件）和 Setup（设置），其他菜单功能将在后面具体应用中说明。File 主要是对项目文件的操作，Setup 是指各种设置。

1. File

New 用于新建项目、原理图、界面、本地符号等。

Open 用于打开已有的项目文件（＊. prj、＊. dproj、Block 和 VHDL 格式）。

Close 用于关掉当前打开的界面。

Close Project 用于关掉当前打开的项目。

Backup Sheet 用于备份当前原理图。

Rollback Sheet 用于恢复备份原理图。

Clear Backups 用于清除备份原理图。

Export 用于从当前原理图中导出各种格式的网表、原理图和 PDF 文档等。DxDesigner 支持多种格式的导出。

Import 用于导入其他格式的网表文件、符号，并集成转换功能。可以对其他 EDA 厂商的原理图文件和符号库进行转换并打开。

File Viewer 指内嵌的文档查看工具，可以查看各项操作的日志文件。

Print 指调用打印功能，可以对当前原理图进行全部或部分界面的打印。

Exit 用于退出 DxDesigner 环境。

2. Setup

Settings 用于对当前打开的项目进行参数设置，如中心库路径、界面尺寸、界面标号、字体等。

Cross Probing 指交互选择功能，勾选该选项以后，DxDesigner 和 Expedition 可以实现交互式定位，在原理图中选中的器件或网络能够同时在 PCB 里被选中且高亮显示，反之亦然。

4.2　原理图项目环境设置

4.2.1　Project 设置

在进行原理图设计之前，需要对项目的相关参数进行设置，选择 Setup 菜单→Settings，弹出 Settings 对话框，单击左侧列表里的 Project 选项，进入 Project 设置窗口，如图 4.7 所示。

Central Library Path 栏是当前项目要用到的中心库的路径，如果在创建项目时已经设置过，此处只需再次确认即可。一旦开始设计，路径不要轻易更改。其他项目相关的配置文件，一般由项目自带或系统自动配置，无需专门指定。Enable concurrent design（多人协同设计选项）默认为不勾选。

Boards 用于设置顶层原理图、原理图和 PCB 的相关信息是否允许相互更新，即向前标注 forward annotation 和反向标注 back annotation。前者是指将原理图的相关信息更新到 PCB 中，后者是指将 PCB 的相关信息更新到原理图中。如果都有更新，看哪个优先级更高。此

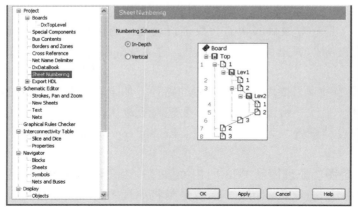

图 4.7　Project 设置窗口

外，在该界面中可设置选择库搜索方案，与中心库设置配合使用。

Special Components 用于添加、删除、上移和下移原理图中使用到的一些特殊符号，如电源符号、地符号、端口输入/输出符号、总线拆分符号等。

Bus Contents 用于原理图中的总线设置。

Borders and Zones 用于为各种尺寸的原理图界面指定相应的图框和区域属性。

Cross Reference 窗口用于设置原理图中网络连接关系的标注形式，包括标注的内容、坐标位置、字符大小、分隔符等。

Net Name Delimiter 用于设置原理图中总线分支的各个网络名称的显示形式，以总线 D[1:3] 下的网络为例，None 为 D1、D2、D3 的形式，Round Brackets 为 D(1)、D(2)、D(3) 的形式，Square Brackets 为 D[1]、D[2]、D[3] 的形式。

DxDataBook 窗口用于设置与后台数据库相关联的配置文件。

Sheet Numbering 用于指定层次化原理图中界面的排序方式，有 In-Depth 和 Vertical 两种方案可选，具体效果如图 4.8 所示。

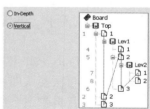

图 4.8　Sheet Numbering 的两种方案

Export HDL 用于设置将原理图按照一定的格式输出成 VHDL 语言和 Verilog 语言。

4.2.2　Schematic Editor 设置

Schematic Editor（原理图编辑）设置窗口如图 4.9 所示，主要用于定义原理图绘制时的格式。

Unit 栏用于设置原理图编辑时的单位是英制还是公制。勾选 Display Grid 项可以显示格点，Grid Type 提供两种格点类型：点式格点和线形格点，Grid Spacing 栏可以自定义格点间距。勾选 Grid Interval Markings 选项可以在原理图编辑时显示栅格间距标识（每 10 个单位格点会显示 + 或者更粗的线条）。

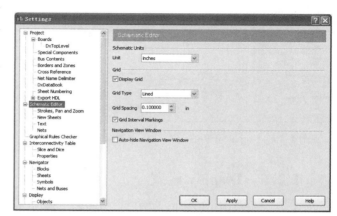

图 4.9　Schematic Editor 设置窗口

Navigation View Window 是原理图界面的预览窗口，勾选 Auto-hide Navigation View Window 选项可以使该窗口自动隐藏在侧边栏。

Strokes，Pan and Zoom 主要用来设置查看和设计原理图时相关的缩放操作习惯。Strokes 是指在设计区域内按照特定轨迹移动鼠标，用来执行命令和实现功能的一种操作，也被称作"笔划键"功能。

New Sheets 用于设置新建原理图的界面尺寸、方向、图框。

Text 窗口用于设置默认的文字摆放原点位置和文字大小。

Nets 用于设置网络参数，例如最小间距、长度值、对齐、连接方式、命名等。

4.2.3　Graphical Rules Checker 设置

Graphical Rules Checker 设置窗口如图 4.10 所示，主要用于设置图形检查规则，包括网络重叠、其他对象重叠、网络没有对齐格点、引脚没有对齐格点、文字与所属对象的距离超出设定值、文字或属性之间没有对齐的检查。检查则勾选相应的复选框，可以自定义违反规则时的严重程度，有 Error、Warning 和 Note 三种等级可选。单击工具栏上的 GRC 　　 按钮，执行图形规则检查，在 Output 窗口的 GRC 选项卡查看检查结果，Note 等级显示为绿色，Warning 等级显示为蓝色，Error 等级显示为红色。

4.2.4　Navigator 设置

Blocks、Sheets、Symbols 和 Nets and Buses 窗口分别用于设置模块、原理图页、元器件符号、网络和总线在 Navigator 窗口中的显示方式，并可以设置相应的名称显示方式和提示信息显示方式。例如图 4.11 和图 4.12 所示为 Blocks 的设置窗口与显示效果。

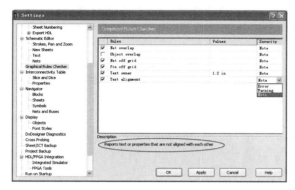

图 4.10　Graphical Rules Checker 设置窗口

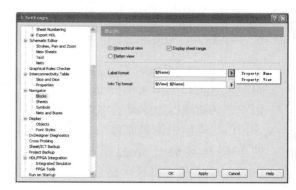

图 4.11　Blocks 设置窗口

4.2.5　Display 设置

　　Display 窗口用于设置原理图设计界面相关选项的显示方式以及相关信息的显示。如图 4.13 所示，界面上显示勾选选项，不勾选则不显示。最下面 Data Format 用来设置日期的显示方式，可以从下拉菜单中选择不同的模式，右侧为预览效果。

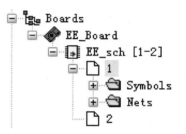

图 4.12　Hierarchical view 和 Display sheet range 显示效果

　　Objects 窗口用于设置原理图的颜色显示方案。

　　Font Styles 窗口用来设置原理图中的字体，通常情况下设置 Fixed 和 Kanji 两项便于中文显示，否则中文可能显示为乱码。

4.2.6　DxDesigner Diagnostics 设置

　　DxDesigner Diagnostics 设置窗口如图 4.14 所示，用于设置在退出 DxDesigner 环境时是否自动执行原理图错误检查。

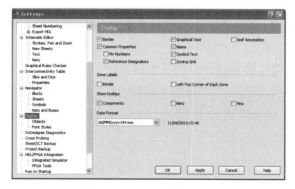

图 4.13　Display 设置窗口

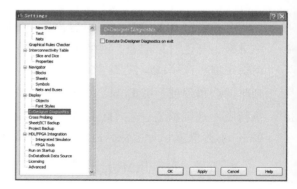

图 4.14　DxDesigner Diagnostics 设置窗口

4.2.7　Cross Probing 设置

　　Cross Probing 设置窗口如图 4.15 所示，用于设置原理图与后端 PCB 设计工具 Expedition PCB 的交互选择功能。Limit selection to already open documents 选项只针对当前打开的原理图

界面或 ICT 与后端工具做交互选择，交互选择的对象从下面的几个小选项中勾选。勾选 Zoom Fit to Selection objects，在做交互选择时，选中原理图中的一个对象，则该对象会在 PCB 环境中放大显示。Highlight unplaced components 表示高亮显示未放置的器件，若勾选 Enable 项则启用该功能，勾选 Limit to already open documents，则只高亮显示当前打开的原理 图页或 ICT 中未放置的器件。

4.2.8　其他设置

Sheet/ICT Backup 和 Project Backup 两个设置窗口主要用于设置原理图界面或 ICT 以及项 目的备份操作，可以设置备份的时间间隔、数量等。

HDL/FPGA Integration 窗口用于设置对原理图进行硬件语言仿真和 FPGA 综合时需要注 意的相关项。

Run on Startup 窗口允许添加相应的脚本文件，在 DxDesigner 打开时立即执行。

DxDataBook Data Source 窗口允许设计者为 DxDataBook 数据源设置用户名和密码。

Licensing 设置窗口如图 4.16 所示，右侧中列出与 DxDesigner 相关的工具模块，从上到 下依次为：DxDataBook 数据支持、Hyperlynx Analog 模拟仿真和 DxRFEngineer 射频引擎。可 以根据设计需要打开或关闭相应模块。勾选上方的 Check out all available features 选项可以使 license 文件中包含所有与 DxDesigner 相关的模块。

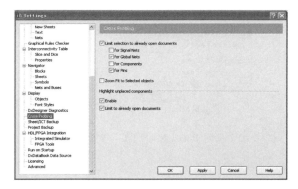

图 4.15　Cross Probing 设置窗口

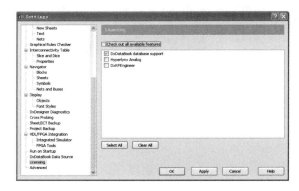

图 4.16　Licensing 设置窗口

Advanced 设置窗口包含了与原理图设计相关的一些高级选项，通常采用默认设置。

4.3　创建原理图项目

启动 DxDesigner，选择 File→New→Project 新建项目，或者单击工具栏上的 New Project 按钮，弹出图 4.17 所示对话框。

在 Name 栏输入项目名称，在 Location 栏单击右侧按钮选择项目存放的路径，在 Central Library Path 栏单击右侧按钮选择中心库的路径。

如果需要开启协同功能，即多人完成同一份原理图的设计，则勾选 Enable concurrent de- sign 协同设计选项，并在 Server Name 栏填入服务器名称。

DxDesigner 可创建 Expedition、Netlist 和 System Design 三种不同类型的项目文件，都需

要指定项目名称和存储路径。如果创建 Expedition 或 System Design 类型的项目文件，则后端的 Layout 设计工具为 Expedition PCB，并指定唯一的中心库。如果选择 Netlist 类型，则需要指定相应的后端 Layout 工具，如图 4.18 所示。

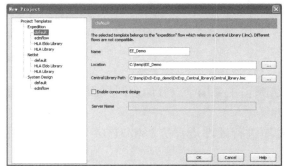

图 4.17　新建原理图项目对话框

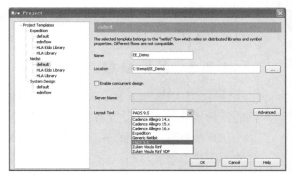

图 4.18　Netlist default 模板

所有选项输入之后，单击 OK 按钮，完成新项目的创建。结构目录树窗口如图 4.19 所示，当前运行的项目正是刚刚创建的 EE_Demo。

选择菜单 File→New→Schematic，或者单击工具栏上的 New Schematic 按钮，在当前目录树 Boards 分支下完成新的 Board 和原理图的创建工作。通过右键菜单的 Rename 命令，还可以修改 Board 和原理图的名称，如图 4.20 所示。

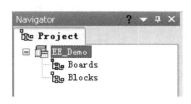
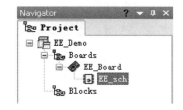

图 4.19　结构目录树窗口　　　　图 4.20　新建 Board 和原理图并重命名

创建项目和新建原理图之后，就可以开始绘制原理图了。

4.4　放置与编辑元器件

4.4.1　放置元器件

绘制原理图的第一步通常是放置元器件。在 DxDesigner 菜单栏选择 View→DxDataBook，或者单击工具栏上的 DxDataBook 图标　　，打开 DxDataBook 窗口。

在 Part View 选项卡选取设计需要的元器件符号，可以直接在列表中选取，也可以采用过滤查找的方式，在 Partition、Part、Symbol 等列上方的空格中输入关键字，使用"＊"号作为通配符，无需按＜Enter＞键，列表中可实时显示符合条件的元器件。放置元器件的窗口支持多参数复合检索，查找结束后，单击 Clear Filters 键清除当前查询条件，列表中重新显示所有元器件。在右侧的预览窗口可以查看当前元器件的符号和封装，如图 4.21 所示。若要放置不包含封装属性的符号，如 vcc、gnd 等，则需要在 Symbol View 选项卡中进行查找。

图 4.21　使用通配符查找元器件

从窗口选择合适的元器件之后，可以单击预览窗口上方的 Place Symbol 按钮，并将鼠标移至原理图设计区域，单击放下一个符号，此时符号仍然粘在光标上，再次单击仍可继续放置元器件符号，按键盘上的 <Esc> 键或者单击鼠标右键均可退出当前模式。也可以单击预览窗口的符号不放，将其拖到设计区域，然后松开鼠标左键，即可轻松完成符号的放置。

4.4.2　复制元器件

在 DxDesigner 中复制元器件有多种方法，一种是通常的复制粘贴法，即选中所要复制的元器件，按 <Ctrl + C> 组合键将其复制，再按 <Ctrl + V> 键，在图纸中的适当位置单击，即可将复制的元器件放置到该处。另外一种更加便捷的方法是先选中要复制的元器件，再按住 <Ctrl> 键不放，然后单击拖动选中的元器件符号到空白区域，放开鼠标左键，即复制了一个元器件符号。

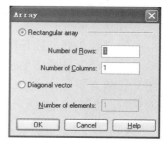

DxDesigner 还提供了阵列式批量复制对象的模式，也可以达到复制元器件的目的。选中图纸中的一个元器件，然后在菜单栏中选择 Add→Array 命令，或者单击工具栏上的 Array 图标，弹出图 4.22 所示设置窗口。

图 4.22　Array 设置窗口

添加阵列有以下两种方法：

第一种是矩形阵列 Rectangular array，在 Number of Rows 栏中输入行数 "2"，在 Number of Columns 栏中输入列数 "3"，然后单击 OK 按钮，即可创建一个 2 行 3 列的矩形阵列，通过移动鼠标的位置可以控制阵列中元器件之间的间距，单击后完成阵列的放置，效果如图 4.23 所示。

第二种是对角线阵列 Diagonal vector，选中该选项后，在 Number of elements 栏填入元件个数 "4"，单击 OK 按钮，在图纸中出现一组以最初选中元器件为起始点，光标为终点的元器件阵列，通过移动鼠标的位置来确定元器件阵列的符号间距和排列方向，最后单击完成放置，如图 4.24 所示。

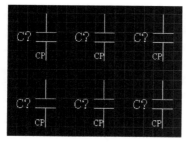

图 4.23　矩形阵列

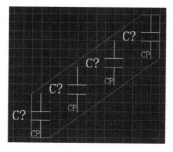

图 4.24　对角线阵列

以上所述的几种复制元器件的方法，除了针对单个元器件的复制外，同样适用于多个元器件和其他对象如网络、电路等的复制。

4.4.3　删除元器件

选中要删除的元器件符号，然后在菜单栏中选择 Edit→Delete 命令，或者按键盘上的 ＜Delete＞键，或者单击工具栏上的 Delete 图标 ✖️，都可以将选中的对象删除。

4.4.4　查找元器件

打开原理图后，在菜单栏中选择 Edit→Find/Replace 命令，或者单击工具栏上的 Find/Replace（查找/替换）图标 🔍，弹出图 4.25 所示对话框。在 Find what 栏输入需要查找的字符，如网络名称、符号属性等。在 Within 栏的下拉菜单中选择查找范围。在 Details 栏中设置一些查找的细节，如查找对象，是否使用通配符等。设置完毕后单击 Find All 按钮，Output 窗口被激活，如图 4.26 所示，在该窗口的 Find/Replace 选项卡显示本次查找结果，并且所有包含该字符串的原理图页都会被打开，并高亮显示包含该字符串的对象。

4.4.5　替换元器件

当已经画好的原理图遇到需要替换符号封装或修改元器件型号的情况，可以使用元器件的替换功能。选中需要被替换的元器件符号，选择菜单栏 Edit→Replace Symbol 命令，或者将光标放在符号上右击，在弹出菜单中选择 Replace Symbol 命令，弹出 Replace Symbol/Part 对话框，如图 4.27 所示。

图 4.25　Find and Replace Text 对话框

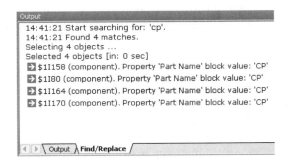

图 4.26　显示查找结果

单击 Browse 按钮，DxDataBook 窗口被激活，在 Part View 中选择替换的元器件符号，该符号信息会出现在 Replace selected symbol（s）/part（s）with 栏中。勾选 Preserve "Ref Designator" 项选择保留原来的参考位号。Replace part 项选择 Replace part with，即替换整个元器件而非原理图符号。Replace selection in 项下的 Active

图 4.27　Replace Symbol/Part 对话框

sheet 选项表示只替换当前浏览的原理图界面中的元器件，All open sheets 选项表示替换所有已打开的原理图界面中同样的元器件。Properties and values 项下的 Use only library values 选项表示只使用新符号在中心库中定义过的属性，Merge 选项表示保留原符号的属性。设置完成后单击 Replace 按钮即可执行替换命令。

4.4.6　旋转和翻转元器件

元器件符号放置到原理图设计区域以后，为了使网络连线顺畅或者美观等原因，常需要对元器件的位置做适当的调整。可以在菜单栏 Format 下选择"旋转"和"翻转"命令，也可以直接单击工具栏上的相应图标。

Rotate 90 Degrees ⟳ ：将选中的元器件符号旋转 90°。

Flip ⇋ ：将选中的元器件符号垂直（上下）翻转。

Mirror ◢◣ ：将选中的元器件符号水平（左右）翻转。

以上操作对多个元器件同样适用。

4.4.7　改变元器件显示比例

选中一个元器件符号，然后单击工具栏上的 Scale 图标 ⊡ ，弹出如图 4.28 所示对话框。在 Scale factor 栏输入数值，大于 1 表示放大，小于 1 表示缩小，单击 OK 按钮，则被选中元器件按相应倍数改变。例如输入数值 2，表示放大 2 倍；输入 0.5，使其缩小到原正常尺寸的一半。

图 4.28　Scale 对话框

4.4.8　对齐元器件

为了使原理图更加美观，可以使用"对齐"命令控制一组元器件符号的排列。

Align Left ⊞ ：将选中的一组符号左边缘对齐。

Align Center ⊞ ：将选中的一组符号以中心为基准对齐。

Align Right ⊞ ：将选中的一组符号右边缘对齐。

Align Top ⊞ ：将选中的一组符号上边缘对齐。

Align Middle ⊞ ：将选中的一组符号中部对齐。

Align Bottom ⊞ ：将选中的一组符号底部对齐。

以两个电阻为例，选中电阻以后，单击工具栏上的 Align Left 图标 ⊞ ，则两个电阻符号执行左对齐操作，对齐前后的效果如图 4.29 所示。

Distribute Horizontally ⊞ ：将选中的一组符号水平方向等间距。

Distribute Vertically ⊞ ：将选中的一组符号垂直方向等间距。

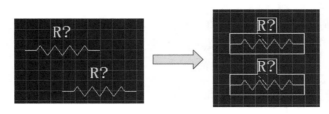

图 4.29 两个电阻左对齐

以三个电容为例，选中电容后，单击工具栏上的 Distribute Horizontally 图标 ▦ ，电容等间距前后的效果如图 4.30 所示。

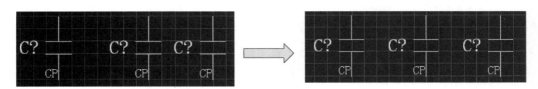

图 4.30 三个电容等间距

4.5 添加与编辑网络/总线

4.5.1 添加网络

将需要的元器件放置到原理图设计区域之后，就要为元器件引脚之间添加网络，实现电气意义上的连接关系。添加原理图网络的方法有多种。

第一种是进入添加网络模式。在 DxDesigner 工具的菜单栏中选择 Add→Net 命令，或者按键盘上的快捷键 N，或者单击工具栏上的 Net 图标 ⌐ 。在该模式下，单击一个引脚，不要放开的同时拖动鼠标，这时可以看到光标拖出了一根网络线，拖动光标到另一个引脚处，会发现网络线与引脚接头处出现一个"＊"形标识，此时松开鼠标左键，即在两个引脚之间添加了一根网络，如图 4.31 所示。

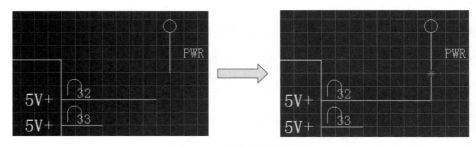

图 4.31 引脚间添加网络

以上所述操作同样适用于在引脚和网络之间添加网络。进入添加网络模式后，单击引脚不放，并拖动光标到另一根网络处，放开鼠标左键，这时能够看到在目标网络上出现了一个节点，新网络通过该节点与目标网络连接，如图 4.32 所示。

用这种方法还可以在两根网络之间添加网络，新网络会和两个原有网络之间各产生一个节点。在拖动网络时，如果需要网络转弯，可以在不松开鼠标左键的情况下右击，这样就会产生一个 90° 直角。如果要退出添加网络模式，只需按键盘上的 < Esc > 键即可，也可以右击设计区域的空白处，无需理会弹出菜单，再在其他位置单击一下。

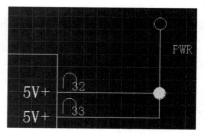

图 4.32　在引脚与网络之间添加网络

第二种方法无需进入添加网络模式，即无需选择菜单命令或者单击工具栏图标，直接右击一个引脚，然后移动光标，就可以看到一根网络随光标移动，将光标移动到其他引脚或网络处单击，即可完成一条网络的添加。该方法适用于引脚和引脚、引脚和网络之间的连接，但是不能用于连接网络和网络。

第三种方法是快速连接法。选中一个元器件符号，并将其拖拽到另一个符号附近，使两个符号的引脚末端相接触，然后松开鼠标左键，如图 4.33 所示。再次移动刚才的元器件，发现之前接触的两个符号的引脚之间出现了网络。这种快速添加网络的方法适用于引脚和引脚之间，对于引脚数量较少的元器件尤为方便。

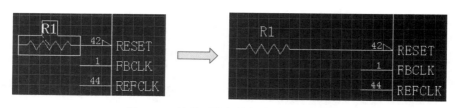

图 4.33　符号引脚相接触自动添加网络

4.5.2　编辑网络

添加网络连接之后，通常需要对一些网络命名。为网络命名有两种方法：

第一种方法是在树形列表中通过交互选择在原理图的 Nets 类下找到网络，右击在弹出的菜单中选择 Rename 命令为网络命名，如图 4.34 所示。

第二种方法是通过网络属性对话框命名网络。双击需要命名的网络，如图 4.35 所示，在 DxDesigner 属性窗口中的 Name 属性的右侧栏填入网络名，确定后网络名称自动显示在设计区域，如图 4.36 所示。

需要注意的是，同一个网络只能有一

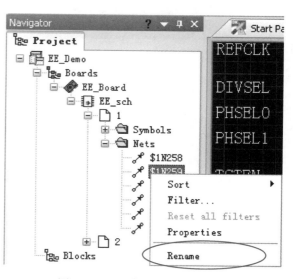

图 4.34　通过树形列表命名网络

个网络名称，而与电源、地等符号相连的网络无需再命名，因为在创建这些符号时，已经为其添加了属性，当网络与该符号相连时会被自动添加与 Global Signal Name 相同的网络名称。

图 4.35　在属性窗口添加网络名

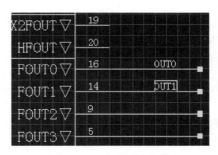

图 4.36　显示网络名称

4.5.3　添加总线

在 DxDesigner 工具的菜单栏中选择 Add→Bus 命令，或者按键盘上的快捷键 B，或者单击工具栏上的 Bus 图标 ，都可以进入添加总线模式。在该模式下，单击一处作为总线的顶点，不要放开鼠标左键的同时拖动鼠标，这时可以看到光标拖出了一根总线轨迹（此时为细线），选中一处作为总线的终点，松开鼠标左键，可以看到总线轨迹变粗，这就是最终的总线显示模式，如图 4.37 所示。

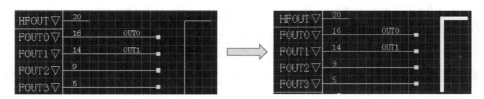

图 4.37　从总线轨迹到完成总线添加

4.5.4　编辑总线

为总线添加命名的方式与编辑网络一样，也是通过树形列表和属性窗口两种途径。命名方式有多种，ADDR[16:1]、DATA[15:0:2]、CONTROL[3:0]、CLOCK、RESET 等都是合法的总线命名。

总线最终需要与分支网络实现连接，添加分支网络时可以先从元器件引脚引出网络，再将网络连接到总线。当网络连接到总线时，会自动生成总线拆分符和网络名称，如图 4.38 所示。

图中六边形拆分符为工具默认的总线拆分符，另一种常用的 45°斜线拆分符可以通过在 Setup→Settings→Project→Boards→Special Components 中设置，选中 Net Ripper 分类，用添加的方式，从中心库中找到 45°斜线拆分符，单击 OK 按钮完成添加，如图 4.39 所示。

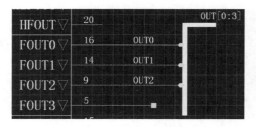

图 4.38　将网络连接到总线

设置完成之后再连接网络到总线，总线拆分符如图 4.40 中 OUT3 网络所示。已经生成的总线拆分符不会从图纸上消失，若要使用新的设置，需选中总线拆分符之后执行"删除"命令，然后重新连接网络和总线。如果要恢复之前的六边形总线拆分符，在 Setting 中删除设置，再重新进行连接即可。

将一个已经存在的网络连接到总线时，如果网络名

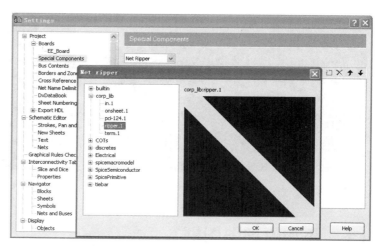

图 4.39　选择总线拆分符

称不符合总线命名，工具会弹出对话框让设计师选择该网络与总线分支网络的映射关系，以实现该网络与总线的连接，如图 4.41 所示。如果要调整总线分支网络的名称，可以用常规的修改网络名称的方法，也可以直接选中拆分符，右击，选择 Properties，同样可以弹出如图 4.41 所示的对话框，在框中选择相应名称即可。

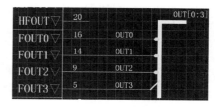

图 4.40　45 度斜线拆分符

添加分支网络的第二种方法是从总线拆分出网络，选中总线以后，右击，在弹出菜单中选择 Rip Nets 命令，在弹出的对话框中选择需要拆分出来的网络，对话框如图 4.42 所示。单击 OK 按钮，拆分出的网络则跟随光标移动，如图 4.43 所示。网络的间距默认为两个单元格，用 < Ctrl + Shift > 组合键可以调整网络间距，移动光标将网络与引脚的端点对接，然后单击，完成网络与元器件引脚的连接。

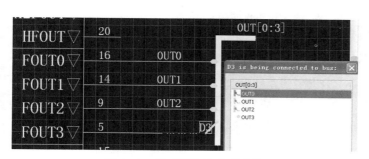

图 4.41　已有网络连接到总线

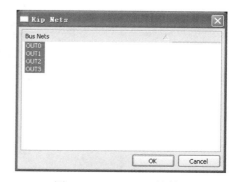

图 4.42　Rip Nets 对话框

总线不仅可以直接与网络连接，也可以先拆分成分支总线，再由分支总线与网络分别相连，通常网络比较多的时候会采用这用方法。先把总线和分支总线分别画出来并命名，然后选中并拖拽分支总线，使其一端与总线相接，则分支总线与总线之间自动产生连接符，如图 4.44 所示。

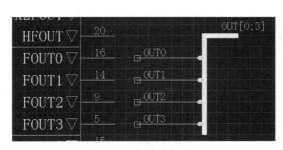

图 4.43　从总线拆分出子网络

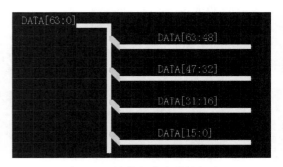

图 4.44　总线与分支总线相连

4.6　添加原理图图框

原理图的设计通常会需要添加原理图图框，图框中包含公司名称、项目名称、版本、时间、设计师、页码等信息，方便设计的签署、存档和查询等。

为原理图添加图框有新建原理图时自动添加图框和根据图幅手动选择合适的图框两种方法。

修改原理图界面尺寸的方法是单击原理图界面空白处，在右侧属性窗口中可以查看当前界面的相关属性并进行修改，如图 4.45 所示，单击 Drawing Size 右侧表格，在下拉菜单中选择其他界面尺寸。

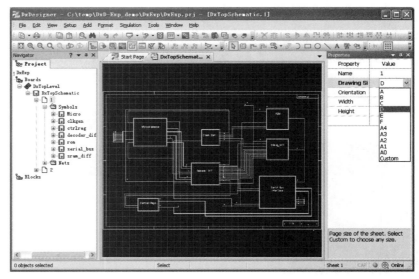

图 4.45　修改原理图界面尺寸

修改界面尺寸后，就要选择相应尺寸的图框与之匹配。在原理图界面空白处右击，弹出如图 4.46 所示菜单，可以对图框进行添加、删除、变更和属性编辑等操作。

当需要替换当前图框时，右击选择 Change Border 命令，弹出图 4.47 所示对话框，打开图框符号所在的分区，选择合适尺寸的图框，单击 OK 按钮即可。

如果在前面的设置中已经定义过各个尺寸界面相对应的图框，也可以先用 Delete Border 命令删除当前图框，然后再用 Insert Border 命令自动添加符合当前界面尺寸的原理图图框。

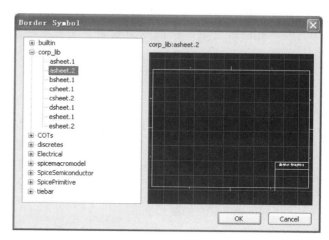

图 4.46 右键选择对图框进行操作　　　　　图 4.47 变更原理图图框

当需要编辑图框中的某些内容时，选择 Border Properties 命令，在右侧属性窗口中进行编辑，如图 4.48 所示。

4.7 添加与编辑图形/文字

为了标识或者说明原理图，在原理图中可能会需要添加一些注释性的图形或文字，可以通过选择 DxDesigner 菜单栏 Add 下的命令或者单击工具栏的图标来完成。

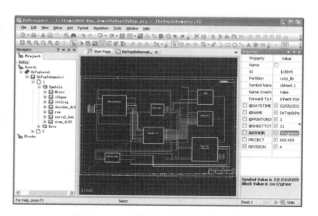

图 4.48 编辑原理图图框的内容

Arc ⌒：添加弧线。

激活命令后，单击确定圆弧的一个端点，不松开鼠标左键并移动光标，然后单击右键确定圆弧的另一个端点，继续按住左键，移动光标确定圆弧的曲度，松开左键，弧线绘制完成，过程如图 4.49 所示。

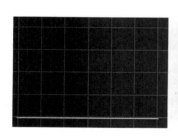
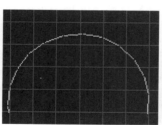
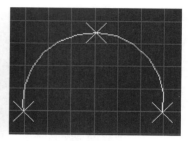

图 4.49 绘制圆弧

Box ▭：添加矩形。

激活命令后，单击确定矩形的顶点，不松开鼠标左键并移动光标，然后单击确定矩形的另一个顶点，松开鼠标左键，矩形绘制完成，选中该图形，在属性窗口中可以对图形的颜色、线条形状、宽度、图形是否填充等内容进行设置，如图 4.50 所示。

Circle ◯：添加圆。

激活命令后，单击确定圆心，不松开鼠标左键并移动光标，调整到合适的大小后再次单击，完成圆的绘制。同矩形一样，也可在属性窗口进行颜色、线条等设置。

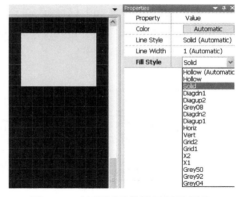

图 4.50　绘制矩形并设置显示风格

Line ╲：添加线段。

激活命令后，单击确定线段的一个端点，不松开鼠标左键并移动光标，调整到合适的长度后再次单击，完成线段的绘制。

需要注意的是，以上图形绘制完成之后，可以进行复制/粘贴、删除、移动等操作，也可以在属性窗口进行显示方面的设置，但是不能再调整大小，如果需要其他尺寸的图形，需另外绘制。

Text Ａ：添加注释文字。

激活添加文字的命令后，在需要添加注释的区域单击，弹出如图 4.51 所示对话框，在 Annotation 栏输入要添加的文字，Size 栏用来设置文字的大小，勾选下方的 Read from File 项可以激活右边的 Browse 按钮，允许设计师读入 txt 文档中的内容，勾选 Multiline 项允许设计师将注释分多行输入，输入完毕后，

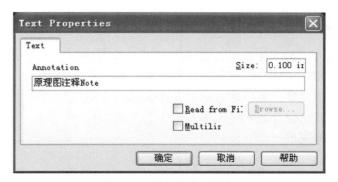

图 4.51　添加文字对话框

单击"确定"即可。中文显示需要在设置菜单映射字体，否则可能显示为乱码。

添加完成之后，如果要再次编辑修改注释文字，可以在属性窗口中 Text 栏右侧输入文字，修改字体和文字大小，也可以直接双击原理图上的文字进行输入，如图 4.52 所示。

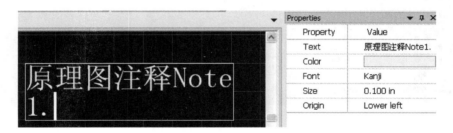

图 4.52　编辑文字

4.8　层次化以及派生设计

4.8.1　层次化设计

　　传统的原理图设计通常采用平面化结构，包含单页或多页原理图。但是，针对越来越大的电路规模，平面化的设计方法使原理图显得非常复杂。为了简化原理图的设计，增加原理图的可读性，引入了层次化设计的概念。这种方法可以将一个庞大的系统电路作为一个整体项目来设计，根据系统功能划分出来的若干个电路模块则作为设计文件添加到该项目中。这样就把一个复杂的大型电路变成了多个简单的小型电路，设计起来简便易行，层次清晰。

　　从完整原理图中划分出的电路模块各自部分都有明确的功能特征和相对独立的结构，而且具有简单、统一的接口，便于模块之间的互联。针对具体的电路模块，可以分别绘制相应的原理图，通常称为底层原理图，每一个功能模块用一个符号来表示，如图 4.53 所示。

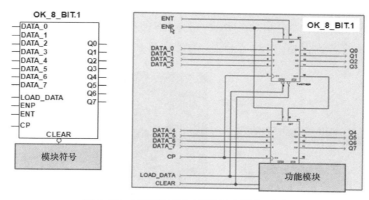

图 4.53　顶层符号和底层原理图相对应

　　各模块之间的连接关系用一个顶层原理图来实现，即顶层原理图主要由若干个模块符号组成，将各个模块符号连接起来，以描述整体电路的功能结构。一个电路只能有一个顶层原理图，其下再分为若干个底层原理图，对于多层次设计，中间层级的电路模块既是顶层原理图，也是底层原理图，只是针对不同的对象而言。

　　在 DxDesigner 中，实现层次化设计有三种途径，一种是 Top to Bottom 即自顶向下设计，一种是 Bottom to Top 即自底向上设计，还有一种方法是两者综合使用，自顶向下和自底向上设计方法混合使用，多用于超大规模电路的多层次设计。

　　自顶向下设计需要在绘制原理图之前就对设计有一个整体的思路，可以把整个电路划分为多个模块，并确定每个模块的功能，要求对电路的了解比较深入，把握比较精确。自底向上设计是先从底层原理图绘制开始，根据底层原理图生成模块符号，进而绘制顶层原理图，最后完成整个设计，这也是层次化设计常用的方法。

1.　自顶向下设计

　　首先需要指定端口符号，即 Special Components（特殊器件）。底层原理图中的网络只有在添加端口符号后，才能作为引脚出现在顶层模块中，并与其他网络实现互连。选择 DxDesigner 菜单栏 Setup→Settings 命令，在打开的窗口中选择 Project→Boards→Special Components

选项卡，如图 4.54 所示，为设计添加特殊器件，即层次化端口符号。

在顶层原理图中添加模块。选择菜单栏 Add→Block 命令，或者单击工具栏上的 Block 图标 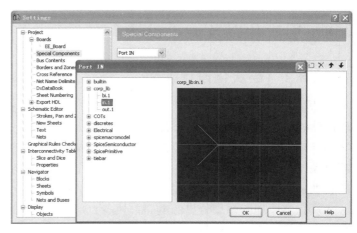，在原理图中按住鼠标左键不松开并进行拖拽，画出一个方框，松开左键后弹出 Add Block 对话框，输入模块的名称，如图 4.55 所示。

图 4.54　设置层次化端口符号

单击 OK 按钮，原理图上出现刚才画的矩形框。执行 Add Net 命令，从模块往外拖动鼠标添加网络，并为网络命名，也可根据需要添加总线，如图 4.56 所示。为网络和总线进行命名时，端口名称也自动添加，并与网络和总线的名称保持一致。注意：输入端口在符号左侧添加，输出端口添加在右侧。

图 4.55　输入 Block 名称

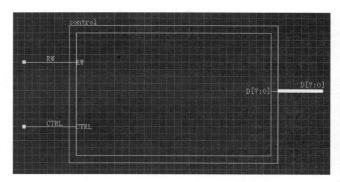

图 4.56　为模块添加网络和端口

选中 control 符号，右击选择 Push 命令，或者单击工具栏的 Push 图标 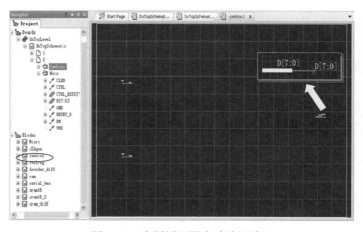，生成该模块的底层原理图，该原理图位于树形列表窗口的 Block 类下面。如图 4.57 所示，在新的原理图页上端口符号按照 I/O 属性被自动放置，输入端口位于图纸左侧，输出端口位于图纸右侧，并自动添加一段网络，网络名称与端口名称保持一致。

接下来要做的就是对该原

图 4.57　底层原理图自动放置端口

理图进行编辑，如添加元器件、添加网络等。

2. 自底向上设计

自底向上设计需要先创建底层原理图。在 DxDesigner 中选择 File→New→Schematic 命令，左边的属性列表窗口 Blocks 列表下出现一个新的原理图，右击，在弹出菜单中选择 Rename 命令，以模块功能为其命名，如图 4.58 所示的名称 power。

按常规方法绘制 power 原理图，添加所需的元器件符号并进行必要的电气连接，为网络命名。绘制完成后给跨层信号添加层次化端口符号，如图 4.59 所示，选择需要添加端口符号的网络，然后单击工具栏上的 Special Components 图标 ，在下拉菜单中选择合适的类型，端口符号即被自动添加到网络，并且名称与网络名称保持一致。

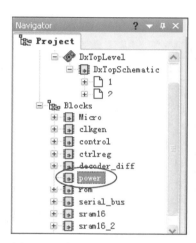

图 4.58　命名 Block 名称为 power

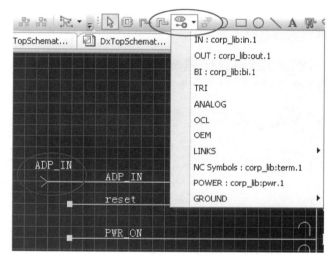

图 4.59　添加端口符号

添加完毕，选择菜单栏 Tools→Generate Block Symbol 命令，如图 4.60 所示。弹出 Generate Symbol 对话框，如图 4.61 所示。其中 Block Input 和 Symbol Output 栏默认采用已有的底层原理图名称，如果之前已经生成过一次模块符号，则本次生成的符号可以选择覆盖或更新之前的。

勾选 Open Symbol in Symbol Editor 选项表示会随后在 Symbol Editor 窗口打开生成的符号，可以对符号进行再次编辑。例如调整引脚位置、设置属性显示与否等操作。修改完成后单击工具栏上的 Save 按钮进行保存，然后退出该工具。勾选 Link the symbol to the block 选项表示将模块和产生的符号绑定，Symbol Output 栏变为灰

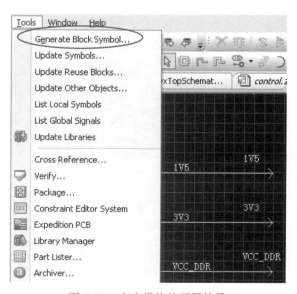

图 4.60　产生模块的顶层符号

色，此时不能修改符号名称，模块与其相对应的符号名称保持一致。

单击图 4.61 中的 Advanced 按钮，可以在弹出的对话框中进行下一步设置。例如属性字符的大小、输入引脚和输出引脚的名称、生成符号的引脚间距、引脚长度和引脚标签大小等，如果没有特殊需求，Advanced 窗口内的设置均可以采用默认值。

打开 DxDataBook 窗口 Symbol View 选项卡，如图 4.62 所示，可以看到前面创建的模块符号

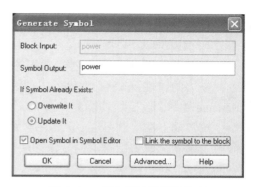

图 4.61　产生符号的设置选项

都存放在 local symbols（本地库）里。当需要调用本地库中的功能模块时，选中该模块，将其拖放到顶层原理图中，如图 4.63 所示。

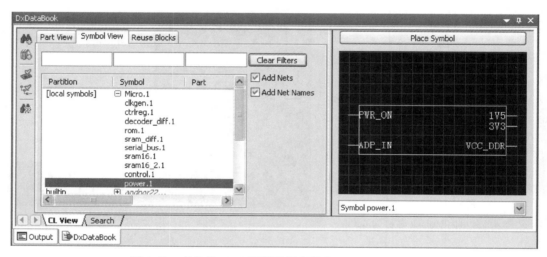

图 4.62　产生的 Block 顶层符号存放在 Local Symbols 里

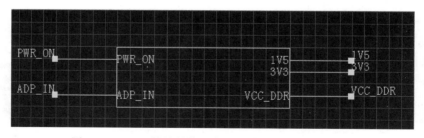

图 4.63　Block 符号的使用方法和其他普通元器件类似

从底层原理图返回顶层原理图有三种方法：

1）直接在 Navigator 树形列表窗口里双击顶层原理图将其打开。

2）单击工具栏上的 Pop 图标 ，即可从当前的底层原理图跳到它的上一层。

3）选择菜单栏 View→Toolbars→Command Line 命令，打开命令行窗口，在命令行中输入 Pop 命令，然后按 < Enter > 键，可以返回顶层原理图。

　　在 DxDesigner 中，顶层原理图和底层原理图应该分别位于树形列表窗口的 Boards 类和 Blocks 类下。如果顶层原理图是后来才创建的，则其初始位置会在 Blocks 路径下，这时需要选中该原理图界面，如图 4.64 所示，右击，在弹出菜单中选择 Set as Root 命令，将其设置为顶层原理图。

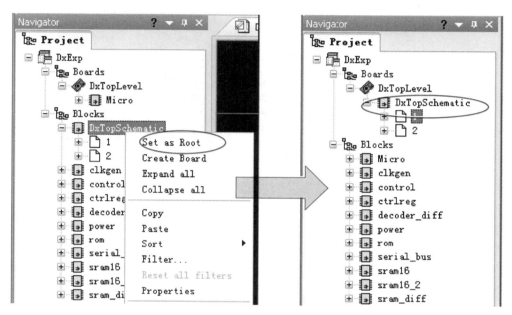

图 4.64　将其他底层原理图设置为顶层原理图

4.8.2　原理图设计复用

设计复用，顾名思义即为只需创建一次，可以多次重复使用。

1. 项目内及项目间设计复用

　　在 DxDesigner 中，设计复用有多种类型。针对平面化设计，同一项目内的复制/粘贴，使用阵列（Array）方式，以及从其他项目中复制都可以实现设计复用。对于层次化设计来说，复杂符号和复用模块（Block）也可以实现复用的目的。除此之外，对整个项目也可以进行复用。

　　同一项目中的复用，可以选中需要复制的电路，使用 < Ctrl + C > 组合键将其复制，再按 < Ctrl + V > 键在图纸中的适当位置单击，即可将复制的电路放置到该处。也可以使用"拖拽法"，先选中要复制的电路，再按住 Ctrl 键不放，然后单击选中的电路拖动到空白区域，松开鼠标左键，即复制了一个电路。使用阵列复制电路，与使用阵列复制元器件的方法类似，不再赘述。

　　从其他项目中复制，选择 DxDesigner 菜单栏 File→Open→Block 命令，如图 4.65 所示，在弹出的对话框中选择源项目，项目中 Boards 下的每一页原理图和 Blocks 下的功能模块全部都可以在当前项目中打开，打开的原理图页为 read-only（只读）的状态。在打开的原理图中选择需要复制的部分，使用 Ctrl + C、Ctrl + V 的方法，将其复制到当前项目中即可。

　　还可以使用树形列表实现项目之间整页原理图的复用，如图 4.66 所示。首先打开源项

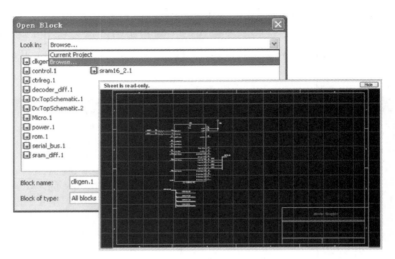

图 4.65　打开其他工程的原理图

目，在其树形列表中选择需要复制的 Block，右击，在弹出菜单中选择 Copy 命令，然后单独启动另一个 DxDesigner 环境打开目标项目，选择目标项目中树形列表窗口的 Blocks 图标，右击，在弹出菜单中选择 Paste 命令，源项目中的 Block 即被复制到当前项目中，以便设计师进行编辑和修改。

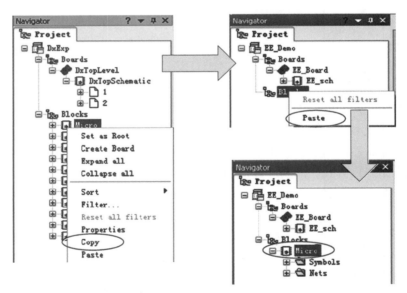

图 4.66　整页原理图的复用

2. 基于中心库的设计复用

复用模块（Reusable Block）是存储在中心库中经过验证的、可重复使用的电路模块，在设计中以一个层次化模块的形式存在于原理图中。复用模块包含了原理图符号及互联定义、约束规则和 PCB 布局布线等信息，而且由于已经经过了设计验证，能够大大提高设计的效率和准确性。

　　按照特点和使用范围的不同，复用模块可以分为 Logical-Only 和 Logical-Physical 两种类型，前者是保存在中心库中的设计原理图，以一个只读的层次化模块的形式放置到原理图中；后者是保存在中心库中的完整的设计电路（包括原理图和 PCB），原理图部分与前者相同，此外经过前向标注到 Expedition PCB 之后，物理电路的部分能够作为一部分电路放置到 PCB 设计中。

　　设计 Logical-Only 复用模块，首先用 DxDesigner 创建一个项目，再为项目指定中心库，复用模块将保存在该中心库中。

　　如图 4.67 所示，正常绘制原理图，并为原理图添加层次化端口符号。绘制完成之后，对原理图执行打包操作（详见本章 4.10 节），确认打包无误后关掉原理图。

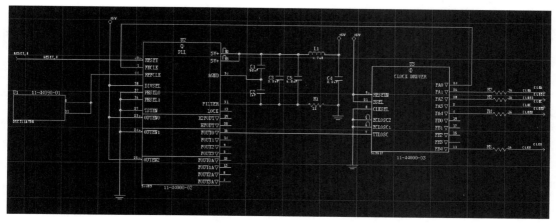

图 4.67　绘制原理图并添加层次化端口符号

　　启动 Library Manager 工具，打开之前创建原理图时所用的中心库。选择菜单栏 Tools→Reusable Block Editor 命令，或者单击工具栏上的 ▒ 图标，打开 Reusable Blocks 窗口，并切换到 Logical-Only 选项卡，如图 4.68 所示。

　　单击"新建"按钮 ✳，如图 4.69 所示，在弹出的对话框中指定项目路径，并输入复用模块的名称，还可以对该模块做简短描述。单击 OK 按钮，弹出如图 4.70 所示的提示信息，即成功添加 Logical-Only 复用模块。

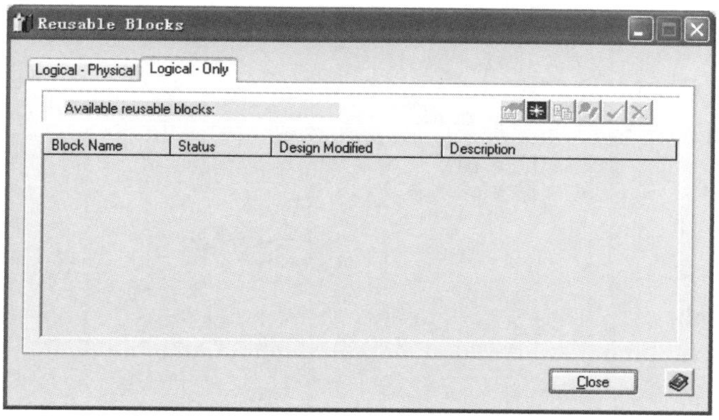

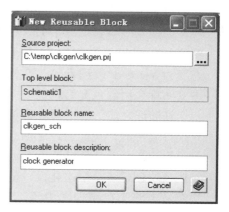

图 4.68　进入 Reusable Blocks 管理界面

图 4.69　新建复用模块

图 4.70　提示新建 Logical-Only 复用模块成功

在应用到其他设计之前必须对复用模块进行校验，以确保模块中使用的所有符号都存在于该复用模块所在中心库的搜索路径分区之下。复用模块校验有两种校验方法：

第一种方法是在"复用模块"对话框中选择需要校验的模块，然后单击 Verify 图标，如图 4.71 所示。

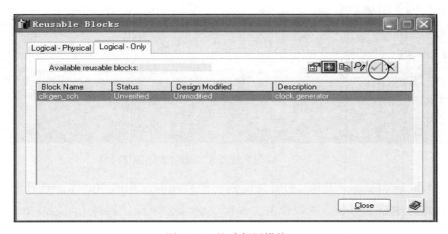

图 4.71　校验复用模块

第二种方法是在树形列表中的 Reusable Blocks 类下，找到 Logical-Only 里的相应模块右击，如图 4.72 所示，在弹出菜单中选择 Verify 命令。

如图 4.73 所示，经过验证的复用模块，在"复用模块"对话框中的状态变为 Verified（已验证），在树形列表中其图标也由红色变为绿色。

在验证之前，复用模块是可以打开并进行编辑的，验证通过之后，模块变为只读状态。工具会自动为 Logical-Only 复用模块创建一个层次化设计的顶层模块符号，便于在原理图中预览和添加。在 Library Manager 树形列表中选中复用

图 4.72　通过右键菜单对复用模块进行直接校验

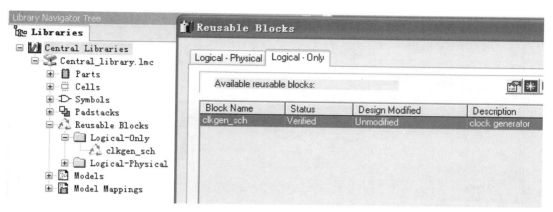

图 4.73　校验通过之后复用模块的显示状态

模块，如图 4.74 所示，在右键菜单中选择 Edit Block Symbol 命令，可以在 Symbol Editor 窗口编辑该复用模块的符号。注意：不能更改符号引脚的名称，否则会破坏符号与模块原理图之间的对应关系。如果在 Symbol Editor 中修改了符号，需要再次对复用模块进行验证。

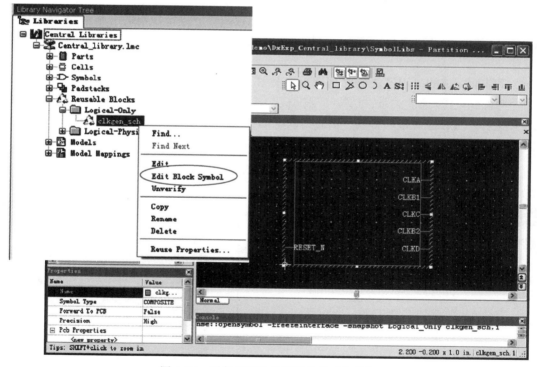

图 4.74　对复用模块的顶层符号进行编辑

在 DxDesigner 工具的 DxDataBook 窗口，打开 Reuse Blocks 选项卡，如图 4.75 所示，可以看到前面创建的复用模块位于 Logical Only 分区。

在添加复用模块之前，首先需要将模块底层原理图中的全局信号与当前设计中的全局信号进行映射。单击 Merge Globals 按钮，如图 4.76 所示，在弹出对话框中 Map in Host 列的下

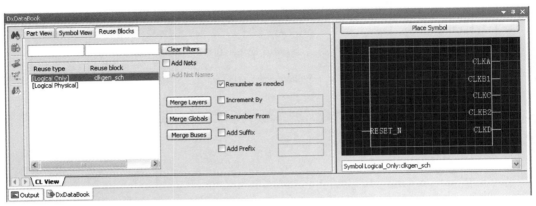

图 4.75　复用模块存储在 Logical Only 分区

拉菜单中选择合适的值与复用模块中的信号进行映射合并，也可以单击 Merge Buses 按钮进行总线的合并。右边的五个可选项是有关参考位号重新编号的，可根据需要选择系统默认方式、增量编号、指定重新编号的起点、添加后缀和添加前缀。

选中相应的 Logical Only 复用模块，并选择参考位号重新编号的方法，进行全局信号合并，然后单击 Place Symbol 按钮将模块放置到原理图中，进行常规的网络添加和编辑。Logical-Only 和 Logical-Physical 两种复用模块的区别就在于后者比前者多了 PCB 物理电路的信息。

将前面完成的复用模块的原理图前向标注到 Expedition PCB 环境，完成 PCB 部分的设计。考虑到电源/地的关系，选择 4 层模板，并将中间层设为平面层。在 CES 中设置必要的约束规则，然后进行布局布线。最后为模块的物理电路定义原点，原点类型为 Board。完成的 PCB 部分如图 4.77 所示，保存并关闭原理图和 PCB。

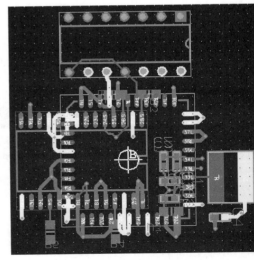

图 4.76　复用模块的全局网络和总线在新设计中进行映射　　　　图 4.77　复用模块中的 PCB 部分

启动 Library Manager，打开 Reusable Block Editor 对话框，切换到 Logical-Physical 选项

卡，单击"新建"按钮 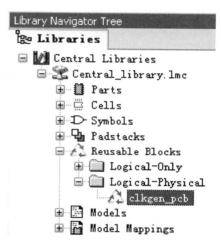，与 Logical-Only 一样，在弹出的对话框中指定项目路径，并输入复用模块的名称，还可以对模块做简短描述。单击 OK 按钮，弹出提示信息，表示成功添加了 Logical-Physical 复用模块。

　　添加后对模块进行校验，在 Reusable Blocks 对话框中单击 Verify 按钮，或者在树形列表 Logical Physical 路径下选中该模块，在右键菜单中选择 Verify 命令，自动在 Expedition PCB 环境中打开该模块，此时 Expedition 处于 Reusable Blocks 模式下。执行前向标注，然后单击工具栏中的"保存"按钮，在弹出对话框中选择"是（Y）"，完成保存之后关掉 Expedition PCB 工具。

　　复用模块完成校验后如图 4.78 所示，变为 Verified（已验证）状态。在 Logical-Physical 复用模块上右击，通过选择相应的命令，可以对其进行复制、编辑、删除和重命名等操作。编辑修改后，需要重新对模块进行校验。

　　打开 DxDesigner 工具，Logical-Physical 复用模块位于 DxDataBook 窗口 Reuse Blocks 选项卡下的 Logical Physical 分区下。参见 Logical-Only 复用模块的内容，单击 Place Symbol 按钮将它们添加到原理图中。按照常规方法添加网络和总线，然后执行打包操作。完成后，单击 Expedition PCB 图标，启动 PCB 设计环境并进行前向标注。

　　在 Expedition PCB 中使用复用模块，首先要启用复用模块的授权，具体方法如图 4.79 所示，

图 4.78　校验通过之后复用模块的显示状态

选择菜单栏 Setup→Licensed Modules→Reusable Block 命令。单击工具栏上的 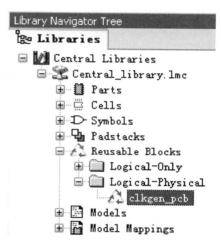 图标进入 Place 模式，然后单击 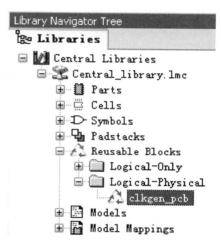 按钮打开 Place Parts and Cells 对话框，如图 4.80 所示，在对话框中勾选 Unplaced 选项，并且在 Criterion 栏的下拉列表中选择 Reusable Block，在窗口中能够看到未放置的复用模块。再将复用模块和设计中的其他元器件都放置到 PCB 设计区域，在 Expedition PCB 中完成整个设计的布局布线等操作。

　　在 PCB 中复用模块电路只能作为一个整体来进行旋转、移动等操作，而无法单独编辑模块内的任何对象，如元器件、走线和过孔。如果需要将复用模块解散，可选中该复用模块，执行菜单栏 Edit→Modiy→Flatten Reusable Block 命令。

4.8.3　派生设计

　　在日常工作中，一个成熟的设计通常会衍生出其他更多的设计，这些设计与原始设计相比，或是用于不同的工作环境，或是更换了部分外设接口，并不需要对原设计进行大量修改。传统的方法是复制原始设计，然后进行修改并保存为新设计，但是随着同系列设计数量的增加，对项目的归档管理和相同部分电路的升级修改都变得繁琐起来。

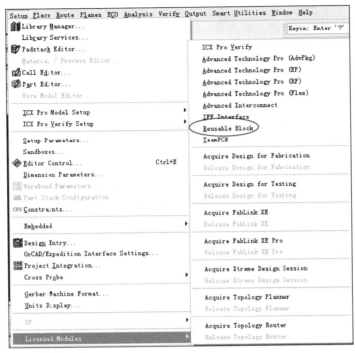

图 4.79　在 Expedition PCB 中启用 Reusable Block
（复用模块）的 license（授权）

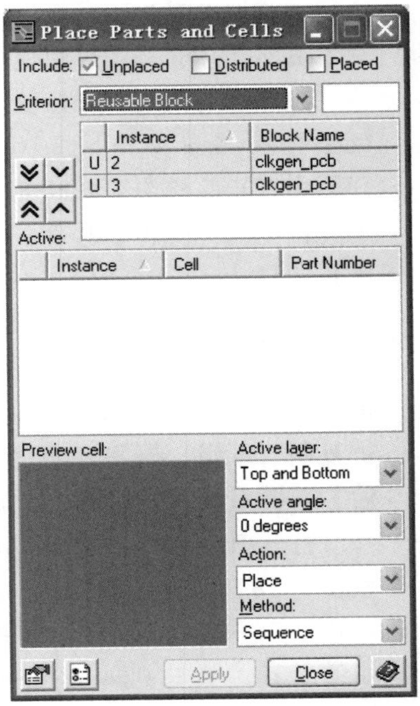

图 4.80　放置可复用模块

　　EE Flow 提供了派生设计的功能，可以基于一个设计实现不同的应用，对于某种应用环境下不需要的符号或元器件采用特殊的颜色或符号进行标识，并为各种应用输出各自相对应的变量生产文件，采用管理变量的方式将不同功能的设计版本存放在同一个设计文件中，因此该功能也称为派生管理器。派生管理器集成在 PCB 设计流程中，工程师可以在设计的任何阶段打开并编辑变量数据，所有数据都存放在同一路径下，因此不用担心出现前后端变量不一致的情况。

　　在 DxDesigner 中打开原理图，选择菜单栏中的 View→Other Windows→Variants 命令，启动派生管理器（Variant Manager）窗口，如图 4.81 所示。

图 4.81　派生管理器窗口

单击 Settings 图标 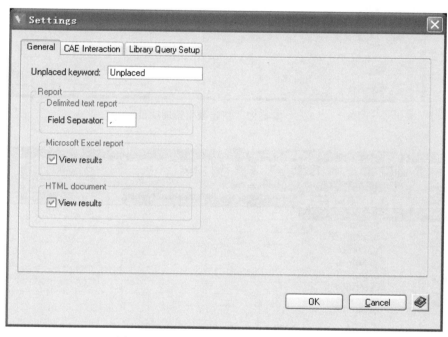，在弹出的对话框中为将要创建的变量做必要的设置，如图 4.82 所示。General 选项卡用于设置未被放置的元器件名称和输出报告的一些选项，包括输入未放置元器件的名称标识，指定派生管理器网格的弹出菜单中报告格式的参数，指定文本报告的分隔符，如分号、逗号、连字符等。如果勾选 Microsoft Excel report 和 HTML document 下的选项，在生成 Excel 报告和 HTML 文档之后系统会自动打开报告。CAE Interaction 选项卡用于指定创建 CAE 原理图时的特定参数。使用 CAE 参数可控制变量原理图的风格。Library Query Setup 选项卡用于定义和编辑工程和库数据之间的相互关联，例如指定与中心库相关联的配置文件（.dbc）的路径，设置使用 Replace 功能时如何对中心库进行查询操作，数据查询结果输出格式参数等。

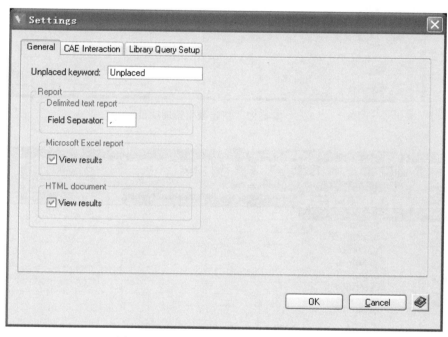

图 4.82 派生管理器设置 General 选项卡

设置完成后，单击 OK 按钮关闭 Settings 对话框。单击派生管理器窗口的 Variant Definition 图标 📋 来定义变量。在弹出的对话框中打开 Variants 选项卡，如图 4.83 所示，单击"新建"图标 🔆 创建两个变量，为变量重新命名并添加编号和描述。

单击 OK 按钮，关闭 Variant Definition 对话框。此时，Variant Manager 窗口如图 4.84 所示。设计中元器件的参考位号和 Part Number 属性值，以及定义的变量都显示在窗口中。

单击 Transmit 图标 📢 和 Receive 图标 📣，打开原理图的设计与派生管理器的交互选择功能。根据原理图中的注释，首先设置 channel A 的变量，如图 4.85 所示，在原理图中单击电阻 R4，派生管理器窗口中的电阻 R4 行也被选中，在该行的 Variant A 列右击，在弹出菜单中选择 Unplaced 命令，或者单击窗口工具栏上的图标 🔲，该单元格出现 Unplaced 字样，表示在 Variant A 变量中该元器件不安装，用同样的方法设置 R5。如果要取消 Unplaced

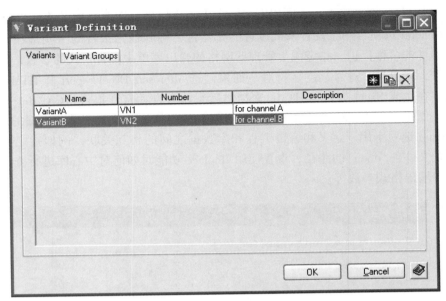

图 4.83　新建派生管理项目

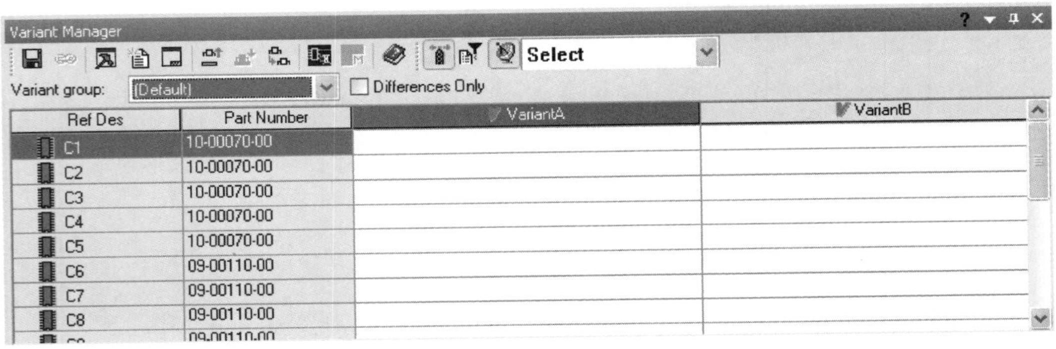

图 4.84　Variant Manager 窗口

设置，只需在单元格再次右击，在弹出菜单中选择 Reset 命令，或者单击窗口工具栏上的 图标；在 Variant B 列将 R3 设为 Unplaced 状态，设置完成之后单击窗口工具栏中的 图标保存设定。

选择 Variant Manager 窗口的 Variant A 列，单击该窗口工具栏上的 Create Variant/Function Schematics 图标 ，创建变量原理图。执行该操作之后，包含有 Unplaced 属性元器件的原理图页上方会出现提示，告知 DxDesigner 当前处于派生管理器模式，所有的原理图都是只读状态，变量名称为 Variant A。同时，这些 Unplaced 元器件会根据在 Settings 窗口 CAE Interaction 选项卡的设定被标记，如勾选了 Makeup unplaced packages 选项，如图 4.86 所示，原理图中的对应元器件带有"×形"标识。

如果选择 ⊙ Delete unplaced packages □ Remove dangling wires 选项，效果图如图 4.87 所示，则 Unplaced 元器件被删除。如果选择 ⊙ Color unplaced packages　Color: ▉ 选项，效果

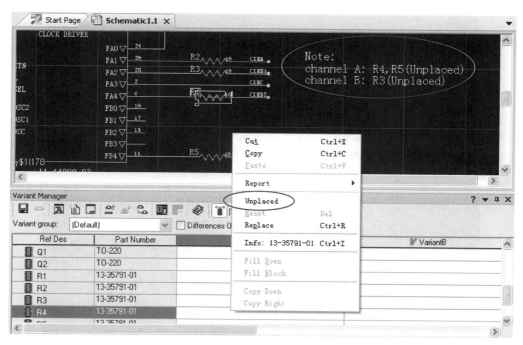

图 4.85　Unplaced 无需安装的电阻

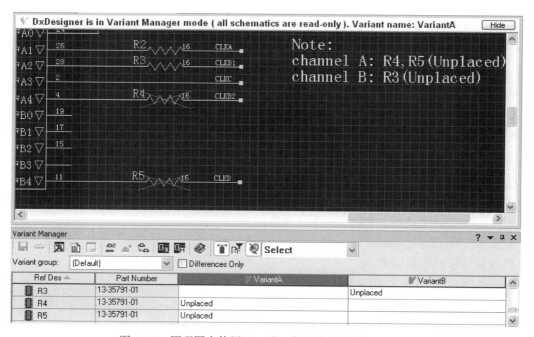

图 4.86　原理图中使用"×形"标识表示未装置元器件

图如图 4.88 所示，Unplaced 元器件被标记为指定的颜色以示区别。如果需要原理图退出 Variant Manager 模式，单击 Variant Manager 窗口工具栏的 Reset Schematics to Master 图标 ![icon] 即可。

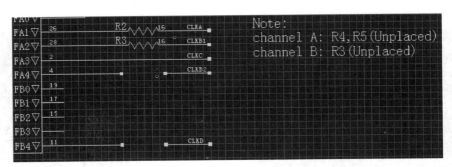

图 4.87　原理图中直接删除未装置元器件

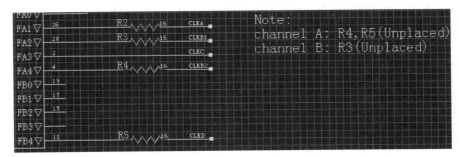

图 4.88　原理图中使用红色标识表示未装置元器件

使用派生设计的主要目的在于用同一份原理图输出不同应用环境下的生产文档。在 Variant Manager 窗口中右击，在弹出的菜单中选择 Report→BOM Reports 命令，弹出如图 4.89 所示的 BOM Reports 对话框。

在 Report format 栏下拉菜单中选择报告格式，包括 Excel 表格、网页文件、格式化文本文件和带分隔符的文本文件。单击 Output 栏右侧的图标 ... 指定输出报告的路径。在 Type 栏的下拉菜单中选择报告类型，确定是以元器件名称排列还是以参考位号排列，通常选择 Part List。在 Variants 部分选择要输出报告的变量，勾选 Generate Master BOM 项可以输出包含所有元器件的物料清单。

Output Options 部分为辅助选项，可选择生成 HTML 主索引和独立的复用模块报告。在 DxDataBook properties 栏定义 BOM 中 DxDataBook 的属性显示。设置完成之后单击 OK 按钮，输出如图 4.90 所示的 BOM 文件。

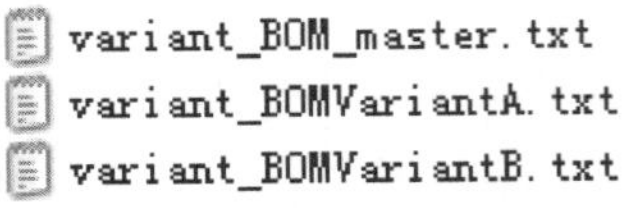

打开所有文件进行比对，如图 4.91 所示，BOM 与设置的变量完全匹配。

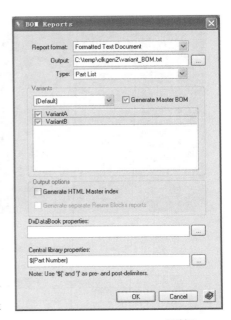

图 4.89　BOM Reports 对话框

variant_BOM_master.txt
variant_BOMVariantA.txt
variant_BOMVariantB.txt

图 4.90　输出的 BOM 文件

在 Variant Manager 窗口右击，在弹出菜单选择 Report→HTML Document，可以输出 HTML 格式的 BOM 文件 VAR_(Default).html，如图 4.92 所示，可用 IE 浏览器直接打开查看。

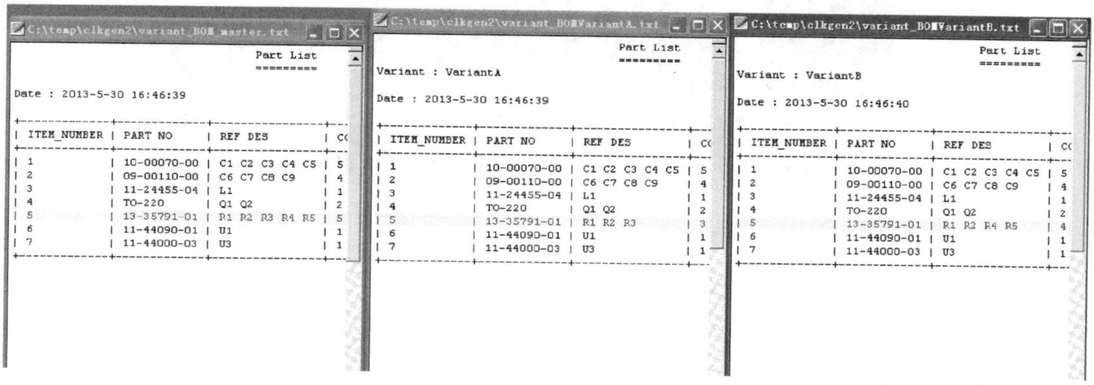

C:\temp\clkgen2\variant_BOM_master.txt

Part List

Date : 2013-5-30 16:46:39

ITEM_NUMBER	PART NO	REF DES	C(
1	10-00070-00	C1 C2 C3 C4 C5	5
2	09-00110-00	C6 C7 C8 C9	4
3	11-24455-04	L1	1
4	TO-220	Q1 Q2	2
5	13-35791-01	R1 R2 R3 R4 R5	5
6	11-44090-01	U1	1
7	11-44000-03	U3	1

C:\temp\clkgen2\variant_BOMVariantA.txt

Part List

Variant : VariantA

Date : 2013-5-30 16:46:39

ITEM_NUMBER	PART NO	REF DES	CC
1	10-00070-00	C1 C2 C3 C4 C5	5
2	09-00110-00	C6 C7 C8 C9	4
3	11-24455-04	L1	1
4	TO-220	Q1 Q2	2
5	13-35791-01	R1 R2 R3	3
6	11-44090-01	U1	1
7	11-44000-03	U3	1

C:\temp\clkgen2\variant_BOMVariantB.txt

Part List

Variant : VariantB

Date : 2013-5-30 16:46:40

ITEM_NUMBER	PART NO	REF DES	CC
1	10-00070-00	C1 C2 C3 C4 C5	5
2	09-00110-00	C6 C7 C8 C9	4
3	11-24455-04	L1	1
4	TO-220	Q1 Q2	2
5	13-35791-01	R1 R2 R4 R5	4
6	11-44090-01	U1	1
7	11-44000-03	U3	1

图 4.91 查看输出的 BOM 文件

在原理图中设置的变量可以通过前向标注的方式同步到 PCB 设计。选择 Expedition PCB 菜单栏 Output→Variants，打开 Variant Manager 窗口，如图 4.93 所示，变量的设置与原理图中一样，工具栏图标因为设计工具不同而有部分改变。其中 Settings 对话框中的 PCB Interaction 选项卡用于对 PCB 环境下变量的显示进行设置。

在 Variant Manager 窗口中选择变量 VariantA 列，然后单击工具栏上的 Generate PCB Variant View 图标，生成变量模式下的 PCB 视图，如图 4.94 所示，删除的器件上有“×”标识，单击图标取消该模式。

Ref Des	Part Number	VariantA	VariantB
C1	10-00070-00		
C2	10-00070-00		
C3	10-00070-00		
C4	10-00070-00		
C5	10-00070-00		
C6	09-00110-00		
C7	09-00110-00		
C8	09-00110-00		
C9	09-00110-00		
L1	11-24455-04		
Q1	TO-220		
Q2	TO-220		
R1	13-35791-01		
R2	13-35791-01		
R3	13-35791-01		Unplaced
R4	13-35791-01	Unplaced	
R5	13-35791-01	Unplaced	
U1	11-44090-01		
U3	11-44000-03		

图 4.92 用 IE 查看输出的 BOM

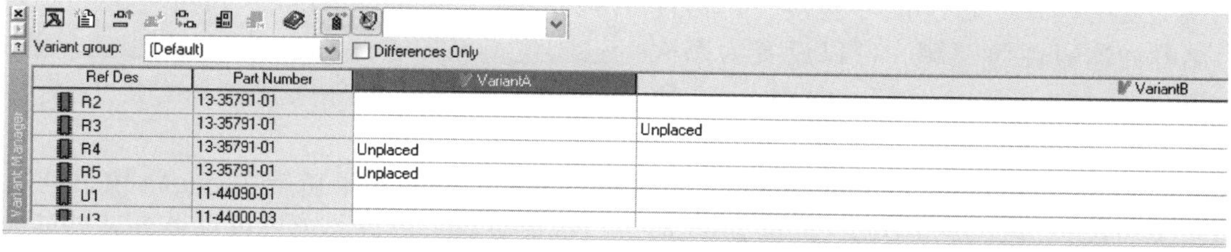

图 4.93 Expedition PCB 中的派生管理器

在 Expedition PCB 工具中对变量进行的设置，进行反向标注后也能同步到 DxDesigner 工具中，如图 4.95 所示，DxDesigner 会弹出提示对话框，单击“确定”按钮，然后在 Variant Manager 窗口工具栏上单击 Reload VM data 图标，重新加载即可。

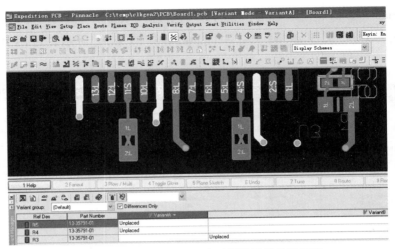

图 4.94　Expedition PCB 中对删除元器件的标识

图 4.95　DxDesigner 提示派生管理数据已经更新

4.9　原理图检查与校验

　　原理图绘制完成之后，需要借助一定的检查手段来确保其正确性，主要包括以下两种检查：

　　一种是用诊断工具 DxDesigner Diagnostics 来检查设计的数据完整性。该诊断工具主要用来检查无效网络、原理图内部标识符、元器件图形数据、网络连接、复用模块、总线信号连接、元器件名称和连通性等问题，可以设置为每次退出 DxDesigner 时运行，如图 4.96 所示。也可以随时通过打开 DxDesigner 菜

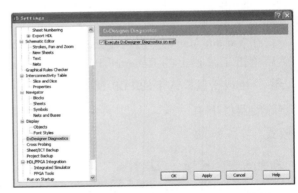

图 4.96　设置在关闭原理图时自动执行诊断

单栏 Tools→DxDesigner Diagnostics 命令执行诊断操作。检查结果显示在 Output 窗口的 DxDesigner Diagnostics 选项卡中，如图 4.97 所示，结果会显示出每一项检查结论和花费的时间，如果存在错误，可以根据提示进行修改，直至检查完全通过。

　　另一种是对设计进行电气规则校验，即 DRC（Design Rule Check）校验。DRC 用于检查原理图和符号层次的电气和语法违规项目，主要包括以下内容的检查：

　　1）电气连接：包括开路集电极引脚无拉高、开路发射极引脚无拉低、网络无连接等。

　　2）属性：包括属性与通用属性不匹配、无效的网络名称、无效的属性值、属性名称或属性值超过最长字数等。

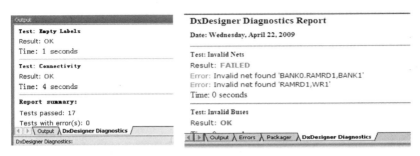

图 4.97　输出诊断结果

3）电源/地：包括全局网络没有连接到输出引脚、本地网络被定义为全局属性等。

4）HDL：包括 VHDL 数据类型不匹配、数组大小不匹配、接口不匹配等。

启动 DRC 校验，可以选择 DxDesigner 菜单栏的 Tools→Verify 命令，也可以单击工具栏上的 Verify 图标 打开 DRC 窗口，如图 4.98 所示。

Settings 选项卡用于设置 DRC 的一些相关参数，包括检查的范围、级别，选择检查规则的设置文件，保存本地用户修改的校验设置项等。

Rules 选项卡如图 4.99 所示，用于设置 DRC 检查规则。Group 表示规则分类，包括 Migration、Connectivity、Electrical、Hierarchy、Integrity、Power&Ground、Device Specific 和 HDL Checks 八类。ID 为规则标号，对原理图进行 DRC 检查后，检查结果中每一项的名称都由此 ID 号代替。当选择 Rules 列的内容时，如图 4.100 所示，在下方的 Description 中会显示该项规则的详细描述。

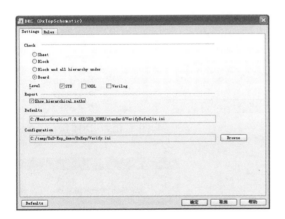

图 4.98　DRC 校验窗口

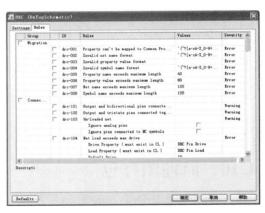

图 4.99　DRC 检查规则

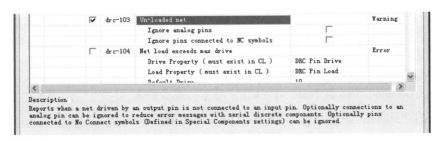

图 4.100　DRC 规则详细描述

Values 列是该项规则的参数值，双击可进行修改，如图 4.101 所示。Severity 列用于定义该项规则的违规等级，单击该栏即弹出下拉菜单，可以在 Error、Warning 和 Note 三个等级中选择一项。

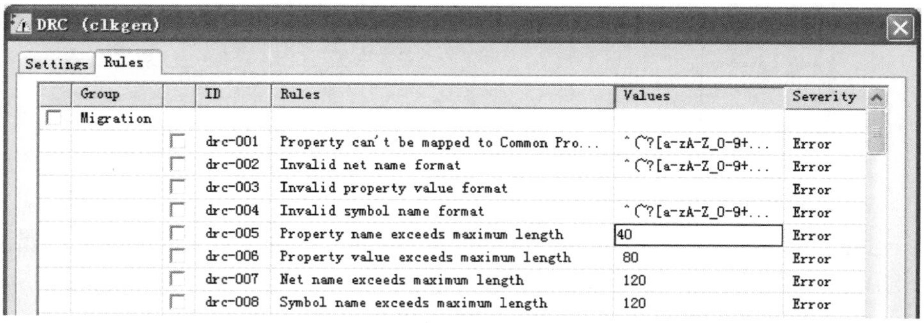

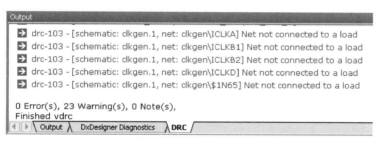

图 4.101　定义 DRC 规则参数值

如果在 DRC 检查中要检查某一项，只需勾选该项规则的 ID 号即可。设置完检查规则之后，单击"确定"，检查结果出现在 Output 窗口的 DRC 选项卡中，如图 4.102 所示，每一项 ID 号前的绿色箭头标识 ➡️ 表示单击该项可以直接定位到原理图中报错的地方。检查结果保存在 vdrc. log 文件中，该文件位于项目根目录下的 Log Files 文件夹内。

在进行 DRC 检查时，如果已经对 Rules 选项卡进行了设置，也可以不用打开 DRC 窗口，而直接单击工具栏 DRC 图标右侧的箭头，如图 4.103 所示，在下拉菜单中选择某一项进行检查。

图 4.102　输出 DRC 结果　　　　　　　　　　图 4.103　快速执行 DRC 检查

4.10　原理图打包

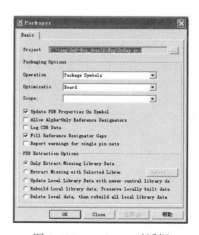

原理图设计完成并检查无误之后，就需要将原理图中元器件的相关信息搜集起来传送到 Expedition PCB 中，这个搜集信息的过程称为"打包"。打包器 Packager 可以自动更新元器件信息，完成的打包信息包括元器件号 Part Number、引脚号 Pin Number、参考位号 Ref Des、其他属性和隐藏的电源、地引脚。

选择 DxDesigner 菜单栏 Tools→Packager 命令，或者单击工具栏上的 Packager 图标 ▦ ，弹出如图 4.104 所示的 Packager 对话框。Packaging Options 有四种操作选项：

图 4.104　Packager 对话框

Package Symbols 表示为没有参考位号和完整引脚号的元器件打包；Repackage All Symbols 表示移除所有"冻结"打包属性，为所有元器件打包，包括之前已经打包过的元器件；Repackage Unfixed Symbols 表示对所有除了包含"冻结"属性的元器件进行打包，对于已经锁定的未打包元器件，打包器仍然将其打包；Verify Packaging 表示检查设计以确认打包的正确性，将错误写到 partpkg. log 文件中，但不更新任何打包信息。

在 DxDesigner 中，允许为元器件添加 Frozen Package（冻结打包）属性，属性值设为 F，如图 4.105 所示。元器件添加了该属性的，称为"冻结"，只有 Repackage All Symbols 操作能够移除该属性并且修改元器件的参考位号和引脚号。如果在原理图中固定了逻辑门和引脚的分配，则在 PCB 设计中不再允许进行门交换或引脚交换。对于一个已经完成打包操作的元器件，如果给其中一个门添加了 Frozen Package = F 的属性设置，则其他门也会被打包器添加相同的属性。

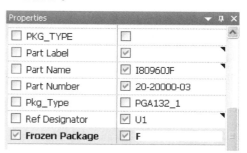

图 4.105　设置 Frozen Package 属性

Optimization 栏有三个选项可供选择：Board、Block 和 Page，用于设置此次操作对象和范围。如果在上面 Operation 栏选择了 Repackage 选项，则 Optimization 会变为灰色不可选。Board 为默认选项，表示允许不考虑符号在原理图中的位置，而对其进行合并打包。Block 选项表示只允许对在同一模块下的符号进行合并打包。Page 表示只允许在同一页内的符号进行合并打包。

Scope 栏的下拉菜单中显示设计的所有模块和原理图页。如果空着，打包器会对整个设计进行打包；如果选择模块，打包器则对该模块下的所有原理图页进行打包；如果选择其中的一页原理图，则打包器只针对该页执行打包操作。

Update PDB Properties On Symbol 表示从 Part 数据库中标注元器件属性到原理图。勾选该选项，则元器件属性从 Part 数据库中提取，而非来自 DxDataBook。

Allow Alpha-Only Reference Designators 表示使打包器不去替换只有字母的参考位号。

Log CDB Data 表示在打包过程中向打包结果选项卡和 log 文件中写入详细信息，勾选该选项可以帮助设计师理解打包信息。

Fill Reference Designator Gaps 表示当设计中添加新的未打包元器件时，其编号用来补入参考位号的断点。

Report warnings for single pin nets 表示当勾选该选项时，打包器会将单引脚网络作为警告信息写入 PartPkg. log 文件和打包选项卡。

要打包一个设计时，打包器会将设计中所有用到的中心库元器件在设计内部创建一个本地库，元器件信息将从中心库中提取，利用库提取选项（PDB Extraction Options）可以控制如何提取所需信息。

Only Extract Missing Library Data 表示只提取本地库中不存在的元器件信息。

Extract Missing with Selected Library data 表示只提取已选择范围内的本地库中不存在的元器件信息。选择该选项后，单击右侧的 Select 按钮选择元器件。

Update Local Library Data with newer central library data 表示提取本地库中不存在的元器件，并且从中心库中提取新的元器件信息覆盖已存在的元器件信息。

Rebuild Local library data；Preserve locally built data 表示删除本地库并重新提取。对于不是从中心库提取的元器件信息将被保留，如从 IO Designer 导入数据、在本地库创建的相关元器件信息等。

Delete local data, then rebuild all local library data 表示删除所有本地库，然后重新从中心库提取。单击 Packager 对话框的 OK 按钮，开始为设计执行打包操作，其结果显示在 Output 窗口的 Packager 选项卡内。如图 4.106 所示，如果打包顺利完成，在 Output 窗口能看到 Packager finished successfully 字样的提示，还可根据选项卡内的提示，查看其他的记录文档，如 Unused Pin、Unused Gate 等。如果打包过程中出错，则 Packager 对话框会自动弹出，打包选项卡内也会显示有哪些错误，根据提示修改错误后再次打包，直至顺利完成。

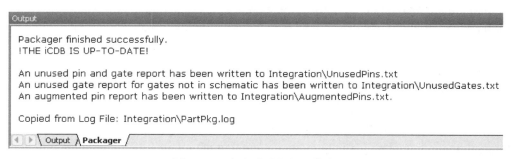

图 4.106　打包成功的提示信息

打包成功后，可选择 DxDesigner 菜单栏 Tools→Expedition PCB 命令，或者单击工具栏上的 Expedition PCB 图标 ，弹出如图 4.107所示对话框，在 Select template 栏的下拉菜单中选择设计模板，在 PCB directory 栏选择 PCB 文件夹的路径，再单击 OK 按钮。

对于新设计，项目目录下没有名为 "PCB" 的文件夹，因此会弹出如图 4.108 所示对话框，选择 "是"，创建文件夹，并启动 Expedition PCB 工具。Expedition PCB 界面

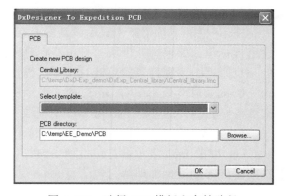

图 4.107　选择 PCB 模板和存储路径

被打开，弹出如图 4.109 所示提示，需要首先执行前向标注，即将原理图的信息更新到 PCB 中，单击 "确定" 按钮。然后弹出如图 4.110 所示对话框，询问是否进行前向标注，单击 Yes 按钮。如图 4.111 所示，在 Project Integration 对话框中单击黄色按钮进行前向标注，操作完成后，按钮变为绿色，即前后端数据同步。

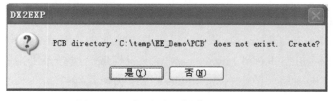

图 4.108　提示需要创建 PCB 目录

图 4.109　提示需要首先执行前向标注

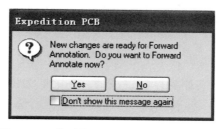

图 4.110　提示是否立即执行前向标注操作

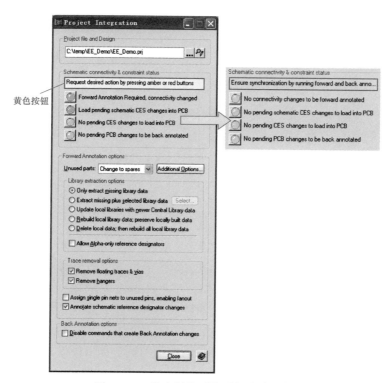

图 4.111　前向标注后指示灯变成绿色

对于在中心库创建元器件时采用隐藏电源、地引脚的元器件，需要在原理图中为其添加 Supply Rename属性。在 DxDesigner 中语法规则如下：

SUPPLY RENAME = Part_supply_name1 = schematic_global_net1

如在 Library Manager 中 Supply Name 设置为 GND，在原理图中需要更改为 DGND，则需要在 DxDesigner 中的相关 Symbol 添加 SUPPLY RENAME = GND = DGND 属性。在进行打包操作时，打包器会用该属性值覆盖掉原中心库里的定义，为电源、地引脚分配正确的数值。

4.11 产生 BOM

选择 DxDesigner 菜单栏 Tools→Part Lister 命令，弹出如图 4.112 所示对话框。

General 选项卡用来设置元器件清单（BOM）的相关参数，选择生成 BOM 的范围、格式、存放路径和文件名称。

Columns 选项卡主要用于设置生成的 BOM 中包含的内容及其显示形式，如图 4.113 所示。左侧窗口表示 BOM 中每一纵列的名称，单击 ▢ 按钮添加新的列，单击 ⬆ 、 ⬇ 按钮调整列的顺序，单击 ✕ 按钮删除不需要的列。双击这些名称可以进行编辑修改。在左侧窗口选择某一列之后，可以在右侧窗口配置该列。Title 即为该纵列的名称，Type 为该纵列的类型，有 Number、Quantity、Property 和 Text 四种类型可选。如果选择 Property 类，还需在右侧 Property 下拉菜单中选择工具中预定义的元器件属性。如果选择另外三种类型，则只需再设定 Align（对齐方式）、Width（字符的宽度）和 Hidden（是否隐藏）即可。

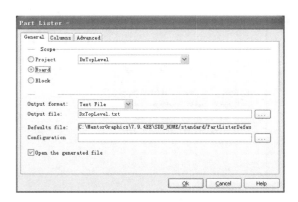

图 4.112　Part Lister 设置菜单

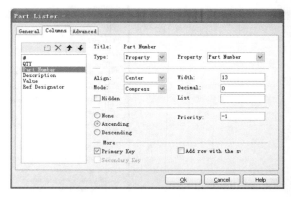

图 4.113　Columns 选项卡

Mode 表示纵列显示模式，有 Full、Slots、Compress、Unique 和 Total 五种模式可供选择。Full 表示所有对象的值都显示在列表中，可以对值进行字母数字排序。如果有多个对象具有相同值，则在该列中这些值重复显示，不予合并。Slots 表示在列表中显示所有对象的值，可以对值进行字母数字排序。如果有多个对象具有相同值，则在该列中这些值重复显示，但是该值后面会添加一个斜线字符，如 U1/1，U1/2，U2/1。Compress 表示所有值都可按照字母数字排序，重复的值将被删除。数值显示为取值范围，如 A1，A2，A3 将缩短为 A1 ~ A3。Unique 表示只显示单一值。Totalge 表示该列显示所有对象的数值总和。

Decimal 栏用于定义小数点后的位数。

Sort 栏下的三个选项 None、Ascending 和 Descending 的意义分别是不排序、升序排列和降序排列。在一个 BOM 中，最好只选择其中一列做升序或降序排列，其他列选 None。如果有多列都选择了按序排列，则需要在右侧的 Priority 栏设置优先级，取值范围为 0 ~ 9，9 为最高优先级，优先对该列排序，如果该列中有相同数值的行，则这些行依据次优先级的列排序。如果有些列需要计算得出数值总和，勾选 Add row with the sum 选项。

Advanced 选项卡主要用于输出 BOM 的高级设置。例如在输出的 BOM 文档中进行分页、忽略前面所设置的栏宽度、设置列与列之间的间隔符和显示效果等。

　　设置完毕，单击 OK 按钮，如果在 General 中勾选了 Open the generated file 选项，则完成生成 BOM 的操作之后，将自动打开 BOM 文档。生成的 BOM 如图 4.114 所示。

```
DxTopSchematic            Thursday, May 23, 2013 03:56 PM              Page  1

Part Lister output for DxTopLevel
Generated on Thursday, May 23, 2013
 #   QTY   Part Number   Description              Value      Ref Designator
---------------------------------------------------------------------------
 1    1    10-01796-00                            50uF       C21
 2    1    10-24455-07                            1uF        C25
 3    1    10-24455-11                            2.2uF      C23
 4    1    10-24455-17                            6.8uF      C24
---------------------------------------------------------------------------


DxTopSchematic            Thursday, May 23, 2013 03:56 PM              Page  2

Part Lister output for DxTopLevel
Generated on Thursday, May 23, 2013
 #   QTY   Part Number   Description              Value      Ref Designator
---------------------------------------------------------------------------
 5    1    10-34976-12                            2.2uF      C22
 6    20   10-40004-02   ,,,,,,,,,,,,,,,,,,,,    10nF,10nF, C1-C20
                                                 10nF,10nF,
                                                 10nF,10nF,
```

图 4.114　10 行分页的 BOM

4.12　输出 PDF 原理图

　　DxDesigner 工具输出的 PDF 文档是具有可搜索功能的动态链接文件，可用于查看设计和归档等，可以选择输出整个项目或者其中的一个模块。

　　选择菜单栏 File→Export→PDF 命令，弹出如图 4.115 所示对话框。

　　General 选项卡用于设置一些常规信息，包括生成的 PDF 文档的路径和文件名，输出 PDF 文档的范围是整个项目还是其中的一个模块，生成的 PDF 原理图的颜色显示等。

　　Advanced 选项卡主要用于输出 PDF 原理图的高级设置。在输出 PDF 原理图之前，通过 Fonts 选项卡可以对 DxPDF 中的字体类型进行设置。通常情况下，根据 DxDesigner 中的字体设置进行映射即可。

　　设置完成之后，单击 OK 按钮，生成并打开 PDF 原理图，效果如图 4.116 所示。其中黄色框线表示超链接，单击可以查看符号的类型和属性。

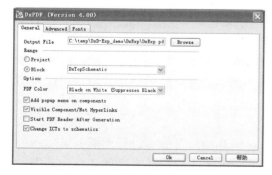

图 4.115　DxPDF 输出控制菜单

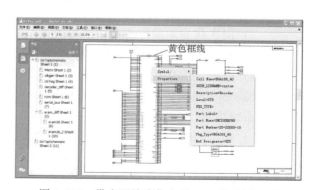

图 4.116　带有可检索信息的 PDF 格式原理图

第5章
PADS Pro PCB功能及基本操作

PADS Pro 是 PADS Professional 软件的缩写，PADS 系列最高阶套装。与其他类似软件相比，PADS Pro 是迄今生产率最高、配置最完整的 PCB 系统设计套件之一。PADS Pro 面向独立工作或在小型团队中工作且往往需要完成 PCB 设计整个过程的个体工程师。针对高端企业解决方案费用高与实用性强，而桌面解决方案易于使用且成本较低，但生产率往往大打折扣的问题，PADS Pro 将 Mentor Graphics Xpedition 的强大技术与易于使用、学习及经济实惠等优点集于一身，不仅提供了紧密集成的设计流程，还可包括所有所需的辅助元素。强大的功能和友好的软件环境，使其成为业界翘楚和市场占有率最高的 PCB 设计软件之一。

本章以 PADS Pro 为例，较详细地介绍其在 PCB 设计方面的基本应用和操作方法。

5.1 PADS Pro 基本功能

PADS Pro 提供以下功能：基于层次化原理图和表格，并使用智能元器件选择的设计创建过程；FPGA 合成和 I/O 优化；跨越流程的统一约束定义和管理；元器件信息和库管理；轻松的设计复用；模拟、混合信号 SPICE 仿真；基于行业领先的 HyperLynx 技术的布线前和布线后信号完整性分析；电路板级热分析。

PADS Pro 提供了单独的 Layout 环境。与其他软件相比，PADS Pro Layout 具有以下特色功能：

1）采用"设计即正确"的方法进行覆铜设计、布局和布线。

2）层次化的元器件规划和布局功能，如图 5.1 所示。

3）适用于大型总线、单端和差分对网络的业内最强自动交互式布线环境。

4）突破性的交互草图布线技术，提供了一套高度集成化的自动选路功能，其草图布线器（Sketch Router）技术更结合了强大自动布线能力和体验及卓越的交互式编辑操作和实时导线布线功能，如图 5.2 所示。

5）包括 HDI 和 Flex 的高级可加工性设计。

6）PADS Pro 的 Layout video link 集成 2D/3D 编辑环境，可缩短设计周期，解决在 PCB 布局乃至电子及机械优化的问题，无需新工具即可使用相同的选择、规划和布局功能，如图 5.3所示。元器件的规划和布局可以在 2D 或 3D 环境完成，结合逼真的 3D 元件，电路板结构和外壳。

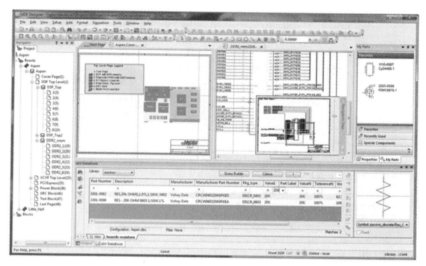

图 5.1　层次化的元器件规划和布局功能

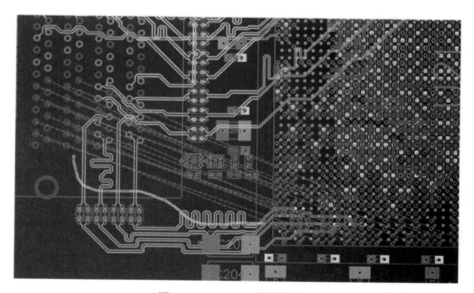

图 5.2　PADS Pro 草图布线器

7）布局规划和管理。布局规划和管理可快速可视化和实施工程师的设计意图，以产生最佳的元器件布局，如图 5.4 所示。

8）相关联对话框（Context-sensitive）的约束输入，很容易在原理图或 PCB 布局编辑器中更新约束，如图 5.5 所示。

此外，PADS Pro 还提供通过元件信息管理一体化智能选择元器件、用于 FPGA 等多引脚输出元器件的基于表格的互连编辑器、模拟仿真、分析及验证、信号完整性、热分析、可视导航树审查元器件关联、使用归档浏览器来查看和管理保管库的内容、综合红线和标记功能进行设计审查、电源完整性分析及 FPGA/PCB 协同设计等高级和复杂功能。

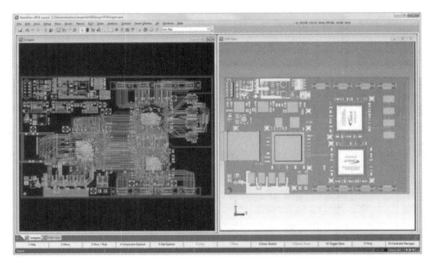

图 5.3　PADS Pro Layout video link 功能

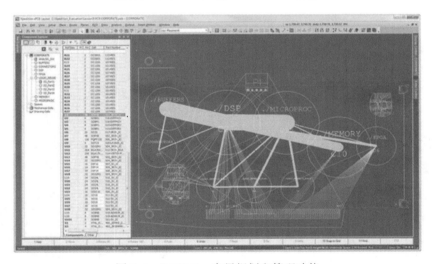

图 5.4　PADS Pro 布局规划和管理功能

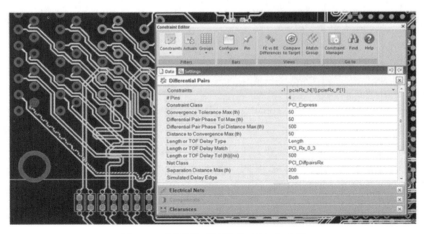

图 5.5　相关联对话框约束输入功能

5.2　PADS Pro Layout 界面

　　PADS Pro Layout 提供 PCB 布局和走线等的环境，与 PADS DX Designer 完全集成，且遵循标准的 Windows 导航标准。其界面打开较为简单，在开始菜单中选择"所有程序"→PADS Professional→PADS Professional Layout 即可打开 PADS Pro Layout。若需打开设计文件或示例文件，单击 PADS Pro Layout 界面 Start Page 中的 Open 按钮，浏览并选择相应文件。以打开 C：\ PADS_Professional_Eval \ LessonFinal \ PCB \ CORPORATE. pcb 为例，在 PADS Pro Layout中打开效果如图 5.6 所示。

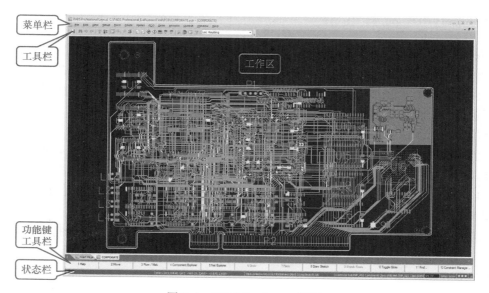

图 5.6　PADS Pro Layout 界面

　　由此可见，PADS Pro Layout 界面由菜单栏、工具栏、工作区、功能键工具栏及状态栏等组成。其中，菜单栏则由 File、Edit、View、Setup、Route、Planes、ECO、Draw、Analysis、Output、Window 及 Help 等 Windows 菜单组成；工具栏由标准工具栏、布局工具栏、布线工具栏、捕获工具栏、X – Y 读出工具栏、图纸创建工具栏、图纸编辑工具栏、实用工具工具栏、编辑工具栏、按区域选择工具栏、活动组工具栏、标注工具栏及测量工具栏组成，这种分类工具栏布置形式为使用人员提供了极大的便利性。它是完全可自定义的，可以使用 View→Toolbars 命令添加、删除或调整，所有工具栏可停靠/不可停靠在编辑器窗口内不同位置。同时，要自定义工具栏可使用 View→Toolbars→Customize 命令调整。PADS Pro Layout 所有工具栏图标都包含工具提示和扩展工具提示动画，以帮助使用人员快速了解和掌握所选命令。

　　与 PADS DX Designer 一样，PADS Professional Layout 也提供命令行快捷键和鼠标手势功能。例如，在编辑器窗口中输入字符"pr"，按 < Enter > 键后即可打开 Keyin Command 对话框并显示 Place Ref-des 命令语法。鼠标手势功能更加灵活和方便，使用鼠标左键可选择和取消选择指针下面的对象。使用鼠标中键或滚轮可以放大和缩小视图。按住鼠标中键并沿平移方向移动指针可以执行平移操作。使用鼠标右键显示上下文相关的弹出式菜单。拖动鼠标右键则可调用手势功能。例如，在编辑器窗口中拖一个 "?" 可以查看手势帮助。

在 PADS Professional Layout 中，功能键工具栏可采用多种方法使用相同的命令。功能键是上下文和命令相关的工具栏，会随着当前所用命令动态变化。

此外，PADS Professional Layout 还支持下拉菜单、热键、工具框及增强型工具提示功能。在右击时，弹出式菜单中的选项会因所选对象或正在输入的操作而异。PADS Professional Layout 还可以在所有 PADS Professional 工具之间保持界面功能，可最大限度减少这些工具之间的转换。

5.3 Layout 流程准备

创建 PCB 是设计 PCB 的重要环节之一，采用 PCB Layout 模板是构建新 PCB 设计的快捷方法，与原理图封装有关。PCB Layout 模板可能是完全空白的 PCB 数据库，也可能包含可加工性和装配图样信息、预定义的叠层信息、注释、库元器件，甚至是约束管理器基准约束等配置信息。在安装软件时提供的安装文件示例个人库中，PADS Professional 已在示例文件中提供若干示例。

创建 PCB 数据库较为简单，在封装好的原理图数据库中可以使用新创建的 PCB Layout 数据库。其方法和步骤如下：

1）单击 Tools→PADS Professional Layout 菜单命令，打开 Create New PCB Design 对话框，如图 5.7 所示。

若 PCB 数据库已链接至某个原理图，PADS Professional Layout 将自动打开该 Layout。

2）在 Create New PCB Design 对话框中，从 Select template 下拉列表中选择 Template_6Layer_Formatted 选项。

如图 5.8 所示，将在目录 C:\PADS_Professional_Eval\Lesson1\PCB 中创建 PCB 设计数据库。单击图 5.7 所示对话框内的 OK 按钮，确认 PCB 目录消息。若出现 Layout 模板导入的警告消息，也需要在警告框中单击 OK 按钮确认。在将 PCB 模板导入新设计项目时，新导入模板将覆盖先前所有叠层设置。

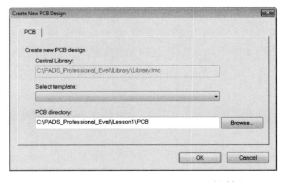

图 5.7　Create New PCB Design 对话框

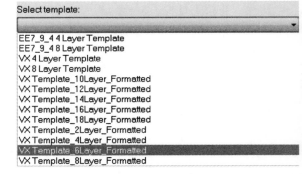

图 5.8　创建 PCB 设计数据库

3）首次将设计集成到 PCB 模板时会收到反向标注警告消息，单击 OK 按钮将其关闭，如图 5.9 所示。

4）激活 Layout 工具，将出现 Layout 对话框。一般情况下，需单击 Yes 按钮以加载项目集成并启动正向标注。若单击 No 按钮，将不启动正向标注，随即加载 PCB 数据库，如图 5.10所示。

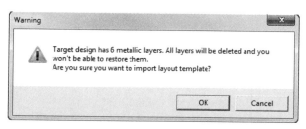

图 5.9　反向标注警告消息

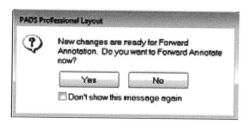

图 5.10　Layout 工具对话框

此时，原理图数据库已经与 PCB 数据库集成。PADS Professional Layout 允许用户使用多种方法运行正向标注，将网表和约束信息加载到 PCB 中。此外，还可以使用项目集成方法在 PCB 中加载网表和约束信息。

PADS Professional 已打开 PCB 设计 CORPORATE，并且用户可看到在个人库中选择的模板。需要注意的是位于状态栏右下角的交通信号灯，第一个琥珀色指示灯表明存在已准备好正向标注到 PCB 的更改原理图。

5）单击 Setup→Project Integration…菜单命令，打开图 5.11所示的 Project Integration 对话框。其中，显示了相同的交通信号灯。单击 Additional Options… 按钮，在弹出图 5.12 所示界面中确保已选中所有三个复选框，单击 Close 按钮创建稍后需要使用的一些文件。查看 Project Integration 对话框，确保其中设置如图 5.11所示。单击最上面的琥珀色指示灯以启动正向标注。在完成操作的过程中，将会显示多个消息窗口，如图 5.13所示。单击 OK 按钮，关闭正向标注警告对话框。

原理图网表和约束信息已加载到 PCB 数据库中，指示灯也更新为绿色。若需要反向标注，对话框中 No pending PCB changes to be back annotated 选项前将会显示 Back Annotation Required 琥珀色指示灯。

6）单击 Back Annotation Required 运行反向标注，并完成原理图到 PCB 的集成

琥珀色指示灯

图 5.11　Project Integration 对话框

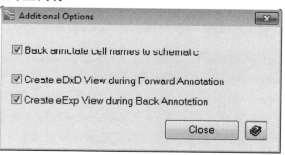

图 5.12　Additional Options 对话框

过程。在如图 5.14 所示反向标注完成对话框中单击 OK 按钮，关闭反向标注消息窗口。如图 5.11所示对话框中所有交通信号灯现在将变为绿色，单击 Close 按钮，退出 Project Integration 对话框。

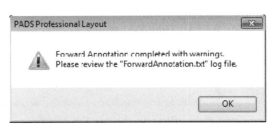

图 5.13　提示正向标注消息窗口

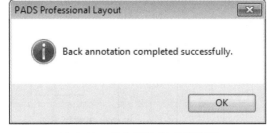

图 5.14　反向标注完成对话框

最好运行 File→Save 菜单命令保存新设计的 PCB 数据库。

5.4　PCB 导航工具

使用适当的显示与控制方案，可为待完成任务提供最佳设计显示功能。PADS Professional Layout 附带了大量内置的、可通过标准工具栏轻松使用的方案。

5.4.1　显示与控制方案

显示与控制功能强大，可访问用于定义设计中的显示视图特征和选择筛选的命令和选项。每个显示与控制选项卡都具有成组的颜色框、单选按钮、项目复选框和组复选框通用元素，重要的是，这些元素提供了直观且一致的环境。

作为设计流程期间使用的一项基本导航工具，显示控制是可自定义的。使用 View 菜单，用户可隐藏不常用图标以增加常使用部分的屏幕区域。此外，显示与控制还提供了 Favorites 功能，用于放置在设计期间经常用到的项目以提高工作效率。用户可将所有自定义内容保存至本地、系统或自定义位置方案，以用于其他设计。

其操作较为简单，方法和过程如下：

1）单击 Fit Board 图标 ，在标准工具栏中，单击 Scheme 下拉列表并选择 Loc: Min Contents 选项，如图 5.15 所示。

2）选择 View→Display Control 菜单命令或单击 Display Control 图标 查看每个选项卡的可用选项。在如图 5.16 所示的 Display Control 对话框 Edit 选项卡的 Global View & Interactive Selection 部分，取消选择 Route Objects 和 Draw & Fab Objects 的 Visibility 属性。展开 Board Objects 并为所有对象启用 Visibility 属性，如图 5.17 所示。

3）在 Global View & Interactive Selection 部分，启用所有对象的 Selection 属性。重复此步，直至电路板外形已高亮显示且可被选中，如图 5.18 所示。

图 5.15　Scheme 下拉列表

图 5.16　Edit 选项卡

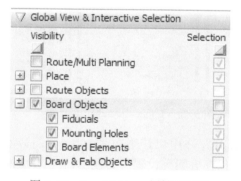

图 5.17　Board Objects 属性对话框

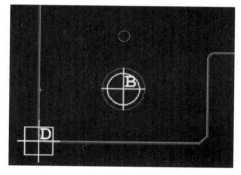

图 5.18　高亮并显示电路板外形

PADS Pro 还提供了显示搜索控制功能，用于因用户添加用户草稿层等而增加了对象数量的搜索、查看和选择等场合，其操作方法和过程如下：

1）打开并单击 Display Control 的 Edit 选项卡，单击 Display Control 标题后输入文本"net"，如图 5.19 所示。随即出现搜索栏，并且突出显示 Display Control 中的第一个"net"文本实例。

2）单击搜索栏中的 Find next 按钮，以查找 Display Control 中的下一个"net"文本实例。找到正搜索的对象后或停止搜索时，单击 Finish search 按钮结束显示搜索控制功能。

5.4.2　编辑器控制

编辑器控制是用户在设计流程期间使用的一项基本导航工具。在 PADS Professional Layout 中进行布局和布线时，可以使用许多选项的设置以便于布局和布线操作。这些设置均使用编辑器控制或调整。

编辑器控制功能的操作方法和过程是选择 Setup→Editor Control 命令或单击标准工具栏中的 ◈ 图标，出现 Editor Control 对话框（部分），如图 5.20a ~ c 所示。其中，Editor Control 对话框具有 Place、Route 及 Grids 三个选项卡，分别用于布局设置、布线控制及用于布局、布线、过孔和绘制项目的网格设置功能。

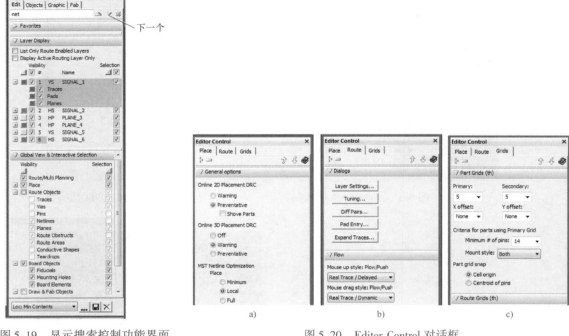

图 5.19　显示搜索控制功能界面　　　　　图 5.20　Editor Control 对话框

Editor Control 对话框的 Common Settings 部分允许用户禁用在线 DRC、在移动固定对象时接收警告、更改自动保存之间的时间间隔及保存方案等设置。为便于访问，每个选项卡的底部均会显示该部分。

由于 Layout 期间会经常用到编辑器控制，用户可能需要自动隐藏该对话框，以便在将鼠标悬停在折叠的选项卡上面时，该对话框能够自动滑开供用户使用。同时，用户可将编辑器控制中的设置组另存为方案，以便今后在设计中调用或与其他设计进行共享。

5.5　设计 PCB 新电路板

设计 PCB 新电路板包括基本设置、过孔设置、过孔间距设置及叠层设置等内容。

5.5.1　参数设置

1. 基本设置

运行 PADS Pro Layout File→Open 菜单命令，浏览至 C：\PADS_Professional_Eval\Lesson2\PCB，双击并打开 CORPORATE. pcb 文件。

选择 Setup→Setup Parameters⋯菜单命令，在弹出如图 5.21 所示的 Setup Parameters 对话

框中单击 General 选项卡查看确认设置情况。其中，PCB Layers 设置为 6 层，设计单位设置为 Thousandths 或 Mils。设计人员可根据实际情况在 Remap Layers 增加或减少 PCB 叠层数目，可添加或删除 User Defined Layers，还可以更改 Padstack technology 文件及修改 Test point settings 选项等。为了一致性和高效性，可采用 Layout 模板已预设的 Setup Parameters 设置。

2. 过孔设置

单击 Via Definitions 选项卡，如图 5.21 所示，当前此设计中有一项通孔设置，但是在 Via Definitions 中只能定义一种通孔。若需在设计中使用更多通孔尺寸，则应在约束管理器中添加。在 Layout 布线之前，需添加一个用于电源和接地信号的通孔。创建盲孔和埋孔等 HDI 过孔方法和操作过程如下：

1）将外层更改为 Buildup 层。如图 5.22 所示，单击 Laminate 1 – 2 下拉列表更改为 Buildup 1 – 2。重复此步骤，将 Laminate 5 – 6 依次更改为 Buildup5 – 6。

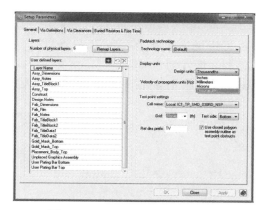

图 5.21　Setup Parameters 对话框

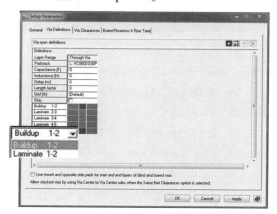

图 5.22　更改 Buildup 层

2）单击 New 图标添加过孔，对话框中随即出现一个新列。在新过孔列的 Padstack 行中，单击下拉列表并选择 VC025D010P_UVIA_ NSM 过孔焊盘微孔。

在新过孔列中，单击 Buildup 1 – 2 行中的绿色框，建立在第 1 层和第 2 层之间布线时使用的过孔焊盘。使用此步骤，创建在 Buildup 层第 5 层和第 6 层间布线时使用的新微孔。重复如上步骤，从下拉列表中选择焊盘 VC060D030P，在第 2 ~ 5 层压板上创建埋孔焊盘，此埋孔焊盘会将两个过孔焊盘微孔连接起来，以形成 1 – 4 – 1HDI 过孔结构。单击 Sort 图标查看所创建的过孔，如图 5.23 所示。若显示与图 5.23 所示不符，可能需要再次单击 Sort 图标才能匹配此界面。

3. 过孔间距设置

单击 Via Clearances 选项卡，如图 5.24 所示。Via Clearances 选项卡用于覆盖不同过孔焊盘之间存在的相同过孔到过孔网络间距规则。单击 OK 按钮，保存设置并关闭 Setup Parameters 对话框，系统将重新加载电路板及新设置。

4. 叠层设置

叠层设置用来定义构成电路板结构的导电材料和电介质材料。其中，叠层结构在 Stackup Editor 中进行修改。将外层修改为用于 HDI 过孔的 Buildup 层后，设计人员还可以调整电路板外层厚度。操作过程如下：

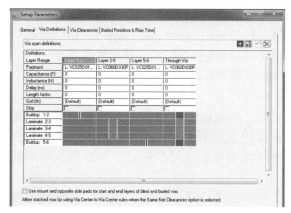

图 5.23 过孔定义界面

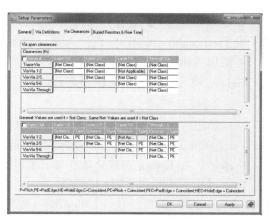

图 5.24 过孔间距设置界面

1）运行 Setup→Stackup Editor 菜单命令，显示 Stackup Editor 界面。

2）选择 Layer Name SIGNAL_1，在 Thickness 列中的文本输入字段输入"0.7"。针对 Layer Name SIGNAL_6 重复此步，也就是将其 Thickness 设置为 0.7th。

3）选择 SIGNAL_1 和 SIGNAL_2 之间的 Dielectric 层在 Thickness 列中的文本输入字段，将数值更改为 2。

4）查看将在电路板中使用的叠层设置，如图 5.25 所示。设计人员也可以在 Stackup Editor 中更改 LayerName，但这些名称必须是唯一的。

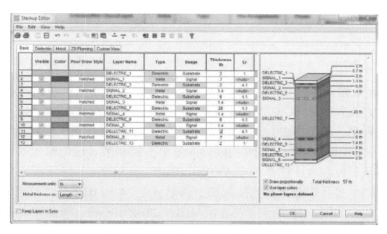

图 5.25 Stackup Editor 设置界面

5）选择 SIGNAL_3 在 Layer Name 列中的文本输入字段，并将该名称更改为 PLANE_3。对 Layer Name SIGNAL_4 重复此步，将其更改为 PLANE_4。

6）单击 OK 按钮，关闭 Stackup Editor 并保存更改。新的层名称将反映在 Display Control 中。

5.5.2 绘制及修改 PCB 外形

PCB 设计必须包含电路板外形，以定义 PCB 电路板的物理边界。需要注意的是，PADS Professional Layout 只允许一个外形和物理边界。若用户定义了一个新外形，原有外形将被新外形替代。此时，电路板还需要布线边界来定义电路板的布线和平面区。

1. 绘制 PCB 外形

绘制 PCB 外形有两种方法。第一种是外部导入法，也就是使用 File→Import DXF 或 IDF 命令来导入第三方创建的形状坐标文件。此方法较为简单，不再赘述。

第二种就是本小节所述的绘制法，其方法和操作过程如下：

1）单击 Fit Board 图标 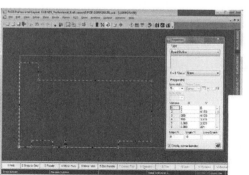，在视图中缩放显示电路板外形。选择 Draw→Board Outline 菜单命令，在 Properties 对话框中，Type 已设置为 Board Outline。在 Line width 文本输入字段中输入 "5"，定义绘制电路板外形的线宽。

2）单击 Vertices 1 X 文本框，输入 "0"，然后按 <Tab> 键。在 Vertices 1 Y 文本框中，输入 "0"，然后按 <Tab> 键。此时，一条直线将从坐标（0，0）延伸至指针，并且 Properties 对话框已准备好更多输入的坐标。

重复此步，从 2 号坐标的 Vertices X 文本框开始，输入表格中显示的剩余坐标，见表 5.1。在输入坐标时，指针将会显示相应的坐标。

在输入表格中的最后一个坐标时，将会完成多边形的绘制，并显示警告消息。需注意的是，选中警告对话框中的复选框将不再显示该警告消息。

表 5.1　PCB 外形各点坐标

序号	X 坐标	Y 坐标	序号	X 坐标	Y 坐标
1	0	0	9	2248	0
2	0	4150	10	2248	324
3	900	4150	11	2175	324
4	900	3300	12	2175	0
5	6300	3300	13	1606	0
6	6300	324	14	1606	324
7	4720	324	15	590	324
8	4720	0	16	590	0

3）单击 OK 按钮，完成电路板外形的绘制，如图 5.26 所示。关闭 Properties 对话框。保存设计，但不要将其关闭。

需要说明的是，可在 Properties 对话框中手动输入坐标或使用鼠标提取数字坐标来创建电路板外形等所有形状以简化设计。

2. 修改 PCB 外形

先启用正确的选择筛选器，设计人员还可轻松地编辑电路板外形等所有形状，包括向任何形状中添加拐角、倒角和半径。

修改 PCB 外形的过程和方法如下：

1）单击 Display Control 或单击 Display Control Auto Hide 选项卡。

图 5.26　绘制完成的 PCB 外形

2）单击 Edit 选项卡，并在 Global View and Interactive Selection 部分展开 Board Objects，并确保已选中其 Visibility 和 Selection 属性。缩放至图示区域中的电路板外形，并选中该外形。下面以点坐标（590，324）为例说明。

3）选中位于坐标（590，324）的白色拐角操作点，右击并选择 Properties，将 Vertex Type 更改为 Round。操作点框应显示为已填充。

4）选中位于坐标（590，0）的白色拐角操作点，并在 Properties 中将 Vertex Type 更改为 Chamfer。

5）选中并拖动任意红色中点操作点，移动相应区段。单击 Undo 恢复该区段。

6）选中任意红色中点操作点，按住 < Ctrl > 键并拖动鼠标，添加一个新的拐角操作点。单击 Undo 删除新操作点。

需要说明的是，用户可以选中并拖动任意拐角操作点来移动拐角。使用第 3）步和第 4）步更改边缘连接器区域中的顶点，修改之后的电路板外形如图 5.27 所示。保存修改之后的电路板。

红色

图 5.27　修改之后的 PCB 外形

5.5.3　绘制布线边界

布线边界可以认为是一种特殊的 PCB 外形。为提高 PCB 的稳定性和可靠性，需要在离 PCB 外形一定距离的范围内布局和走线，这个范围就是布线边界。

设计人员可重新绘制布线边界，也可使用复制方法来复制任何形状边界。定义新的布线边界后，其将替换现有的布线边界。布线边界的绘制较为简单，其操作过程和方法如下：

1）选中电路板外形。

2）按住 < Ctrl > 键并双击电路板外形，将复制该形状并高亮显示新创建的副本。

3）单击右键并打开 Properties，新形状将显示在 Assembly Top Layer 下的 Draw Object 选项中。

4）将 Type 更改为 Route Border。

5）确保所有已布线的铜皮从电路板外形的边缘回缩 20th，在 Grow/Shrink 文本输入字段中输入 " – 20"，以回缩布线边界，按 < Enter > 键完成布线边界的绘制。

关闭 Properties 对话框，新绘制的布线边界如图 5.28 所示。

图 5.28　新绘制的 PCB 布线边界

5.6　设置平面类和参数等

5.6.1　平面铜皮参数设置

在分配平面之前，设计人员需要为生成的平面铜皮参数进行设置。平面类和参数用于定义平面的热参数、一般间距和网格状选项。此外，设计人员还可以在平面结构之间需要差异时创建平面类。其操作过程和方法如下：

1）运行 Planes→Plane Classes and Parameters… 菜单命令。

2）单击 New Plane Class，在 Plane Class 中输入 POWER。

3）单击 Thermal Definition 选项卡，并从 Default via connections→Tie legs 下拉列表中选择 Buriedt 选项，如图 5.29 所示。此时，电路板中的所有过孔都将直接连接到这些平面上。

4）单击 Clearances/Discard/Negative 选项卡，并从 Discard plane area options 中选择 All untied areas，如图 5.30 所示。

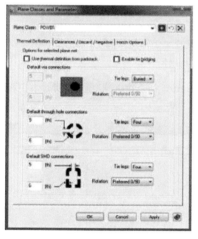

图 5.29　Thermal Definition 选项卡界面

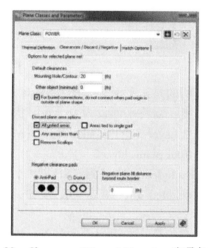

图 5.30　Clearances/Discard/Negative 选项卡界面

此设置允许平面自动化删除未直接连接到焊盘或过孔的所有或大或小的平面区域。

5）单击 Hatch Options 选项卡，并确认 Width 和 Distance 均为 6（th），Metal 为 100%，如图 5.31 所示。这些设置将创建一个不含网格状图案的完整平面。

6）单击 OK 按钮，保存设置。

5.6.2　主电源信号平面设置

设计人员可在开始设计时设置用于主电源信号的平面，以便在布局和布线期间将其用作参考平面。PCB 电路板中可以包含正平面、负平面和分割混合平面。平面的生成是动态和所见即所得的。

图 5.31　Hatch Options 选项卡界面

主电源信号平面设置较为简单，其操作过程和方法如下：

1）运行 Planes→Plane Assignments… 菜单命令。

2）单击 Layer 3 和 Layer 4 的 Layer Usage 下拉框，并选择 Plane 选项。

3）单击 Layer 3 和 Layer 4 的 Plane Data State 下拉框，选择 Dynamic 选项，如图 5.32 所示。

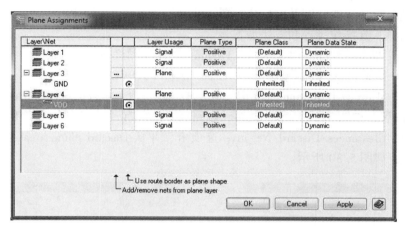

图 5.32　Plane Assignments 对话框

需要说明的是，平面数据还有 Draft（草图）和 Static（静止）状态选项，但要实现真正的所见即所得，需将平面设为 Dynamic 状态。

4）单击 Layer 3 的 Assign Nets→Add/remove nets from plane layer。

5）在 Excluded 列中找到 GND 网络，并将其移至 Included 列，单击 OK 按钮，如图 5.33所示。

需要说明的是，选中列表中的第一个条目，并按键盘上的 G 键，以快速找到 GND 网络。

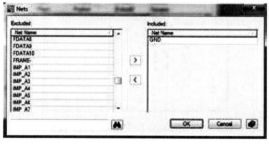

图 5.33　移动 GND 网络

6）对 Layer 4 执行第 4）步和第 5）步，并添加 VDD 网络。

7）单击 Layers 3 和 Layers 4 的选项按钮 Use route border as plane shape，如图 5.34 所示。因添加了布线边界，无需对这些平面再添加单独形状。

8）根据图示，设置并确认平面分配情况。

需要说明的是，Plane Class 设为 POWER。这两个平面的 Plane Data State 均为 Inherited（继承），其将采用 Dynamic（动态）状态和 POWER 类。

9）单击 OK 按钮，保存并关闭 Plane Assignments 对话框。

5.6.3　定义可布线层

定义平面后，还必须更改层设置以启用或禁用用于布线的层。此外，还必须设置可布线层配对和方向偏移。定义可布线层的操作过程和方法如下：

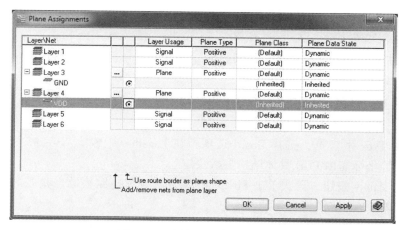

图 5.34　确认平面分配情况界面

1）单击 Editor Control 按钮或 Editor Control Auto Hide 选项卡，再单击 Editor Control 中的 Route 选项卡。

2）展开 Dialogs 部分并单击 Layer Settings 选项。

3）取消选中 Enable Layer 复选框，更改第 3 层和第 4 层的设置，如图 5.35 所示。

需注意的是，此处的 P 仅表示一个平面层。因为这些都是平面，不需要在其上布置走线。Bias 列用于设置已布线的走线方向。

4）在 Layer Pair 列中，单击第 1 层所在行的下拉框，并选择第 6 层与之配对。

5）在第 2 层所在行重复第 4）步，并选择第 5 层与之配对。

需要说明的是，层配对定义了在使用自动层更换方法时用于布线的互补层。

6）单击 OK 按钮，保存并关闭 Layer Settings 对话框。

7）单击 Display Control 选项卡，然后单击 Edit 选项卡。在 Layer Display 部分，确认已高亮显示活动层及其配对、已禁用平面（灰暗显示）以及已显示偏移方向等，如图 5.36 所示。

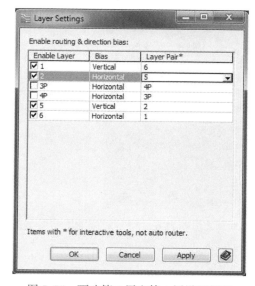

图 5.35　更改第 3 层和第 4 层设置界面

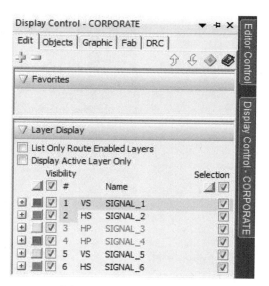

图 5.36　Layer Display 界面

5.6.4　添加机械特性

在设置新电路板时，设计人员还需添加安装孔、光学点和禁布区等机械特性。

1. 布局原点

1）单击 Fit Board 图标，以查看整个电路板。

2）运行 Place→Origin 菜单命令。

3）单击 Type 下拉框，选择 Board 选项，在 Location 中输入 X：295.28 和 Y：190.16。此处的 X 和 Y 坐标需由 PCB 具体结构参数决定。

4）单击 Apply 按钮，再次单击 Fit Board 图标，查看电路板原点是否已移动。若出现警告对话框，单击 Yes 按钮将其关闭。

5）重复第3）步和第4）步，选择 NC Drill 作为要移动的原点，并在 Location 中输入 X：0 和 Y：0。

关闭 Place Origin 界面，完成原点布局，完成后的 PCB（局部）如图 5.37 所示。

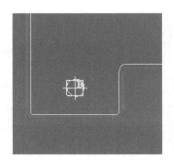

图 5.37　完成原点布局之后的 PCB（局部）

2. 布局安装孔

1）运行 Place→Mounting Hole 菜单命令。

2）选择 Padstack 下拉框 MC100D380N 选项。

3）在第一个 Location 中输入 X：0 和 Y：0。

4）从 Lock Status 下拉框中选择 Locked 选项，以防止安装孔在布局后发生移动。

5）单击 Apply 按钮，布局第一个安装孔。

6）重复第3）~5）步，使用坐标（0，3700），（5905，230）和（5905，3010）布局最后 3 个安装孔。此处的安装孔需由 PCB 具体结构参数决定。

关闭 Place Mounting Hole 界面，完成安装孔的布局，完成后的 PCB 如图 5.38 所示。

图 5.38　完成安装孔布局之后的 PCB

3. 布局光学点

以左下角安装孔为例，说明光学点布局方法，其操作过程和方法如下：

1）缩放至左下角的安装孔。

2）运行 Place→Fiducial 菜单命令。

3）选择 Padstack 下拉框 Fiducial Round Cell 100 选项。

4）单击 Apply 按钮，光学点即附着到指针上。

5）布局第一个光学点，如图 5.39 所示。

需要说明的是，该光学点布局在顶层也就是第 1 层，此层在 Display Control 中显示为活动层（灰色高亮显示）。

6）右击并选择 Push，将活动布局层切换至电路板反面，也就是底层。

7）在与顶层中布局的前一个光学点相同的位置布局反面光学点。

8）重复第 2）~7）步，布局另外两组光学点，如图 5.40 所示。

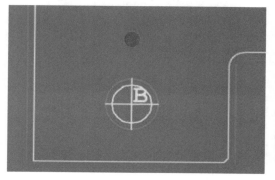

图 5.39　布局第一个光学点

图 5.40　布局另外两组光学点示意

9）右击并选择 Cancel Place，结束布局模式。

10）关闭 Place Fiducial 对话框。

4. 禁止放元件（禁布区）的设置

禁布区是 PCB 上晶振电路及其他不可走线或不可放置器件的区域，是 PCB 上非常重要的一个区域。设置禁布区的操作过程和方法如下：

1）缩放至左下角的安装孔。

2）运行 Display Control→Objects 菜单命令，并展开 Route Obstructs。

3）选中如图 5.41 所示的禁止选项，使其可见。

需要注意的是，安装孔和光学点具有已内置到库元器件的已布线禁止走线和禁止过孔功能。

4）运行 Editor Control→Grids→Other Grids 菜单命令，并在 Drawing 网格中输入"25"。

5）运行 Fit Board 命令，放大到电路板右边缘。

6）运行 Draw→Placement Obstruct 菜单命令。

7）在 Properties 的 Layer 下拉框中选择 Top 选项，也就是选择 PCB 顶层。

8）绘制如图 5.42 所示的禁止放元件区，以防止元器件的布局过于靠近电路板边缘。

图 5.41　选择及设置禁布区界面

图 5.42　绘制禁止放元件区示意图

9）保存并关闭设计，完成禁布区的设置。

5.7　布局

布局是走线前将元器件分类放置到各自区域的步骤，是 PCB 设计中的重要环节和过程。布局对 PCB EMI/EMC 有重要影响，在设计时实际布线完成百分比取决于布局策略。仔细的布局可最大限度地减少设计后期可能出现的问题。

设计人员可以采用多种方法在 PADS Professional 中布局元器件。最常用的方法是使用元器件导航器，也可以按照原理图或在正向标注期间创建的嵌入式原理图文件来布局元器件。利用元器件导航器，可以对元器件执行分组、筛选、搜索、排序和标记操作，以方便在布局阶段使用元器件。

5.7.1　打开用于布局的设计文件

打开用于布局的设计文件较为简单，其操作过程和方法如下：

1）打开 PADS Professional Layout 界面，在 Start Page 中选择 Open 选项，浏览并打开位于 C:\PADS_Professional_Eval\Lesson3\PCB\CORPORATE. pcb 文件。

2）选择 Display Control 选项，在下拉列表中选择 Placement 方案。

3）运行 Editor Control→Place 菜单命令，确认 Online 2D Placement DRC 已设为 Warning 状态。

4）执行 Editor Control→Grids 菜单命令。

5）展开 Part Grids（th）部分，在 Primary 网格值中输入"25"，在 Secondary 网格值中输入"5"，如图 5.43 所示。

需要说明的是，引脚数超过 14 个的元器件将使用主网格。

6）单击"约束管理器"工具栏图标，再单击 Navigator 中的 Clearances 选项。

7）单击 General Clearances 或在"约束管理器"工具栏中选择 Edit→Clearances→General Clearances，并将 Placement Outline to Placement Outline 值更改为"10"，如图 5.44 所示。

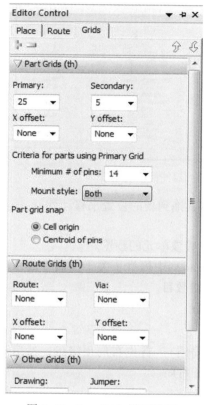

图 5.43　Part Grids 设置界面

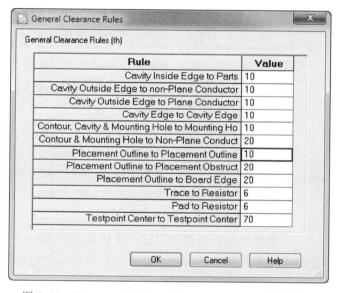

图 5.44　Placement Outline to Placement Outline 设置界面

需要说明的是，此处只允许以最小距离 10th 来布局元器件封装体，而不会导致 DRC 违规。

8）单击 OK 按钮保存更改，再关闭约束管理器，打开设计文件并简单设置。

5.7.2　元器件导航器及布局

元器件导航器是在元器件布局期间使用的电子表格界面。利用元器件导航器可以布局单独的元器件或元器件规划组。利用搜索和排序功能，还可以轻松地查找和标记元器件。

元器件导航器电子表格和工具栏功能强大，其操作过程和方法如下：

1）运行 Place→Component Explorer 菜单命令。

2）单击第一列中的 Ref Des 标题对该列进行排序。

3）单击 Toggle Filters，利用这些窗格，可以针对该列使用下拉式筛选器或输入要搜索的条件。

4）Navigator（树形列表窗口）中列出了所有可用于布局的 Components、Planning

Groups、Spares、Mechanical Cells 和 Drawing Cells 组成部分，如图 5.45 所示。

5）Components 选项卡中列出了所有电气元器件。Other 选项卡中列出了机械项目和图样项目。

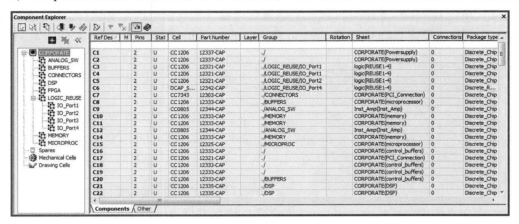

图 5.45　Navigator 中所有可用于布局元器件信息

6）查看并滚动浏览可用的列信息。通过选中列并将其拖到新的位置来移动列。

7）右击任意列可选择需要显示的列。

8）选中任意元器件并单击 Component Preview，可查看该单元的预览。

9）基于设计人员的选择条件，连接选项在 Connections 列中提供了关于元器件的网表信息。连接选项决定了该电子表格的 Connections 列中的连接数目。

仔细了解该电子表格界面，准备好后便可以开始布局。

1.　布局规划组

元器件导航器可帮助设计人员快速完成 Layout（布局图）。首先布局顶级组，然后从这些组中提取元器件，利用这种方法可以更高效地进行设计布局。

1）单击 Fit Board 图标。

2）在元器件导航器中，选择规划组 CONNECTORS，并将其拖到电路板中。

3）在气泡内右击元件位号并从可用元件列表中选择 P1，然后将其拖到适当位置。

4）单击气泡内的各个新元件位号，并将其拖到新的布局位置。在该组完成布局时，气泡将会消失，组外形代表了该组内已布局的所有项目，如图 5.46 所示。

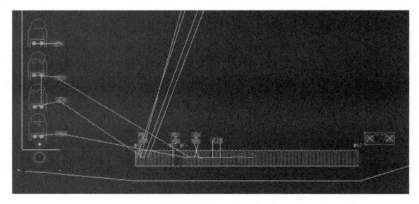

图 5.46　布局示例

5）重复第 2）步，布局剩余的规划组。完成之后的布局如图 5.47 所示，此图还显示了规划组之间的连接关系。

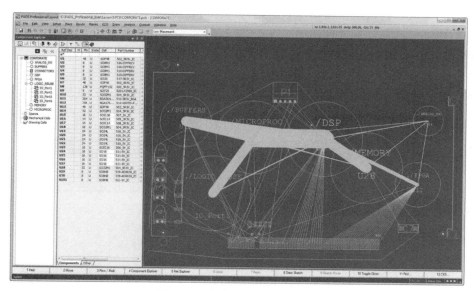

图 5.47　完成之后的 PCB 布局

需要说明的是，导航器中显示了已布局的 CONNECTORS 组（图标已发生变化）及其他尚未布局的组。设计人员可以右击组名以获取状态报告。此外，LOGIC_REUSE 组包含尚未布局的子组，稍后将会布局这些子组。State 列提供了已布局、未布局或分散在电路板外形以外的元器件状态信息。

利用导航器还可以单独或按顺序布局元器件，其过程和方法较简单，以 U2 为例说明如下：

1）在 Ref Des 列的筛选器窗格中输入 U2，按 < Enter > 键搜索该元器件（确保选中导航器窗格的最高级别）。

2）选中 U2 并将其拖到电路板中，根据需要，可放大至此区域。

3）使用 Ref Des 列的筛选器窗格中的下拉列表，选择 U*。

4）选中 U3 ~ U5，并将其拖到电路板中。每个元器件将会按照在元器件导航器中选定的顺序，依次附着到指针上并完成布局，如图 5.48 所示。

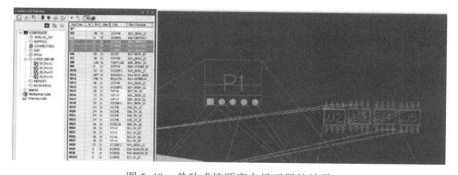

图 5.48　单独或按顺序布局元器件效果

需要注意的是，设计人员可能需要对 Ref Des 列进行排序，以简化此任务。

2. 创建新规划组

设计人员可以轻松地创建新规划组或将元器件添加到元器件导航器内现有的组中，这些组的更改将会反向标注到原理图中。

1）右击导航器中的根组，并选择 New 选项。

2）将 Newgroup1 重命名为 DIFFRECV。

3）选中并右击 DIFFRECV 组，然后选择 Add to Active Group 选项。

4）在 Ref Des 列中，选中刚刚布局 U2 ~ U5，如图 5.49 所示。

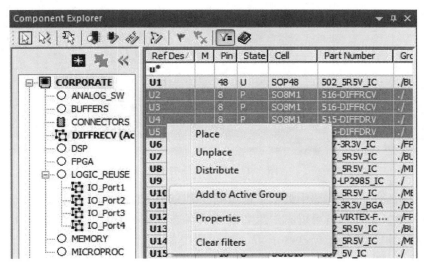

图 5.49　选中布局元器件界面

5）右击并选择 Add to Active Group 选项，以完成该组的添加，如图 5.50 所示。也可通过右击在菜单中选择 Selection→Add Selected to Active group 选项，直接从 Layout 视图添加元器件。

需要说明的是，通过将现有的任意组标记为活动组，设计人员可以向其中添加更多元器件。

3. 创建布局空间

设计人员可以使用 PADS DX Designer 中的"约束管理器创建规则和约束"创建一条布局规则，并将元器件限定在称为"空间"的电路板特定区域。设计 PCB 时，设计人员需要将该空间添加至电路板中。

1）依次单击 Component Explorer 工具栏中的 Fit Selected 和 Toggle Cross Probe 图标。

2）选择导航器中的 ANALOG_SW 组，并将电子表格滚动至最后一列。此组的 Assigned Area（Room）已命名为 RM - ANALOG。

需要注意的是，该组已被选中并缩放显示在编辑器窗口中。

3）稍微缩小视图，选择 Draw→Room 命令，然后在 Properties 对话框的 Layer 下拉列表中，选择 Both 选项。在 Name 下拉列表中，选择 ANALOG 选项。

4）绘制如图 5.51 所示的空间，也可使用 < F9 > 功能键创建矩形。

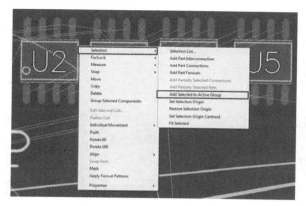

图 5.50　完成创建新规划组效果

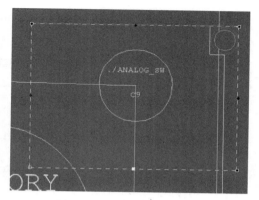

图 5.51　创建布局空间效果

5）关闭 Properties 对话框，完成布局空间的创建。

使用导航器还可以将新元器件添加到空间中。以 U101 为例，其操作过程和方法如下：

1）在导航器中选中根级别，查找 Ref Des U101。

2）向右滚动至 Assigned Area 列，并从下拉列表中选择
RM－ANALOG 选项。

3）右击 ANALOG_SW 组，并选择 Set to Active Group 选项。

4）右击 U101 行，并选择 Add to Active Group 选项，效
果如图 5.52 所示。

5.7.3　使用原理图布局

图 5.52　将新元器件添加到空间界面

除元器件导航器外，设计人员还可以使用交互显示功能和 PADS DX Designer 中的原理
图和嵌入式原理图视图进行布局。

1. 通过原理图布局元器件

以 U15 和 U16 为例，使用原理图进行元器件布局的操作过程和方法如下：

1）单击 Fit Board。

2）执行 Setup→PADS DX Designer 菜单命令，再双击 control_buffers 原理图图纸。

3）缩放至 U15 和 U16 所在的区域。

需要注意的是，U15 和 U16 的符号高亮显示为灰色，表明这些元器件尚未布局到
PCB 中。

4）在 Layout 中，单击 Component Explorer 工具栏中的 Place by Schematic 选项。

5）在原理图中选中 U15，然后将指针移到电路板区域。U15 将会附着在指针上，布局
U15 元器件。重复此步，将 U16 进行布局。

需要说明的是，U15 和 U16 现已高亮显示为蓝色，表明这些元器件现在已布局在
PCB 中。

6）关闭 PADS DX Designer 界面，完成元器件的布局，如图 5.53 所示。

2. 通过嵌入式原理图视图布局元器件

无需打开 PADS DX Designer，嵌入式 PADS DX Designer 原理图视图可用于交互显示和

布局，这是一种更为简洁的布局方法。

以 U17 和 U23 为例，其操作过程和方法如下：

1）单击 Fit Board。

2）执行 Window→Add eDxD View 命令，再执行 Window→Tile Vertically 命令，将两个窗口并排显示，如图 5.54 所示。

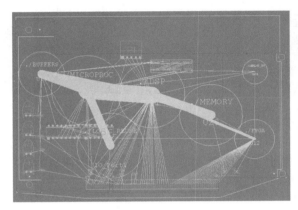

图 5.53　布局 U15 及 U16 效果图

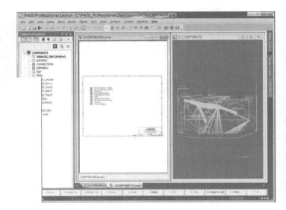

图 5.54　并排显示窗口效果

需要说明的是，也可以使用如下方法取消停靠嵌入式视图：右击窗口选项卡，并选择 Floating。

3）在 Layout 中，单击 Component Explorer 工具栏中的 Place by Schematic 选项。

4）在嵌入式视图内的任意位置右击，在菜单中单击 Sheet→CORPORATE（control_buffers）选项。

5）在嵌入式视图中选中 U23，然后将指针移到电路板区域，U23 将会附着在指针上，布局该元器件，如图 5.55a 所示。重复此步，将 U17 布局在 U23 上方，如图 5.55b 所示。

6）关闭 eDXD 视图，并最大化显示编辑器窗口。

7）关闭 Component Explorer 界面，完成嵌入式视图布局，效果如图 5.53 所示。

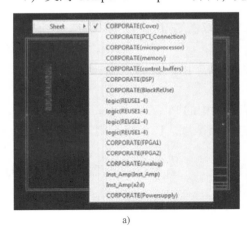

a)

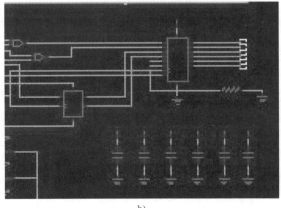

b)

图 5.55　嵌入式视图布局效果

5.7.4　布局编辑

PADS Professional Layout 提供了多种方法来编辑电路板中的元器件布局。利用上下文相关的选择和菜单，可以轻松地移动、旋转、对齐、固定和锁定元器件，或者将其翻转到电路板的反面。这些编辑命令还可在元器件布局期间使用。

常用的布局编辑有移动元器件、对齐元器件、将元器件翻转到电路板相反侧及固定/锁定元器件等。

1. 移动元器件

以移动 L1 ~ L4 元器件为例，操作过程如下：

1) 缩放至电路板左下角靠近 L1 ~ L4 的位置。

2) 在 Display Control→Edit→Global View and Interactive Selection 选项中，展开 Place。禁用 Top Facement 中 Group Outlines 和 Bottom Facement 中 Group Outlines 的 Selection 属性。

3) 选中 L1，将 L1 拖放到电路板边缘以外。

4) 选中 L2，在按住 <Ctrl> 键的同时单击以添加 L3 和 L4；右击，再单击 Move 选项，将这 3 个元器件移到电路板边缘以外，单击将其布局在 L1 下面。完成之后的效果如图 5.56 所示。

需要说明的是，设计人员还可以使用 Move 功能键或执行主菜单中的 Place→MovePart 菜单命令移动元器件。

所有 PADS Professional Layout 编辑命令都适用于以上所有方法，设计人员还可以任意选择组合使用这些命令。

2. 旋转元器件

1) 在元器件上拖动一个窗口来框选 L1 ~ L4。

2) 右击并选择 Individual Movement→Rotate90，效果如图 5.57 所示。

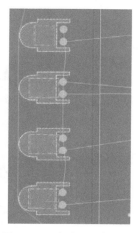

图 5.56　移动元器件效果

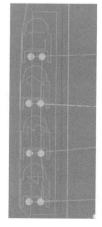

图 5.57　旋转元器件效果

需要说明的是，设计人员可以轻松地将电路板中的单独元器件或元器件组旋转至所需的任何角度。

3. 对齐元器件

1）选中 L4 并将其移到适当位置。

2）在 L4 仍保持选中状态的同时，按住 <Ctrl> 键并框选 L1～L3。

3）右击并执行 Align→Align Right 菜单命令，效果如图 5.58 所示。

需要说明的是，通过执行 Editor Control→Place→Part Alignment 命令，还可以将元器件对齐到顶部、底部、右侧或左侧。

4. 将元器件翻转到电路板相反侧

1）缩小至如图 5.59 所示的电路板区域。

2）选中 L1～L4 附近和连接器 P2 旁边的两组电阻器。

3）右击并选择 Individual Movement→Push 选项，这些元器件随即从电路板的正面移到反面，效果如图 5.59 所示。在选中多个元器件时，Individual Movement 选项会将元器件翻转到反面并保持其当前的旋转状态。

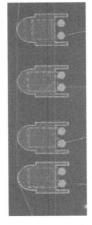

图 5.58　对齐元器件效果

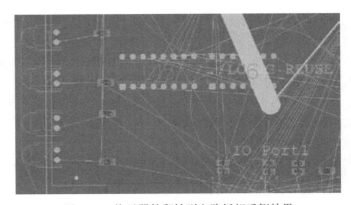

图 5.59　将元器件翻转到电路板相反侧效果

5. 固定/锁定元器件

1）单击 Fit Board 图标。

2）选中元器件 P2。

3）右击并选择 Fix/Lock→Fix 选项，以防止此元器件在其他布局编辑操作期间发生移动，效果如图 5.60 所示。

需要注意的是，P2 上的焊盘具有点刻图案，表明该元器件是固定的。可在 Display Control→Graphic→Fixed and Locked Patterns 选项中更改此图案。

5.7.5　复制并移动电路

在设计中存在四个匹配电路 IO_Ports1～IO_Ports 4，利用 PADS Professional Layout 中的布局功能，设计人员可以轻松地逐一布局这些电路，但还有一种更简便的方法，通过复制并移动电路，可以布局相似类型的电路，甚至为相似类型的电

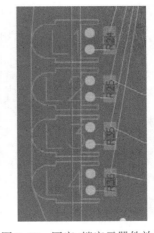

图 5.60　固定/锁定元器件效果

路布线。同时，还可以复制主设计中的其他电路，甚至使用包含相同电路的其他设计。

复制并移动电路的操作包括布局层次化组、自动排列组、删除或取消已布局的元器件及复制电路等。

1. 布局层次化组

PADS Professional Layout 中的规划组包含多个级别，以便划分主组内的单独电路。布局层次化组操作过程及方法如下：

1）单击 Fit Board 图标，执行 Display Control→Edit→Global View and Interactive Selection 菜单命令，并启用 Top Facement 中 Group Outlines 和 Bottom Facement 中 Group Outlines 的 Visibility 和 Selection 属性。

2）缩放至 LOGIC_REUSE 组气泡所在区域。

3）选中 LOGIC_REUSE 气泡内的 IO_Port1，将 IO_Port1 气泡拖到电路板上。重复此步，将 IO_Ports 2 ~ IO_Ports4 按以上方式布局。

完成布局层次化组之后的效果如图 5.61 所示。

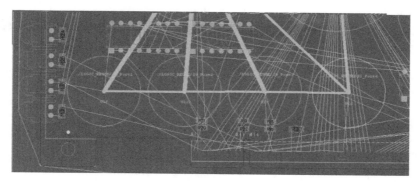

图 5.61　布局层次化组效果

2. 自动排列组

1）缩放至 IO_Port1，选中组外形。

2）右击并选择 Arrange→Arrange One Level 选项，布局该组。

需要说明的是，规划组内的所有元器件均分散在组外形以内。

3）使用布局编辑命令布局该组，效果如图 5.62 所示。

3. 删除或取消已布局的元器件

为了给电路副本腾出空间，设计人员有时需要删除一些已布局的元器件。这些元器件并未从数据库中删除，而仅仅以未布局状态放回到元器件导航器中。其操作过程和方法如下：

1）仅选中布局在 P2 旁边的电阻器。

2）右击并选择 Delete 命令，这些元器件随即取消布局。

4. 复制电路

1）选中已排列和布局的 IO_Port1 组，再右击并选

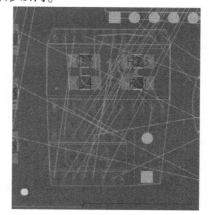

图 5.62　自动排列组效果

择 Copy 命令，或按 < Ctrl + C >组合键。

需要说明的是，下个可用的复制电路 IO_Port2 随即附着在指针上以用于布局。

2）布局 IO_Port2 组，并观察下一个附着到指针的电路。

3）布局最后两个电路，可以通过选中组外形，很容易地移动这些组。

4）单击 Cancel 按钮退出 Paste Map 对话框，完成电路的复制，如图 5.63 所示。

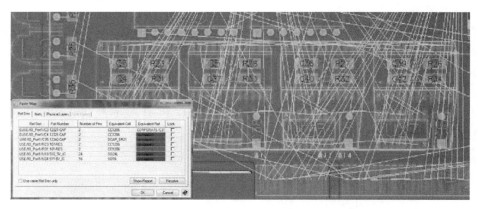

图 5.63　复制电路效果图

需要说明的是，也可以使用在两个 PCB 布局之间复制电路的方法：首先复制电路，然后打开另一个包含重复或类似电路的电路板，再将该电路粘贴到新电路板中。

5.7.6　布局优化

在布局元器件时，设计人员的任务是缩短和理清布线路径。在某些情况下，单靠布局元器件可能无法实现，还需要通过交换元器件或单独元器件内的门和引脚来优化布局。由于考虑元器件可用性的因素，以及获得空间，设计人员还可能需要使用替代封装。

注意，设计人员必须创建具有交换功能或替代单元定义的库元器件，才能使用这些功能交换元器件、交换引脚和门使用替代单元。

布局优化包括交换元器件、交换引脚和门及使用替代单元等操作。

1. 交换元器件

以元器件 U15 和 U16 为例，其操作过程和方法如下：

1）缩放至电路板上 U15 和 U16 所在的区域。

2）执行 Place→Swap Parts 菜单命令。

3）选择 U15 作为要交换的第一个元器件，再选择 U16 作为交换元器件。

4）单击编辑器窗口内的任意位置，以确认交换操作。

5）单击 Undo 按钮或按 < Ctrl + Z >组合键撤消交换操作。

其效果如图 5.64 所示。

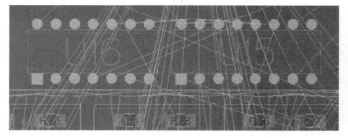

图 5.64　交换元器件效果

2. 交换引脚和门

1）执行 Route→Swap→Gates 命令，再选中 U16 上的引脚 1。此时，可用于交换的门将会高亮显示。

2）选中引脚 4 上高亮显示的门，然后再次单击以确认交换操作。注意，飞线已根据交换操作发生变化。

3）选择 Route→Swap→Pins 选项，并再次选中 U16 上的引脚 1，可用于交换的引脚将会高亮显示。

4）选中高亮显示的引脚，然后再次单击以确认交换操作。效果如图 5.65 所示。

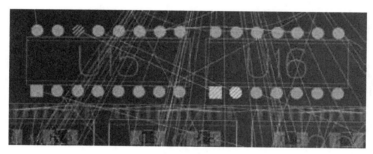

图 5.65　交换引脚和门效果

5）根据效果图可看到此交换操作导致飞线发生交叉，需撤消该引脚交换。

3. 使用替代单元

1）执 行 Place → Component Explorer 菜单命令。

2）选中 U15。

3）在 Component Explorer 中，选择 Cell 列中的下拉框，并从 Cell 列的下拉列表中选择替代单元 SOIC16。

4）将修改后的封装移到如图 5.66 所示的位置。

重复第 3）和第 4）步，将元器件 U16 和 U17 更改为替代单元。使用替代单元之后的效果如图 5.66 所示。

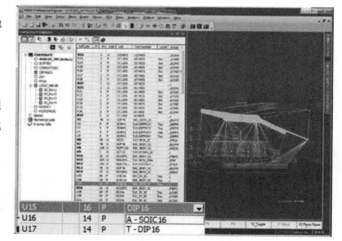

图 5.66　使用替代单元效果

5.8　创建规则和约束

使用与 PADS DXDesigner 中相同的图形化电子表格界面来添加约束，通过集成式数据库将 PADS Professional Layout 链接到原理图中，从而保持设计约束同步。在 PADS Professional Layout 中可以轻松地维护约束，以提高 PCB 设计效率。

5.8.1　输入约束

1）打开 PADS Professional Layout 界面。在 Start Page 中选择 Open 命令并浏览在 C：\ PADS_ Professional_ Eval \ Lesson4 \ PCB \ CORPORATE. pcb 文件。

2）执行 Setup → Constraint Manager 菜单命令，或单击工具栏 按钮，打开约束管理器电子表格界面，如图 5.67 所示。

该电子表格界面与 PADS DX Designer 中使用的界面完全相同。

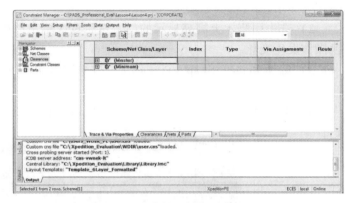

图 5.67　约束管理器电子表格界面

5.8.2　从约束管理器交互显示到 PCB

在 PADS Professional Layout 中，约束管理器的交互显示功能是双向的，并且其工作方式与 PADS DX Designer 中相同。

1. 从编辑器交互至约束管理器

1）在主工具栏中，执行 Setup→Cross Probing 菜单命令或单击 Cross Probe 图标启用交互显示，查看约束管理器界面。

2）在 Layout 编辑器窗口中，单击 Display Control 并选择 LOC：Routing 方案。

3）在 Layout 中选择 Setup→Cross Probe→Setup 选项，并启用 Select in PCB、Highlight in PCB 及 Fit view in PCB 设置，然后单击 OK 按钮。

4）执行 Edit→Find 菜单命令或单击 Find 按钮，选择 Net 选项卡。

5）在搜索文本框中输入 CLK_IN，单击 Find net 选项。

6）双击 Find 对话框中高亮显示的 CLK_IN 飞线，如图 5.68 所示。

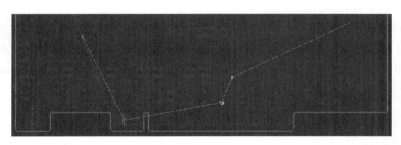

图 5.68　高亮显示的 CLK_IN 飞线

此时，在编辑器窗口中已选中、高亮显示并缩放至 CLK_IN 网络，约束管理器也高亮显示了此网络。设计人员可在 Display Control → Graphic Tab → Graphic Options 选项中展开 Selection& Highlights 部分，并调整 Dim Mode，以便更好地查看高亮显示的对象，如图 5.69 所示。

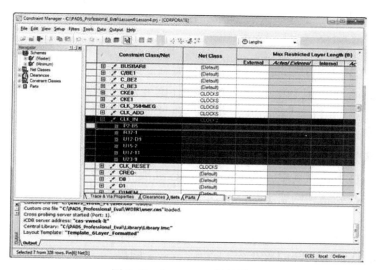

图 5.69　Dim Mode 调整界面

7）关闭 Find 对话框。

2. 从约束管理器交互至编辑器

1）在约束管理器的 Nets 选项卡中，向下滚动至约束类/网络 BSYNC，然后单击位于该约束类左侧的方框。

需要注意的是，此时约束类 BSYNC 中的两个网络均已选中并显示在 PCB 编辑器窗口中。

2）执行 Filters→Level→Pin 菜单命令，向下筛选至网络的引脚级别。

3）展开 BSYNC + 网络并选中该网络内的 P1 - 1 引脚旁边的方框。此时，已选中 P1 - 1 引脚，并在 PCB 编辑器窗口中高亮显示。

4）在 Display Control 中，选择 Placement 方案。

5）在约束管理器中，选择 Parts 选项卡，再展开元件类型 101 - RES。

6）选中 R24 旁边的方框，随即选中 R24 并在编辑器窗口中高亮显示，如图 5.70 所示。

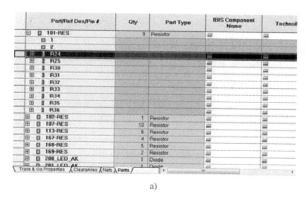

a)

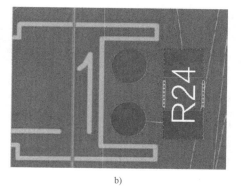

b)

图 5.70　约束管理器交互至编辑器效果

约束管理器可以交互显示在 PADS Professional Layout 及 PADS DX Design 的约束类、网

络、引脚和元件中。

5.8.3 更新约束和间距

尽管可以在 PADS DX Designer 中输入约束到原理图中，并在正向标注期间传递到 PADS Professional Layout 中，但 PCB 设计人员往往还需要修改这些约束。利用约束管理器，设计人员可以方便地更新 PCB Layout 中的约束，并与原理图设计保持同步状态。

1. 更新电源和接地

1）在约束管理器中，选择 Nets 选项卡。

2）在分组框下拉列表中，选择 Power Nets 选项。

3）滚动并找到物理网络 PWR，选中 Power Net 方框，并在 Supply Voltage（V）中输入"0"。

4）对于物理网络 V2.7，重复第 3）步，并在 Supply Voltage（V）输入值"2.7"。注意 Constraint Class/Net 列中的网络名称上的 Power Net 图标。

5）将网络名称 PWR 的 Net Class 下拉列表更新为 PWR_020_MIL，如图 5.71 所示。

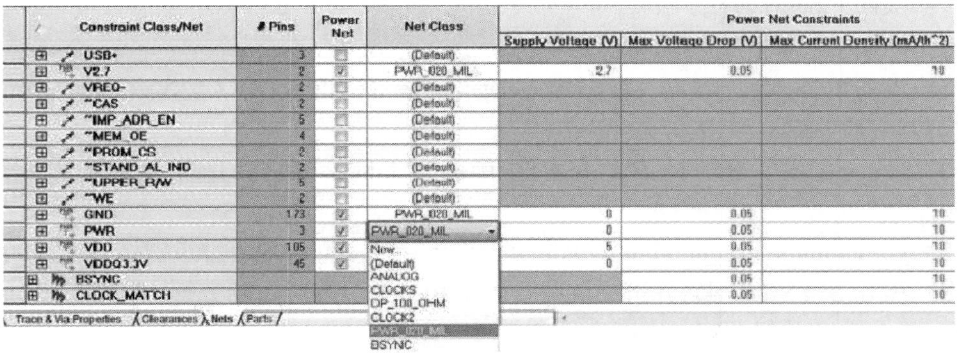

图 5.71　更新 PWR 的 Net Class 下拉列表界面

6）将 Net Class 列排序，如图 5.72 所示，以便于查看 PWR_020_MIL 网络类中的网络名称。

2. 更新约束管理器方案

约束管理器中的 Schemes 定义了可在 PCB Layout 期间使用的物理设计规则类别。其中，Master 和 Minimum 方案为默认方案。设计人员可更新 Master 方案，并创建一个将用于 PCB 上的规则区域的新方案。

1）在 Navigator 窗口中，展开 Master 方案和 Trace& Via Prop-

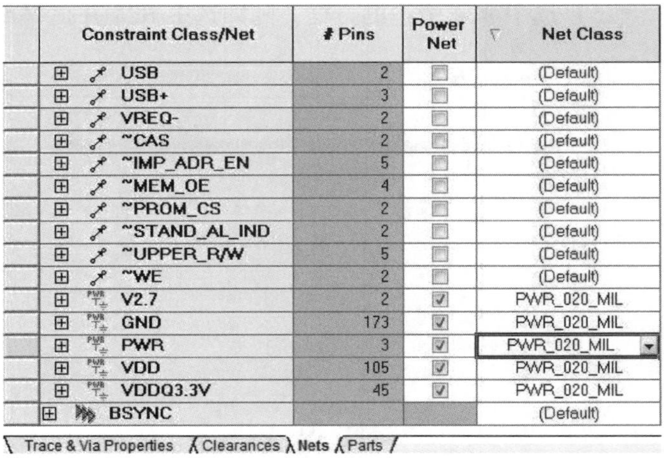

图 5.72　按 Net Class 列排序界面

erties 选项卡。

2）选择 Filters→Group 下拉框，并选择 All 选项。

3）单击 Master 方案，查看当前为该设计设置的走线和过孔属性。

4）按照如图 5.73 右侧图所示，更新 Master 方案中所有网络类的 Trace Widths Minimum、Typical、Expansion 及 Differential Spacing 参数。

/	Scheme/Net Class/Layer	Route	Trace Width (th)			Differential
			Minimum	Typical	Expansion	Spacing (th)
⊟	(Master)					
⊞	(Default)	☑	4	5	8	10
⊞	ANALOG	☑	4	5	8	10
⊟	BSYNC	☑	5	6	8	7
	SIGNAL_1	☑	5	6	8	7
	SIGNAL_2	☑	5	6	8	7
	PLANE_3	☑	5	6	8	7
	PLANE_4	☑	5	6	8	7
	SIGNAL_5	☑	5	6	8	7
	SIGNAL_6	☑	5	6	8	7
⊞	CLOCK2	☑	5	6	8	10
⊞	CLOCKS	☑	5	6	8	10
⊞	DP_100_OHM	☑	4	5	8	7
⊞	PWR_020_MIL	☑	8	20	25	10

图 5.73　更新 Master 方案界面

5）显示如图 5.74 所示对话框时，单击 OK 按钮。若不希望系统针对当前进行的更多更改提示警告消息，则选中图中所示的复选框。

6）展开 BSYNC 网络类，查看更新是否已传播至该网络类中的所有层。

3. 创建新方案

1）在 Navigator 中，右击 Schemes 并选择 New Scheme 选项。

2）右击新方案，并将其重命名为 FPGA。

3）展开新方案 FPGA，将 Default Net Class 的值更改为如图 5.75 所示设置。

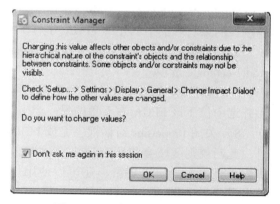

图 5.74　约束管理器对话框界面

/	Scheme/Net Class/Layer	Route	Trace Width (th)			Differential
			Minimum	Typical	Expansion	Spacing (th)
⊞	(Master)					
⊞	(Minimum)					
⊟	FPGA					
⊞	(Default)	☑	3	4	5	10
⊞	ANALOG	☑	3	4	5	10
⊞	BSYNC	☑	5	6	8	7
⊞	CLOCK2	☑	5	6	8	10
⊞	CLOCKS	☑	5	6	8	10
⊞	DP_100_OHM	☑	4	5	8	7
⊞	PWR_020_MIL	☑	8	20	25	10

Trace & Via Properties ⟨ Clearances ⟨ Nets ⟨ Parts ⟩

图 5.75　设置 Default Net Class 属性

4）单击如图 5.76 所示琥珀色指示灯，以更新待处理的更改 CES。

此时将在设计人员的 PCB 上创建一个规则区域，以便在布线时使用此方案。

4. 创建 PCB 规则区域

在 PCB Layout 中使用规则区域可以创建一个区域。在此区域中，由于密度、电路阻抗或其他工程要求的原因，可能需要覆盖特定的布线约束。

设计人员刚创建的新方案中包含缩小的走线宽度，在对间距较小的 FPGA 器件布线时将会使用这些宽度。以 U12 为例，其操作过程和方法如下：

图 5.76　单击琥珀色指示灯界面

1）在编辑器窗口中，缩放至位于电路板右侧的 FPGA 器件 U12。

2）执行 Display Control→Objects→Route Areas 命令，确认已启用 Route Border 和 Rule Areas 功能。

3）执行 Draw→Rule Area 菜单命令。

4）在 Properties 对话框中，选择 Layer 下拉列表，再选择 All 选项，如图 5.77 所示。

5）在 Properties 对话框中，选择 Name 下拉列表，再选择刚在约束管理器中创建的 FPGA 方案。

6）选择 View→Toolbars→Draw Create 选项，再选择 Add Rectangle 选项。

7）选中一个位于该 FPGA 左上角的坐标，然后拖拽矩形并选中位于该 FPGA 右下角的另一个坐标。

8）关闭 Properties 对话框，完成 PCB 规则区域的创建。

此新规则区域会将所有层中穿过该区域的所有走线宽度缩小至 4（th）。若需要，还可以使用规则区域来更改区域内需要的过孔。

此外，设计人员还可以使用 PADS Library Tools 中的 Cell Editor 工具在单元内创建规则区域。

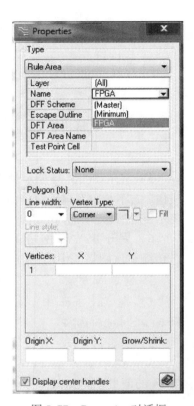

图 5.77　Properties 对话框

5. 更新间距

1）在约束管理器 Navigator 中，展开 Master 方案下面的 Clearances 选项。

2）选择中间距规则 HS_3W。

3）在电子表格中，找到 Trace To Pad 列，然后在 HS_3W 行中将父条目更新为 8，并按 < Enter > 键。

4）重复第 3）步并将 Trace To Via、Trace To Plane 和 Trace To SMD Pad 列更新为 8，如图 5.78 所示。

此外，还可以通过选中该条目框并在电子表格中拖动"＋"号，为任何电子表格条目输入该数字。

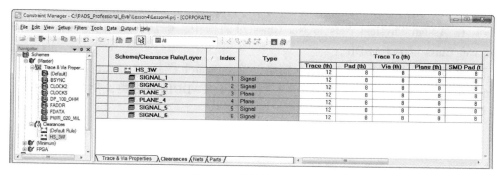

图 5.78　更新间距界面

6. 分配间距

1）单击 Clearances 工具栏中的 Class to Class Clearance Rules 图标，打开 Class to Class Clearances 对话框，并设为 Master 方案。

2）在（ALL）列下面，选择网络类 CLOCK2 下拉列表，然后选择 HS_3W 选项。

系统会将 HS_3W 规则分配至网络类 CLOCKS2 中的所有网络，并针对设计中的其他所有网络应用该规则，如图 5.79 所示。

3）单击 OK 按钮，完成时钟信号间距规则的设置，并保存到数据库中，如图 5.80 所示。

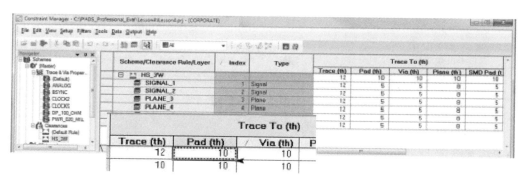

图 5.79　分配 HS_3W 规则界面

5.8.4　网络类相关设置

网络类相关设置包括创建网络类、删除网络类、自动创建差分对、自定义约束组、创建约束类及使用飞线调试对网络进行排序等。

1. 创建网络类

1）在 Navigator 中，右击 Net Classes，选择 New Net Class 选项。

2）将新网络类命名为 FADDR，并单击 FADDR 网络类。

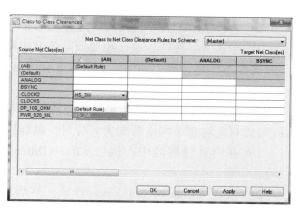

图 5.80　时钟信号间距规则设置界面

3）右击 FADDR，并选择 Assign Nets 选项。

4）在 Assign Physical Nets to Net Class 对话框中，确认 Source Net Class 设为 Default，Target Net Class 设为 FADDR。

5）在搜索栏中，搜索 FADDR ∗ 网络，单击 Search 图标。

6）单击"→"符号，将 FADDR ∗ 网络移至 FADDR 网络类，然后单击 OK 按钮，如图 5.81 所示。

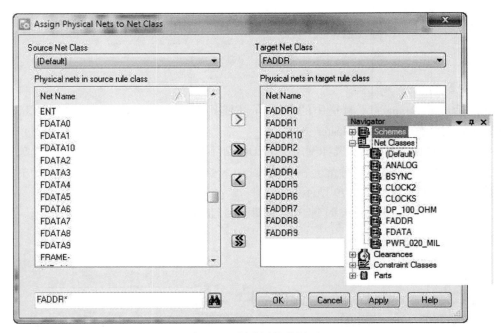

图 5.81　创建网络类界面

7）创建名为 FDATA 的新网络类。

8）重复第 1）步~6）步，并将 FDATA ∗ 网络添加到 FDATA 网络类中。

2. 删除网络类

在创建约束时，对于已不再需要某些网络类可以轻松地删除。以 ANALOG 为例，其操作过程和方法如下。

1）右击 ANALOG 网络类，并选择 Delete 选项。

2）单击 Yes 按钮，确认想要删除该网络类，如图 5.82 所示。

需注意的是，输入到网络类中的所有约束信息也会被删除。

3. 自动创建差分对

在 PADS DX Designer 的约束管理器中，可手动创建一个差分对。PADS Professional Layout 可以自动将多个网络分配为差分对，以加快输入的约束速度。其操作过程和方法如下：

1）在约束管理器中，执行 Edit→Differential Pairs→Auto Assign Differential Pairs 菜单命令。

2）选择 Assign by Net Name 选项，然后从 Net Name 下拉列表中选择 ∗_P 选项，如图 5.83 所示。

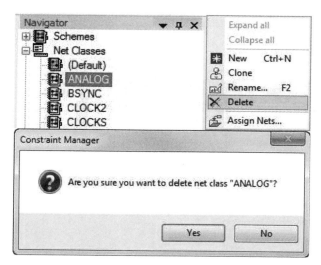

图 5.82　删除网络类界面

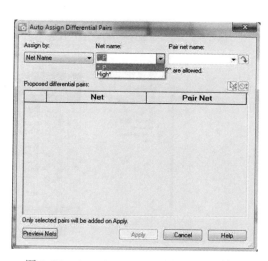

图 5.83　Auto Assign Differential Pairs 界面

3）从 Pair net name 下拉列表中选择 * _N 选项。

4）单击 Assign Matches，符合搜索条件的差分对将显示在 Proposed differential pairs 列表中。

5）单击 Apply 按钮，创建差分对，如图 5.84 所示。

6）关闭 Auto Assign Differential Pairs 对话框。

7）在 Nets 选项卡中，对 Net 列排序，使得新差分对显示在列表顶部。右击并选择 Sort→ Ascending 选项，如图 5.85 所示。

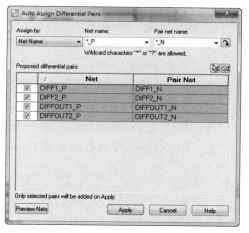

图 5.84　创建差分对界面

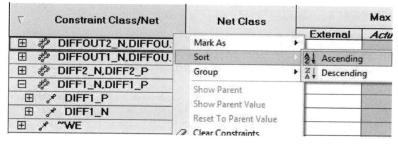

图 5.85　对 Net 列排序界面

8）选中第一个差分对方框，按住 <Shift>键，然后选中四个差分对中的最后一个。

9）按住 <Ctrl>键并单击 Net Class 下拉列表，选择 DP_100_OHM，将所有差分对添加到网络类，如图 5.86 所示。

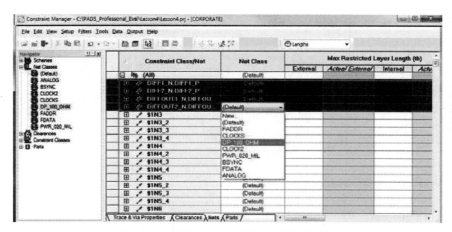

图 5.86　将所有差分对添加到网络类界面

4. 自定义约束组

约束管理器包含多个预设的约束组，设计人员可以根据设计需求对其进行自定义，或创建自己的约束组。其操作过程和方法如下：

1）单击 Constraint Group 下拉列表，并选择 Edit Constraint Groups 选项。

2）单击 Select constraint group 下拉列表，并选择 Lengths 组。

3）在 All constraints 部分，向下滚动并选择 Stub Length Actual 和 Stub Length Max 选项。

4）单击 Move selected right 按钮，将这些约束移到 Constraints assigned to group 部分。

5）单击 Apply 按钮保存更改，现在可以在 Lengths 组中使用 Stub Lengths 列。

6）单击 Close 按钮退出 Edit Constraint Groups 界面，如图 5.87 所示。

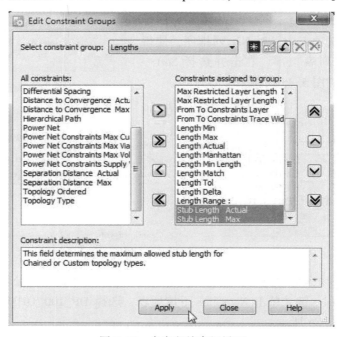

图 5.87　自定义约束组界面

5. 创建约束类

1）在 Navigator 中，右击 Constraint Classes，然后选择 New Constraint Class 选项。

2）将新约束类命名为 MATCHTRACK。

3）右击 MATCHTRACK，并选择 Assign Nets 选项。

4）在 Assign Nets to Constraint Class 对话框中，确认 Source Constraint Class 为 All，Target Constraint Class 为 MATCHTRACK。

5）在搜索栏中，搜索 ASYNC∗ 网络，单击 Search 图标，如图 5.88 所示。

6）单击 "→" 符号，将 ASYNC∗ 网络移至 MATCHTRACK 约束类，单击 OK 按钮，如图 5.89 所示。

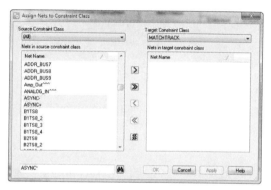

图 5.88　Assign Nets to Constraint Class 对话框

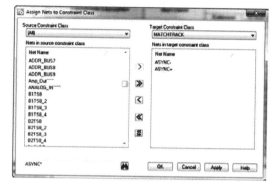

图 5.89　将 ASYNC∗ 网络移至 MATCHTRACK 约束类界面

7）单击 Nets 选项卡，然后选择分组框下拉列表，并选择 Lengths 选项，以设置长度约束列。

8）在 Nets 选项卡中，选择导航器中的 MATCHTRACK 约束类，从而在电子表格中单独显示该约束类，滚动至 Length 列。

9）在网络 "ASYNC +" 和 "ASYNC −" 的 Length 栏→Match 列中，输入文本 ASYNC。

10）在 MATCHTRACK、"ASYNC +" 和 "ASYNC −" 的 Length 栏→Tolerance 列 Tol（th）中输入值 "200"。因已假定用于匹配组 ASYNC 中，无需重新添加公差 200th。

11）重复第 8）步和第 9）步，给自动分配的差分对添加长度匹配约束。单击导航器中的 All 按钮并排序，以查看其他网络，如图 5.90 所示。需要说明的是，需按照图示设置正确的 Min 长度和 Max 长度。

12）将这些差分对的 Stub Length Max 值更新为 300。需要注意的是，在正常情况下设计人员需要将分组框改回 ALL 才能查看这些列，但由于是通过 Edit Constraint Groups 添加这些列，因此其会显示在 Length 组中。

13）关闭约束管理器并在 PADS Professional Layout 中保存 Layout，从而将更新保存到集成式数据库中。

5.8.5　使用飞线调试对网络排序

在 PADS DX Designer 的约束管理器中，设计人员可在约束管理器中创建有序网络，也可以在 PADS Professional Layout 中使用飞线调试，以图形化方式设置网络顺序。以图形化方

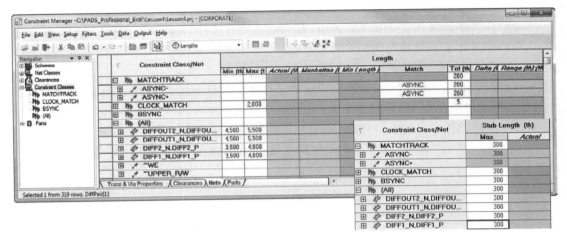

图 5.90　创建约束类界面

式排序的所有飞线拓扑都会自动在约束管理器中更新。

使用飞线调试对网络排序包括使用按网络或网络类使用颜色、使用网络筛选器控制飞线的可见性和进行选择及飞线调试三方面的内容。

1. 按网络或网络类使用颜色

使用 PADS Professional Layout，设计人员可轻松地更改单个飞线、网络类和约束类颜色，以增强其显示效果。其操作过程和方法如下：

1）单击 Fit Board，在 Display Control 中选择 Routing 方案。

2）执行 Display Control→Graphic→Color By Net or Class 菜单命令，以识别需要排序的网络并启用 Constraint Classes 约束类。

3）单击 Add 按钮并启用 MATCHTRACK 约束类，单击 OK 按钮。

4）单击 MATCHTRACK 颜色选择器，并将其更改为方便查看的颜色，单击 Close 按钮，如图 5.91 所示。

5）高亮显示 MATCHTRACK 约束类，这就是将重新排序的两个网络，如图 5.92 所示。

2. 使用网络筛选器控制飞线的可见性和进行选择

尽管已高亮显示网络方便查看，但可能还有需要禁用其他当前不需编辑的飞线的可见性，可使用网络筛选器执行此操作。

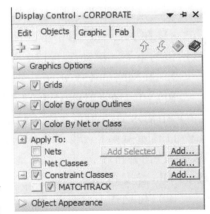

图 5.91　启用 MATCHTRACK
约束类并选择颜色界面

1）单击 Filtering for Net Selection 图标，选择 Net Explorer 并启用 Net Filter（网络筛选器），首先创建一个包含筛选器。

2）展开 Navigator 中的 Constraint Class，单击 MATCHTRACK 选项，使这些网络显示在列表中。

3）单击 Filter/Unfilter 按钮，将组筛选器添加到这些单独的网络。

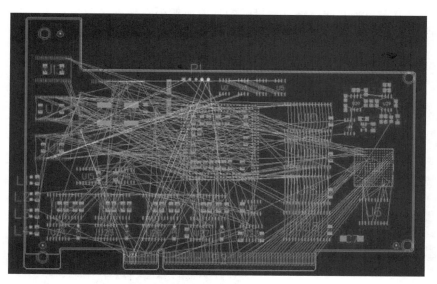

图 5.92　按网络或网络类使用颜色效果

4）在 Net Explorer 中，将该选择方案另存为 Matchtrack，并选择 Save locally with job，再单击 OK 按钮。

5）选择禁用网络筛选器，单击 Unfilter all Groups 以删除所有筛选操作。单击 Filter/Unfilter all Nets 按钮，将筛选器应用于设计中的所有网络，选择 MATCHTRACK 约束类并单击每个网络，再单击 Filter/Unfilter 按钮以删除筛选操作并将网络移到 Excluded 列表中。将此方案另存为 MATCHTRACK_EXCLUDED，如图 5.93 所示。

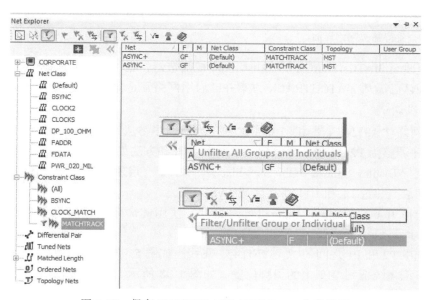

图 5.93　保存 MATCHTRACK_EXCLUDED 方案界面

6）使用 Display Control 更改用户显示以查看待筛选网络。启用并展开 Netlines 部分，勾选 Netlines from Filtered Nets 复选框选项，如图 5.94 所示。

7）切换 NetFilter 界面，以查看排除的筛选器显示。在编辑器窗口中查看所做更改，如图 5.95 所示。

图 5.94　更改用户显示以
查看待筛选网络界面

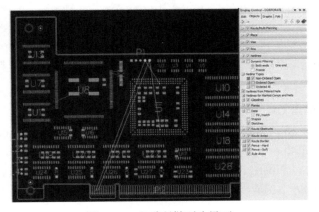

图 5.95　查看所做更改界面

8）更改至 MATCHTRACK 方案并切换飞线筛选器，也可保存在其他位置。

9）确认已激活 MATCHTRACK 方案并已启用网络筛选器，关闭 Net Explorer 界面。

3. 飞线调试

差分网络"ASYNC +"和"ASYNC –"当前顺序为从元器件 P2 到 P1 再至 U11，设计人员将顺序调整为 P2 到 U11 再至 P1，其操作过程和方法如下：

1）执行 Display Control→Objects→Place 菜单命令，启用 Top Facement。

2）缩放至邻近 P1 和 U11 所在区域。

3）选择 Route→Netline Manipulation 命令，使用此命令时，高亮显示将发生变化。如图 5.96所示。

4）选中 P2 和 P1 之间的"ASYNC +"飞线，如图 5.97 所示。

5）将该飞线拖到 U11 上的引脚位置，如图 5.98 所示。

6）对网络"ASYNC –"重复第 4）步和第 5）步。

7）右击并选择 Save Changes and Exit 选项。

8）打开约束管理器，"ASYNC +"和"ASYNC –"网络已完成排序，如图 5.99 所示。

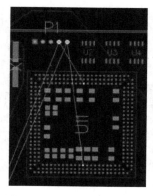　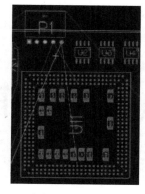　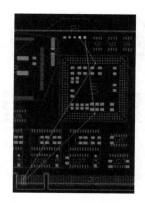

图 5.96　高亮显示变化界面　　图 5.97　选中"ASYNC＋"飞线界面　　图 5.98　拖动飞线界面

▽	Constraint Class/Net	Topology	
		Type	Ordered
⊟ ⋙　MATCHTRACK		MST	
⊞ ✎　　ASYNC-		Custom	Yes
⊞ ✎　　ASYNC+		Custom	Yes
⊞ ⋙　CLOCK_MATCH		MST	
⊞ ⋙　BSYNC		MST	
⊞ ⋙　(All)		MST	

图 5.99　网络完成排序界面

9）关闭约束管理器。

10）保存 PCB Layout 并关闭 PADS Professional Layout 界面。

至此，已完成 PCB 走线前的准备工作，设计人员可以使用自动布线或手动走线完成 PCB 的布线，输出 Gerber 光绘文件后就可以制版制作 PCB。

第6章
Expedition PCB功能及基本操作

作为 Expedition Enterprise 的 PCB 高端设计工具，Expedition PCB 兼顾易于使用性和功能性特点。利用其完整的布局走线环境，设计人员可完成任何复杂 PCB 设计。基于核心技术 AutoActive，Expedition PCB，将自动布线技术和交互式布线技术完美地整合在一起，使其成为一种功能强大且易于使用的提供完整设计环境的软件。Expedition PCB 提供了强大的控制功能，可根据需要在自动布线和手动布线间灵活切换，极大地提高了设计灵活性。同时，消除了在不同工具之间跳转及管理不同约束规则而造成的负担和潜在不确定性。无论是简单任务还是复杂项目，Expedition PCB 均可兼顾时间和质量这两个因素，在大大缩短设计时间的同时而不牺牲设计质量。

6.1 PCB 基本功能

Expedition PCB 采用 Windows 系统标准界面形式，以简洁和高效著称，其界面如图 6.1 所示，主要由标题栏、菜单栏、工具栏、功能键、信息输出窗口、状态栏及编辑器控制等组成。

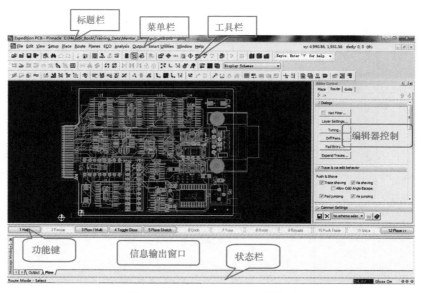

图 6.1 Expedition PCB 工作界面

Expedition PCB 菜单栏主要由 File（文件）、Edit（编辑）、View（视图）、Setup（设

置）、Place（放置）、Route（布线）、Planes（平面）、ECO、Analysis（分析）、Output（输出）、Smart Utilities（智能工具）、Windows（窗体）及 Help（帮助）组成。

Expedition PCB 功能键是位于工具栏内的一排快捷键图标按钮，用来实现与菜单命令相同的操作功能。在不同工作模式下，功能键定义也有所不同。在各个模式下，每个功能键图标都分别与键盘上的 F1～F12 这 12 个功能键对应。例如，在布局模式下按键盘上的 <F2> 键或单击软件上的菜单命令 "2 Move" 皆可实现器件移动功能。

Expedition PCB 功能操作较简单，主要基本操作模式有平移与缩放、笔划操作、选择操作对象、高亮标识对象及查找对象。

6.1.1　基本操作模式

Expedition PCB 工具栏内的每个图标都与一个菜单命令相对应。将鼠标光标固定在某个图标上，即可在下面出现代表其功能的提示文字。需要特别注意的是，如图 6.2 所示的三个图标，分别代表了 Expedition PCB 中的布局、布线和绘图这三种基本操作模式。并且，其操作只有在相应模式下才能进行。

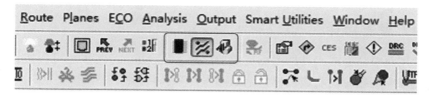

图 6.2　Expedition PCB 工作模式图标

其中，███ 为布局模式（place mode），用来进行选择、放置及移动元器件等操作。单击图标进入布局模式后，"布局" 工具栏会出现在工具栏上，如图 6.3 所示。

图 6.3　"布局" 工具栏界面

███ 为布线模式（Route Mode），为 Expedition PCB 默认工作模式，用来进行布线、选择走线及过孔等操作。单击图标进入布线模式后，"布线" 工具栏会出现在工具栏上，如图 6.4 所示。

图 6.4　"布线" 工具栏界面

███ 为绘图模式（Draw Mode），用来添加文本、参考位号，绘制板框、布线边框、禁止布线区、平面形状等图形。单击图标进入绘图模式后，"绘图" 工具栏会出现在工具栏上，如图 6.5 所示。

图 6.5 "绘图"工具栏界面

6.1.2 平移与缩放

平移是将元器件或图形等从一个位置移动到另一个位置，缩放就是在原位置将元器件或图形按照比例缩小或放大。在 Expedition PCB 中，可以使用以下两种方法实现显示平移和缩放操作。

第一种是使用工具栏上的功能按钮。 ▢ 用来将屏幕尺寸缩放到最适合电路板的大小； 🔳 用来切换至上一视图； 🔳 用来切换至下一视图。

第二种是使用鼠标或键盘工具。按住鼠标滚轮并拖动鼠标，实现平移操作；向上滚动鼠标滚轮，实现放大操作；向下滚动鼠标滚轮，实现缩小操作； <Shift + 鼠标滚轮 >并拖动鼠标框出一个区域，实现区域缩放操作。

6.1.3 笔划操作

除了使用菜单命令或工具栏图标实现功能外，Expedition PCB 还可以按住鼠标键不放画出特定轨迹来实现相应的功能，称为笔划操作（Stroke）。

在使用笔划操作之前，需要先定义鼠标功能键。执行 View→Mouse Mapping 菜单命令，即可选择笔划操作的功能键。其中，Default 为默认设置，表示使用鼠标右键；Alternate，表示禁用笔划操作功能；Middle Button Strokes，表示使用鼠标中键。

在使用鼠标右键的默认条件下，区域放大和整板显示功能笔划操作方法如下：

1. 区域放大

按住右键不放并拖动鼠标，如图 6.6 所示沿图中方格 1→5→9 顺序画出相应轨迹。

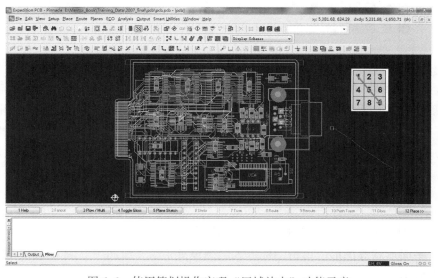

图 6.6 使用笔划操作实现"区域放大"功能示意

2. 整板显示

按住右键不放并拖动鼠标，如图 6.7 所示沿图中方格 9→5→1 顺序画出相应轨迹。

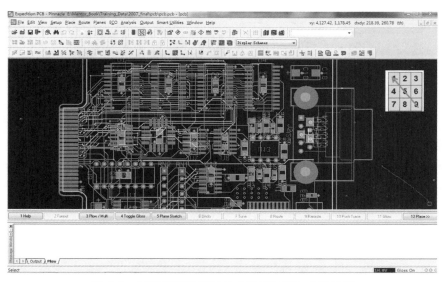

图 6.7　使用笔划操作实现"整板显示"功能示意

由此可见，使用笔划操作实现相应的功能比菜单命令或功能按钮更加快捷，在 Expedition PCB 中可以广泛应用。关于完整的笔划操作定义，可以通过按住鼠标右键不放同时拖动鼠标画出如图 6.8 所示问号轨迹，即可打开"笔划操作帮助"命令进行查看。这也是 Expedition PCB 的一大应用特色。

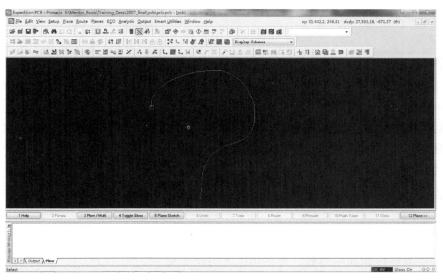

图 6.8　"笔划操作帮助"命令

Expedition PCB 会在 IE 等默认浏览器中打开"笔划操作帮助"文档界面，如图 6.9 所示。

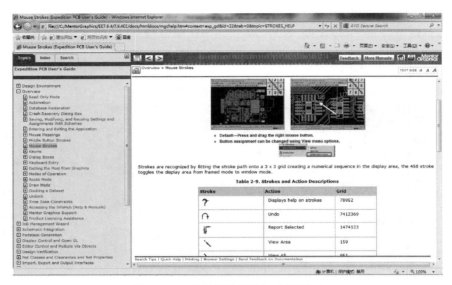

图 6.9　"笔划操作帮助"文档界面

6.1.4　选择操作对象

选择操作对象是 Expedition PCB 基本操作功能之一，可用来选择器件、网络及绘图对象等。

1. 选择器件

选择器件较为简单。单击 ■ 图标进入布局模式；单击待选择器件即完成器件的选择。若需要重复选择器件，则可按住 < Ctrl > 键依次单击待选择器件或用鼠标光标来框选。在空白处单击，则取消选择。

2. 选择网络

选择网络与选择器件类似。单击 ✖ 图标进入布线模式，选择网络与按钮方式有关。在某网络上单击一次，可选中该网络的一个线段；若双击某个网络，则选中该网络引脚和结点间的所有线段。在某个网络上三次单击，就选中该网络所有线段及引脚。要选择一组网络，可用鼠标光标画框复选的方法进行。先单击确定起点，移动光标到终点处再单击即可进行点对点线段的选择。

3. 选择绘图对象

单击 ▨ 图标进入绘图模式，单击绘图对象即完成选择功能。

6.1.5　高亮标识对象

若需要高亮标识某些对象，可按照以下方法实现。

1）选中需要高亮标识的对象。

2）执行 Edit→Highlight 菜单命令，高亮标识选中对象。

若需要取消某些对象的高亮状态，可按照以下方法实现。

1）选中需要取消高亮状态的对象。

2）执行 Edit→Unhighlight 菜单命令，取消选中对象的高亮状态。执行 Edit→Unhighlight All 菜单命令，可取消所有器件的高亮状态。

6.1.6　查找对象

查找对象是 Expedition PCB 常用功能之一，用来查找相应的网络（Net）、网络类（Net Class）、约束类（Constraint Class）、器件（Part）及复用模块（Reusable Block）等对象类型。查找对象较简单，方法如下：

1）执行 Edit→Find 菜单命令，在弹出的 Find 对话框中选择需要查找对象的类型，若需要查找网络，则选择 Net 选项卡。同时，在 Find 对话框左下角空白栏中输入查找的关键字，然后单击空白栏后方的图标，即可在列表中找到满足查找条件的对象，如图 6.10 所示。

2）在 Find 对话框的 Graphic options 区域内选择图形定位的方式。其中，Select 用于在设计区域内选中该对象；Highlight 用来在设计区域内高亮标识该对象；Fit view 用于在设计区域内放大显示该对象，如图 6.11 所示。

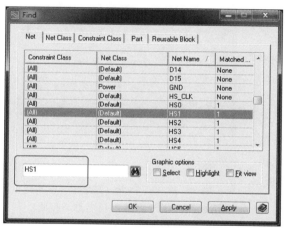

图 6.10　Find 对话框　　　　　　　　　　　图 6.11　Find 对话框图形定位选项

3）单击 Find 对话框上的 OK 按钮，即可按照"图形定位选项"的设置查找到满足条件的对象。

6.2　创建 PCB 项目

在 Expedition 中，PCB 是以项目形式创建和管理的，可使用项目管理向导按照以下步骤创建一个新 PCB 项目。

1）选择"开始"→"所有程序"→Mentor Graphics SDD→Job Management Wizard 选项，打开 Job Management Wizard（项目管理向导）界面，选择 Create 选项，如图 6.12 所示。

其中，Create 选项用于创建一个新的 PCB 项目；Copy 选项用于复制一个已有项目；Move/Rename 选项用于更改项目名称或路径；Clearup 选项用于移除非必需的项目文件；Delete选项用于移除选中项目目录中的数据。

2）在如图 6.12 所示界面中，单击"下一步"按钮，出现如图 6.13 所示界面，指定原理图项目和设计名称。

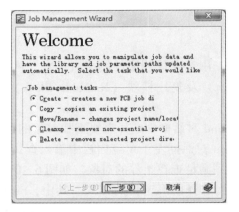

图 6.12　Job Management Wizard 界面　　图 6.13 选择原理图项目和设计名称界面

　　其中，Source project 文本框用于浏览添加的原理
图项目文件（.prj），Design 文本框用于选择已在原
理图项目中定义好并需要创建 PCB 项目的设计名称。

　　3）在如图 6.13 所示界面中，单击"下一步"
按钮，出现如图 6.14 所示界面，指定新建 PCB 项
目的名称、存放路径以及设计模板，单击"完成"
按钮即可实现 PCB 项目的创建。

　　其中，New PCB design 文本框用来指定新建
PCB 项目的名称及存放路径，PCB layout 文本框可
从中心库中为该 PCB 项目选择已存在的设计模板。
单击"完成"按钮，出现如图 6.15 所示查看并检
查新建 PCB 项目的信息界面，完成后单击 Close 按
钮关闭 Job Management Wizard 对话框。

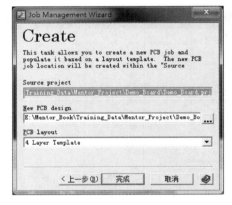

图 6.14　指定 PCB 项目名称、存放
路径及设计模板界面

　　完成创建之后，Expedition PCB 将在项目目录下创建 PCB 目录，用于存放 Output 目录、
Logic 目录及 design 文件等，项目文件结构如图 6.16 所示。

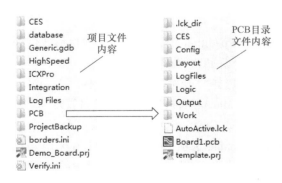

图 6.15　查看并检查新建 PCB 项目信息界面　　图 6.16　Expedition PCB 项目文件结构

除了在 Expedition PCB 中使用向导创建新 PCB 项目外，在 EE Flow 中还可以直接从 Dx-Designer 中完成从原理图标注信息到 PCB 的过程，这就是前向标注。前向标注较为繁琐，可参考专业教科书。

6.3　Expedition PCB 显示与控制

Expedition PCB 使用 Display Control 组件来实现各种设计对象的显示控制，不但能打开或关闭每种或一组图形对象，还可自定义其颜色或图形模式。

Expedition PCB 显示与控制主要包括激活 Display Control 菜单、Layer 选项卡、General 选项卡、Part 选项卡、Net 选项卡、Hazard 选项卡及 Groups 选项卡等。

6.3.1　激活并显示 Display Control 菜单

在 Expedition PCB 中，可使用以下三种方法打开 Display Control 菜单。

1）执行 View→Display Control 菜单命令。

2）单击工具栏上的 图标。

3）使用笔划操作，如图 6.17 所示，按住鼠标右键画出光标轨迹。

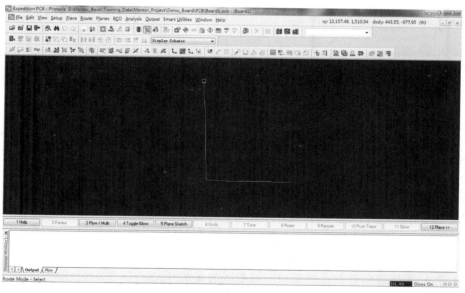

图 6.17　使用笔划操作打开 Display Control 对话框

打开 Display Control 对话框如图 6.18 所示，其包括 Layer、General、Part、Net、Hazard、Groups 六个选项卡及对各层颜色显示控制的操作区。其中，"条目"为需要进行显示控制的对象；"显示开关"为控制相应条目是否显示的开关；"色板"用于定义相应条目的显示颜色；"分类折叠/展开"按钮用于将多个子条目折叠为一个组，或将一个组展开为多个子条目；"方案存储/调用"栏用于将当前显示设置存储为一个方案，以便在以后的设计流程中直接调用。

6.3.2 Layer 选项卡

Layer 选项卡如图 6.19 所示，允许用户对各层走线/焊盘、网络飞线、栅格、过孔、测试点及覆铜等进行显示设置和颜色定义等。

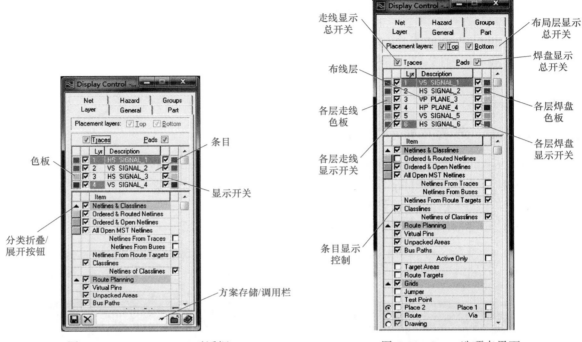

图 6.18　Display Control 对话框　　　　图 6.19　Layer 选项卡界面

1）布局层显示总开关：用于选择布局器件时打开的层，包括顶层（Top）和底层（Bottom）。

2）走线显示总开关：用于所有层走线的显示总开关。

3）焊盘显示总开关：用于所有层焊盘的显示总开关。

4）布线层：用于当前 PCB 设计中所有的布线层。

其中，V 和 H 分别表示该层走线方向为垂直（Vertical）或水平（Horizontal）方向；S 和 P 分别表示该层为信号层（Signal）或平面层（Plane）。

5）各层走线显示开关：用于相应层走线的显示开关。

6）各层走线色板：用户可自定义各层走线颜色。

7）各层焊盘显示开关：用于相应层焊盘的显示开关。

8）各层焊盘色板：用户可自定义各层焊盘的颜色。

9）条目显示控制，功能和选项较为复杂，其中各项功能如下：

Netlines & Classlines：用于网络飞线和分类线的显示控制。

Route Planning：用于总线规划/布线对象的显示控制。

Grids：用于各类栅格的显示控制，主要包括布局栅格、布线栅格、绘图栅格等。此选项需要切换至布局、布线、绘图等相应工作模式下才可显示。

　　Pad：用于各类焊盘的显示控制，用户可专门指定通孔、过孔及测试点焊盘的颜色和模式，且不受普通焊盘层所指定颜色和模式的影响。

　　Planes：用于覆铜显示控制，用户可以控制显示覆铜的数据、形状和禁布区。

　　Copper Balancing：用于铜平衡的显示控制，包括铜平衡数据和铜平衡形状。

　　Materials：用于各种材料的显示控制，包括埋容和埋阻的材料等。

　　Spacers：提供阴影模式（Shadow Mode）用于显示设计。在此模式下，除间隔柱（Spacer）外的其他对象都变为灰色，而间隔柱与相关联的导线段颜色相同。

　　Selection & Highlights：只显示"选中状态"（Selected）或"高亮状态"（Highlighted）的对象，也可搭配"阴影模式"（Shadow Mode）使用。

6.3.3　General 选项卡

　　General 选项卡如图 6.20a 和 6.20b 所示，用于用户对制造层（Fabrication Layers）、用户定义层（User Draft Layers）、详细数据的查看（Detailed Views）、电路板对象（Board Items）、文本对象（Text Items）、多用户模式（Multiple Designers）、显示模式（Display Patterns）及功能选项（Options）进行显示设置和颜色定义。

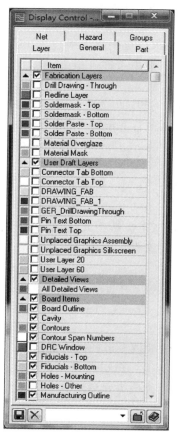

a)

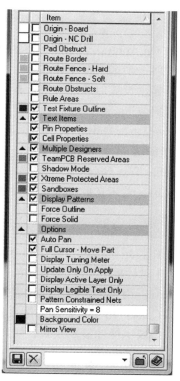

b)

图 6.20　General 选项卡界面

1）Fabrication Layers：用于制造层钻孔图（Drill Drawing-Through）、顶层阻焊（Solder mask-Top）、底层阻焊（Solder mask-Bottom）、顶层助焊（Solder Paste-Top）及底层助焊（Solder Paste-Bottom）等相关对象的显示控制。

2）User Draft Layers：用于用户定义层相关对象的显示控制。其中，用户定义层在选择 Setup→Setup Parameters 中进行定义。

3）Detailed Views：用于生产输出验证生成的详细数据查看对象的显示控制。

4）Board Items：用于板框（Board Outline）、安装孔（Holes-Mounting）、生产外框（Manufacturing Outline）、电路板原点（Origin-Board）、钻孔原点（Origin-NC Drill）、布线边框（Route Border）及规则区域（Rule Areas）等电路板对象的显示控制。

5）Text Items：用于引脚文本（pin text）和封装文本（cell text）等文本对象的显示控制。

6）Multiple Designers：用于 PCB 团队设计对象的显示控制。

7）Display Patterns：用于显示模式的设置。

8）Options：用于更多显示控制选项。

Auto Pan：表示自动平移选项。选中此选项，可使用平移命令（按住鼠标左键进行拖动）拖动器件；若未选中此选项，无法选中器件并使用平移命令来移动。

Full Cursor-Move Part：表示全屏光标选项。选中此选项，移动器件时将使用全屏光标以便于定位。

Display Tuning Meter：表示显示"绕线"标尺。选中此选项，交互式蛇形线时会在相应走线线段上自动显示约束编辑器 CES 中设置好的约束条件（最小/最大线长）及走线实际长度的测量值。

Update Only On Apply：表示图形更新选项。选中此选项，Display Control 对话框任何一个选项卡中的任何一个选项都需通过单击对话框上右下角的 Apply 按钮才能实现图形显示的更新。若更改了显示设置但未经应用，在关闭 Display Control 窗口时会弹出对话框提示"是否执行这些设置更改"。

Display Active Layer Only：表示单层显示模式选项。选中此选项，在设计区域内只显示该 PCB 设计的当前层。

Display Legible Text Only：表示只显示清晰文本。选中此选项，当缩放到一定比例时会隐藏看不清的文本。若未选此选项，会显示所有文本，而那些看不清的文本会以"矩形框"的形式显示。

Pattern Constrained Nets：用特定图形去标识 CES 中定义了走线长度约束等设计约束的网络。对于需要使用特定图形进行标识的 Netlines、Traces、Pads、Planes 及 Vias 等对象，需要在 Display Control 对话框的 Net 选项卡中进行勾选。

Pan Sensitivity：用于平移精度的设置。减少数值，可调慢平移速度。

Background Color：用于背景颜色的设置，可通过色板选择背景颜色。

Mirror View：表示镜像显示模式，可以 Y 轴镜像方式显示整个设计。

6.3.4　Part 选项卡

Part 选项卡如图 6.21 所示，用户可以对器件外框、引脚号、装配对象及丝印对象等进行显示设置和颜色定义。在该选项卡的上方设有器件顶层（Top）和底层（Bottom）等相关对象的显示总开关，以分别控制所有顶层器件相关对象和底层器件相关对象的显示。对于 Items 区域内的所有条目，左侧选框是其顶层显示开关，右侧选框是其底层显示开关。

1）Part Items：用于器件外框（Placement Outlines）、器件引脚号（Pin Numbers）、器件引脚类型（Pin Types）、禁止布局区（Place Obstructs）等器件对象的显示控制，顶层和底层可各自独立控制。其中，勾选 Fill Outlines on Selection 选项，可对选中器件进行填充显示，使其更容易在设计区域内显示。

2）Assembly Items：用于装配层外框（Assembly Outlines）、装配层器件型号（Assembly Part Numbers）、装配层参考位号（Assembly Ref Des）等装配层对象的显示控制。

3）Silkscreen Items：用于丝印外框（Silkscreen Outlines）、丝印器件型号（Silkscreen Part Numbers）、丝印参考位号（Silkscreen Ref Des）、丝印层（Silkscreen Layer）等丝印对象的显示控制。

4）Cell Items：用于封装原点等封装对象的显示控制。

5）Test Point Items：用于测试点禁布区（Test Point Obstructs）、测试点装配层参考位号（Test Point Assy Ref Des）、测试点丝印参考外号（Test Point Silk Ref Des）等测试点对象的显示控制。

图 6.21　Part 选项卡

Assembly Items、Silkscreen Items、Cell Items 及 Test Point Items 选项顶层和底层均可独立控制以便于显示控制。

6.3.5　Net 选项卡

Net 选项卡如图 6.22 所示，允许用户对网络相关对象进行显示设置和颜色定义，如用颜色或图形模式来标识网络等。需要注意的是，这些颜色不受 Layer 选项卡中定义的默认层颜色的影响。

1）着色对象：选择用颜色进行标识的对象。其中，Color by Net 选项，表示用颜色或图形标识相应网络；Color by Net Class 选项，表示用颜色或图形标识相应网络类；Color by Constraint Class 选项，表示用颜色或图形标识相应约束类。

2）着色对象应用范围：选择网络飞线（Netlines）、走线（Traces）、焊盘（Pads）、覆铜（Planes）及过孔（Vias）等着色对象应用范围。

3）条目显示控制：包括设计中的所有网络（Net）、网络类（Net Class）、约束类（Constraint Class）。

6.3.6　Hazard 选项卡

Hazard 选项卡如图 6.23 所示，允许用户对与设计规则 Online DRC 和 Batch DRC 相冲突的对象进行显示设置和颜色定义。如果选择了 Display hazard symbols 选项，将会有一个符号显示在发生冲突的位置。选择其中一个符号，然后选择 Review Hazards 选项，则能在 Review Hazards 对话框中以选定模式显示冲突信息。

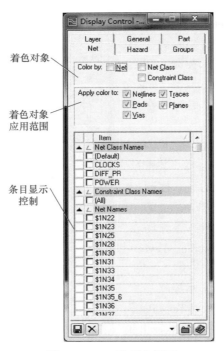

图 6.22　Net 选项卡界面

图 6.23　Hazard 选项卡界面

6.3.7　Groups 选项卡

Groups 选项卡较为特殊，往往与 Cluster（群集）功能等一起使用并允许用户对分组（Groups）的对象进行显示设置和颜色定义。其界面如图 6.24 所示。

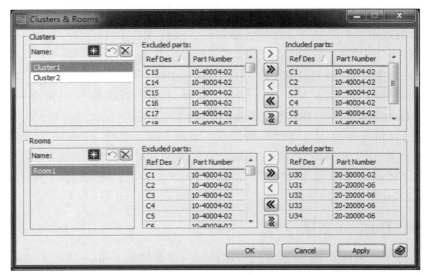

图 6.24　Groups 选项卡界面

6.4　Setup Parameters 参数设置

在 Expedition PCB 中，需要在 Setup Parameters 中对层叠、过孔、单位、埋盲孔、测试点等当前设计的参数进行设置。

6.4.1　Setup Parameters 界面

执行 Setup→Setup Parameters 菜单命令，即可打开 Setup Parameters 对话框，如图 6.25 所示。其上有 General、Via Definitions、Via Clearances、Layer Stackup 及 Buried Resistors&Rise Time 五个选项卡，分别进行介绍。

图 6.25　Setup Parameters 界面

6.4.2　General 选项卡

在 General 选项卡中，允许用户对设计的物理层数、用户定义层、焊盘堆工艺、单位显示及测试点进行设置，如图 6.25 所示。

1）设置物理层数：Layers 区域内 Number of physical layers 后面的数字显示了当前设计电路板的层数。若需要调整当前设计层数，只需将 Number of physical layers 后面的数字更改为需要的层数，如需要将当前的 6 层板改为 16 层，将 "6" 改为 "16" 即可。然后，单击 Remap Layers 按钮，在弹出的 Remap Layers 对话框上单击 OK 按钮，即可实现物理层数的设置。Remap Layers 功能用于快速交换层。

2）定义用户定义层：在 User defined layers 区域内，允许用户添加、存储及删除用户定义层。

3）设置焊盘堆工艺：在 Padstack technology 区域内，允许用户选择需要的焊盘堆工艺。

4）单位显示：在 Display units 区域内，允许用户定义设计单位和信号传播速度的显示。其中，Design units 用于选择设计单位。需要注意的是，Thousandths 代表"千分之一英寸"，也就是通常意义上的 mil 单位。Velocity of propagation units（Vp）用于选择信号传播速度单位。

5）设置测试点：在 Test points settings 区域内，允许用户设置测试点。其中，Cell name 为从列表中指定需要的测试点；Grid 用于设置测试点的栅格间距；Test side 为设置允许放置测试点的层；Ref des prefix 为设置测试点参考位号前缀。

6.4.3　Via Definitions 选项卡

在 Via Definitions 选项卡中，允许用户对设计中需要用到的过孔类型（通孔、盲孔、埋孔）、过孔选择、过孔电气参数（寄生电感、电容、延时等）等进行定义，如图 6.26 所示。

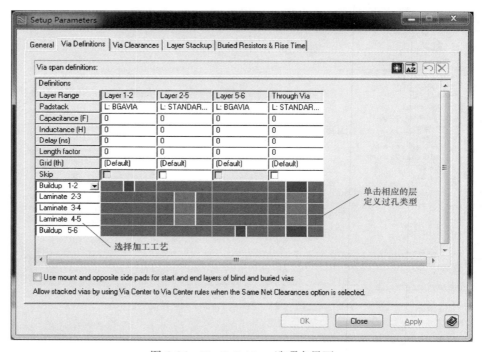

图 6.26　Via Definitions 选项卡界面

单击 Via span definitions 区域中 ✳ 图标新建一个定义的过孔。

1）Layer Range：通过显示过孔所跨越的层表征过孔类型（通孔、盲孔、埋孔）。

2）Padstack：从列表中选择过孔。

3）Capacitance（F）：用于指定过孔的寄生电容。

4）Inductance（H）：用于指定过孔的寄生电感。

5）Delay（ns）：用于指定过孔的延时。

6）Length factor：用于指定过孔的长度因子。"长度因子"为过孔长度在测量某个网络走线长度时的换算因子。例如，Length factor = 1 表示测量结果使用实际过孔长度；Length factor = 0.5 表示测量结果使用 0.5 × 实际过孔长度。"实际过孔长度" 由 CES 叠层编辑器中设置决定。

7）Grid（th）：用于指定过孔的栅格间距。

8）Skip：用于指定过孔是否为一个 Skip Via。在 PCB 走线换层时，Skip Via 能够为起始和终止层之间提供连接，但会移除掉该过孔中间层的焊盘。

9）指定过孔类型/加工工艺：通过单击相应的层来定义通孔、盲孔、埋孔等过孔类型，并选择其加工工艺。其中，Buildup 代表积层法，显示为蓝色；Laminate 代表层压法，显示为红色。

6.4.4　Layer Stackup 选项卡

在 Layer Stackup 选项卡中，允许用户编辑或查看 PCB 叠层结构。此处的数据与约束编辑器 CES 中的叠层编辑器（Stackup Editor）是同步的，如图 6.27 所示。

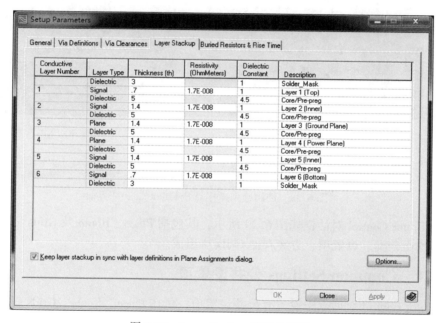

图 6.27　Layer Stackup 选项卡界面

1）Conductive Layer Number：表示金属层编号；

2）Layer Type：表示层类型。层类型需要在 Plane Assignments 对话框及约束编辑器 CES 中的叠层编辑器中定义，此处仅能查看。其中，Dielectric 表示电介质，Signal 表示信号层，Plane 表示平面层。

3）Thickness（th）：表示相应层厚，与约束编辑器 CES 中的叠层编辑器数据同步。

4）Resistivity（OhmMeters）：表示金属层材料电阻率，与约束编辑器 CES 中的叠层编辑器数据同步。

5）Dielectric Constant：表示电介质层材料介电常数，与约束编辑器 CES 中的叠层编辑器数据同步。

6）Description：表示相应层的描述，选中 Keep layer stackup in sync with layer definitions in Plane Assignments dialog 选项，可使叠层与 Plane Assignments 对话框中的层定义保持同步。

6.5 Editor Control 编辑控制

打开并激活 Editor Control 界面有以下三种方法。

1）执行 Setup→Editor Control 菜单命令。

2）单击工具栏上的 ◈ 图标。

3）使用笔划操作，如图 6.28 所示，按住鼠标右键画出光标轨迹。

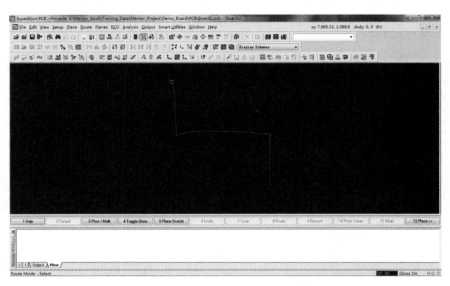

图 6.28 使用笔划操作打开 Editor Control 界面

打开 Editor Control 对话框如图 6.29 所示，其包括 Place、Route 及 Grids 三个选项卡。每个选项卡均由分类、设置项、方案存储/调用栏组成。

6.5.1 Common Settings 公共设置项

在 Editor Control 对话框中设置有公共设置项，可在 Place、Route、Grids 任一选项卡中单击展开 Common Settings 界面，如图 6.30 所示。

图 6.29 Editor Control 对话框界面

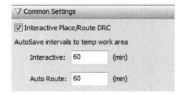

图 6.30 公共设置项 Common Settings 菜单

1）Interactive Place/Route DRC：勾选则激活交互式 DRC 检查（Online DRC）。

2）Auto Save intervals to temp work area：用于设置进行自动保存的时间间隔。其中，Interactive用于定义除自动布线外的交互式设计自动保存时间间隔；Auto Route 用于定义自动布线时的自动保存时间间隔。

6.5.2　Place 选项卡

Place 选项卡如图 6.31 所示，允许用户对布局模式相关的项目进行设置，包括 General options 和 Jumpers 两个分类选项，Place、Route 和 Grids 三个选项卡。

1. General options 选项用于定义布局模式下的常规设置

1）Place Online DRC（pad-pad errors）选项用于当器件产生"干涉"现象时，指定 Online DRC 输出方式。

其中，Warning 允许放置违反 DRC 间距规则的那些器件，但以输出警告（Warning）的方式报告Online DRC 的错误；Preventative 不允许放置违反DRC 间距规则的那些器件，并输出警告信息；Shove Parts 对违反 DRC 间距规则的那些器件，以"器件推挤"的方式动态地消除违规现象。

2）Netline display while moving parts 选项用于定义移动器件时网络飞线（netline）的显示方式。

其中，Display local netlines only 表示移动器件

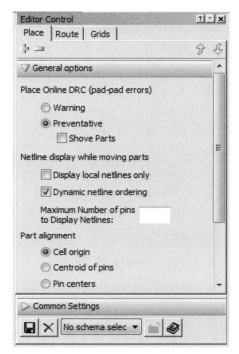

图 6.31　Place 选项卡界面

时，只显示直接连接到该器件的网络飞线；Dynamic netline ordering 表示移动器件时，以"实线"方式显示直接连接到该器件上的网络飞线，以"虚线"方式显示整个网络的拓扑结构；Maximum Number of pins to Display Netlines 表示定义在移动器件时显示的最大网络飞线数。若网络飞线数超过设定值，则移动器件时不再显示网络飞线。默认值为空，表示移动器件时将显示所有网络飞线。

3）Part alignment 选项用于定义一组器件在进行"对齐操作"时的参考点。

其中，Cell origin 表示以器件封装原点作为对齐参考点；Centroid of pins 表示以器件所有引脚的质心作为对齐参考点；Pin centers 表示以最近的引脚中心作为对齐参考点。

单击 Text Rotations 按钮，将打开 Ref Des and Part Number Rotations 对话框，如图 6.32

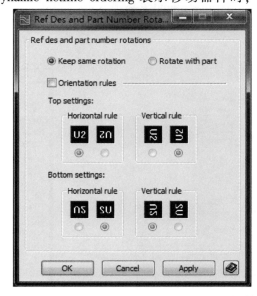

图 6.32　Ref Des and Part Number Rotations 对话框

所示，用于定义器件参考位号和型号在放置和旋转时的排列方式。

单击 Cell Rotations 按钮，将打开 Cell Rotations 对话框，如图 6.33 所示，用于选择封装并定义其可放置角度（任意角度或正交角度）。

单击 Clusters & Rooms 按钮，将打开 Clusters & Rooms 对话框，如图 6.24 所示，用于定义器件的 Clusters 和 Rooms 区域。

2. Jumpers 选项用于定义跳线（Jumper）的布局设置

1）Press spacebar to add jumper 选项，勾选时表示允许用户使用"空格"键添加跳线（jumper）。

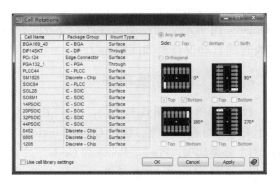

图 6.33　Cell Rotations 对话框

2）Jumper placement angle 选项，用于定义跳线放置角度。

其中，Orthogonal 表示放置为正交角度；Any angle（only round pad jumpers）表示以任意角度（仅针对有圆形焊盘的跳线）放置。

单击 Jumper Table 按钮，将打开 Jumper Table 对话框，应用于选择可用的跳线及创建方法。

6.5.3　Route 选项卡

Route 选项卡允许用户对布线模式相关的项目进行设置，包括 Dialogs、Plow、Trace & via edit behavior、Vias & fanouts 及 General options 五个分类选项，如图 6.34 所示。

1. Dialogs 选项提供多个对话框允许用户对布线进行管理

单击 Net Filter 按钮，打开如图 6.35 所示的 Net Filter 对话框，用于在设计区域内选择网络时实现过滤功能（需勾选 Net Filter 按钮最左边的选框）。其中，Excluded 区域代表"不包含"的网络，Included 区域代表"包含"的网络。

图 6.34　Route 选项卡

图 6.35　Net Filter 对话框

单击 Layer Settings 按钮，将打开如图 6.36 所示的 Layer Settings 对话框，允许用户定义布线层的开关、每层布线方向轴（Bias）、层对（Layer Pair）。为避免在平面层布线，通常不勾选平面层前的 Enable Layer 选项。

单击 Tuning 按钮，将打开如图 6.37 所示 Tuning Patterns 对话框，允许用户定义交互式布线或自动布线时蛇形线的参数。各选项含义如下：

Minimum spacing：用于指定蛇形线最小线间距。

Preferred minimum height：用于指定蛇形线最小线高。

Maximum height：用于指定蛇形线最大线高。

Miter ratio：用于指定蛇形线的倒角比例。45°倒角的直角边长根据公式 2＊R/Width 确定。例如，指定 2＊R/Width ＝2，则蛇形线倒角的直角边长与线宽相等。

图 6.36　Layer Settings 对话框

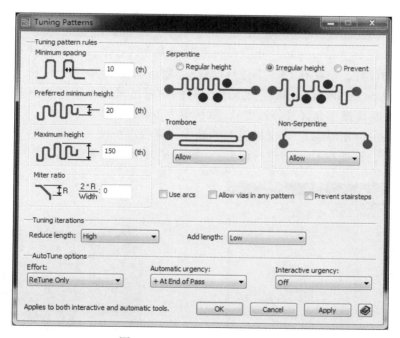

图 6.37　Tuning Patterns 对话框

Serpentine：用于选择蛇形线绕线方式。其下的 Regular height 选项表示规则绕线，根据前面设置的 "最小线间距" "最小线高" "最大线高" 等生成固定高度的蛇形线；Irregular height 选项表示非规则绕线，根据前面设置的 "最小线间距" "最小线高" "最大线高" 等生成非规则高度的蛇形线；Prevent 选项表示阻止蛇形绕线操作。

Trombone：用于选择是否允许 180°绕线（相对于走线前进的方向）。

Non-Serpentine：用于选择是否允许 "非蛇形" 线段存在。

Use arcs：勾选该选项，表示蛇形线使用圆弧倒角。

Allow vias in any pattern：勾选该选项，表示允许布线器在"非蛇形"线段上添加过孔。

Prevent stairsteps：勾选该选项，阻止蛇形线段出现阶梯。

Tuning iterations：对使用自动布线器的 Tune Delay（有延时或长度约束的走线）进行绕线时，用于定义控制减少/增加走线长度的选项。其下的 Reduce length 选项表示定义自动布线器做 Tune Delay 绕线操作时，进行"减少走线长度"操作（Off：关闭"减少走线长度"操作；Low、Medium 和 High：定义自动布线器做"减少走线长度"操作的耗时长短）；Add length 选项表示定义自动布线器做 Tune Delay 绕线操作时，进行"增加走线长度"操作（Off：关闭"增加走线长度"操作；Low、Medium 和 High：定义自动布线器做"增加走线长度"操作的耗时长短）。

AutoTune options：表示自动绕线选项，允许用户定义何时对哪些网络进行绕线。

单击 Diff Pairs 按钮，将打开如图 6.38 所示的 Diff Pairs 对话框，允许用户定义差分对的布线参数。

Adjacent and same layer pairs：允许用户设置差分对的两根信号线是在相同层还是相邻层走线。

Convergence distance tolerance：定义差分对的最大允许收敛长度误差（仅针对非 CES 设计；对于使用 CES 的设计，该项在 CES 中进行设置），默认值为 25mil。

Max distance to convergence：定义差分对的最大允许收敛长度（仅针对非 CES 设计；对于使用 CES 的设计，该项在 CES 中进行设置），默认值为 100mil。

Min length to maintain pairing：定义差分对的两根信号线采用"相互靠近"方式布线时的最小走线长度（最小允许紧邻长度），默认值为 100mil。

Max separation distance：定义差分对的最大允许分离长度（仅针对非 CES 设计；对于使用 CES 的设计，该项在 CES 中进行设置），如图 6.39 所示，默认值为 0。

图 6.38　Diff Pairs 对话框

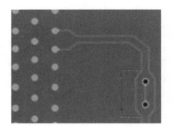

图 6.39　差分对最大允许分离长度

During Puch & Shove：用于选择差分对产生"推挤"时的行为特征。其下的 Ignore Pair Relationships 选项表示遇到障碍时，忽略所有差分对之间的关系，两根信号线直接分离绕开障碍；Allow Pairs to Split If Necessary 选项表示遇到障碍时，在没有其他方法前提下才允许差分对采用"分离布线"方式绕开障碍；Prohibit Splitting of Diff Pairs 选项表示在对新的差分对或非差分对进行布线时，若产生"推挤"将阻止分离已完成的差分走线，而新的差分走线允许分离；Avoid Splitting of Existing Pairs 选项表示阻止非差分走线去分离已有的差分走线，但允许新的差分走线去分离已有的差分走线。

　　Minimize splitting（AutoRoute only）：勾选此选项，在自动布线时将最小化差分对的分离。

　　单击 Pad Entry 按钮，将打开如图 6.40 所示的 Pad Entry 对话框，允许用户定义焊盘引出线的规则以及在焊盘下方添加过孔的规则等。

　　Select pads：选择需要焊盘的类型。例如，矩形（Rectangular）、圆形（Round）、正方形（Square）等。

　　Reset Selected Pads To Default：将在列表选中的焊盘复位为默认设置。

　　General options：用于定义焊盘引出线的常规设置。其下的 Gridless pad entry for all pads 选项表示将允许走线连接到焊盘时不受布线栅格的约束；Fit view/highlight pad 选项表示将在设计区域内对列表中选中的一类焊盘中的某一个进行放大显示并将其标识为高亮状态，便于用户辨别列表中具体对应的焊盘。

　　Rules for all［pad shape］pads：用于定义所选焊盘类型中所有的焊盘的引出线规则。其下的 **IIH** 选项，勾选此图形左边的 Prefer 选项，表示将对同一个封装内相同网络的邻近焊盘的连接方式定义为"长边连接"；**⊒╬** 选项，勾选此图形左边的 Prefer 选项，表示将对同一个封装内相同网络的边角邻近焊盘的连接方式定义为"长边连接"。

　　Rules for selected pads：用于定义在列表中选中的焊盘的引出线规则。其下的 Extended Pad Entry 选项，表示走线与焊盘的连线将采用尽可能最短的连接；Allow Odd Angle 选项表示将避免焊盘引出线出现锐角；**⊡Prefer　▬** 等选项，勾选相应图形左边的 Prefer 选项，将会对在列表中选中的焊盘采用图示方法进行出线；Allow via under pad 表示允许在列表中选中的焊盘的下方添加过孔；Allow off pad origin 表示允许在焊盘下方的过孔位于焊盘的任意位置；Align on long axis 表示过孔的中心必须放置在焊盘的长轴上；Locate at pad edge 表示过孔必须放置在焊盘的边沿；Keep via center inside pad 表示保持过孔的中心位于焊盘内；Keep via pad inside pad 表示保持过孔的焊盘位于焊盘内；Via spans allowed under pads 表示选择焊盘下方过孔的跨度。

　　单击 Expand Traces 按钮，将出现如图 6.41 所示 Expand Traces 对话框，允许用户在交互式布线和自动布线时定义线宽变化时的最小长度规则。

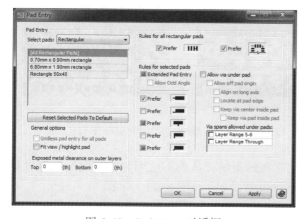

图 6.40　Pad Entry 对话框

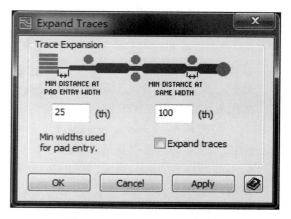

图 6.41　Expand Traces 对话框

Min Distance at Pad Entry Width：当焊盘引出线采用最小线宽进行布线时，在将线宽变为典型值或扩展值之前的最小走线长度。

Min Distance at Same Width：当使用某一线宽值进行布线时，在将线宽变为其他值之前的最小走线长度。

Expand traces：在交互式布线中，使用 Min Distance at Pad Entry Width 和 Min Distance at Same Width 规则。

2. Plow 选项允许用户对拉线操作（Plow）进行设置

1）Modes：选择在交互式布线过程中允许的拉线操作（Plow）的模式。

其下的 Forced 为强制拉线模式，在此模式下，允许用户从一个焊盘开始启动拉线操作，逐步添加走线和过孔，直至目标焊盘结束拉线；Angle 为角度拉线模式，在此模式下，允许用户以任意角度进行布线；Route 为布线拉线模式，在此模式下，允许用户使用"半自动布线"功能，只需单击两个具有连接关系的焊盘，软件即可自动完成布线。

2）General options：定义拉线操作（Plow）过程中的常规选项。

其下的 Allow 45 degree corners 选项，勾选时表示拉线过程中走线采用45°拐角；Prevent loops 选项，表示开启"环路保护"功能，避免布出"环状"的 PCB 走线；Double click to add via 选项，表示允许用户在布线过程中采用"双击"的方法添加过孔。

3. Trace & via edit behavior 选项定义布线过程中走线和过孔的行为

1）Push & Shove：定义走线和过孔的推挤。

勾选其下的 Trace shoving 选项，允许走线进行推挤；勾选 Via shoving 选项，允许过孔进行推挤；勾选 Allow Odd Angle Escape 选项，表示当45°布线失败时允许使用异形角度倒角；勾选 Pad jumping 选项，允许已有的走线在被推挤时跳过焊盘进行避让；勾选 Via jumping 选项，允许已有的走线在被推挤时跳过过孔进行避让。

2）Gloss mode：选择平滑模式。

其下的 On 为默认模式。在此模式下，软件会自动移除多余的拐角、锐角等，实现与布线起点的平滑连接；Local 模式用于实现与之前走线最后一点的平滑连接，不会与之前已完成的部分走线进行平滑连接；Off 表示关闭平滑功能，在此模式下完成的走线处于"半锁定"（Semi – fix）状态。

3）Advanced gloss options：高级平滑选项。

勾选其下的 Allow traces to jump pads & holes 选项，表示允许在走线跳过焊盘和孔实现平滑处理。取消勾选与勾选效果分别如图 6.42a 和图 6.42b 所示。

勾选 Remove excess meanders 选项，表示当有已存在的走线阻

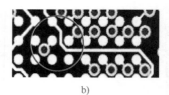

a)　　　　　　　　　　b)

图 6.42　走线跳过焊盘/孔的平滑功能效果对比

碍当前网络布线时，当前网络的布线将避让已存在的走线，从而不会因为推挤而给已存在的走线产生多余的拐角。取消勾选与勾选效果分别如图 6.43a 和图 6.43b 所示。

勾选 Gloss around deleted traces or vias 选项，表示当存在其他走线或过孔产生推挤而出

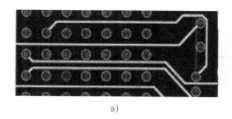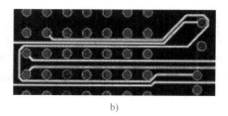

a)　　　　　　　　　　　　　　　b)

图 6.43　移除多余走线效果对比

现多余的拐角线段时，删除掉这些走线或过孔后对产生影响的走线自动进行平滑处理。取消勾选与勾选效果分别如图 6.44a 和图 6.44b 所示。

勾选 Move vias to reduce trace segments 选项，则表示在添加过孔时会自动移动过孔进行平滑处理。取消勾选与勾选效果分别如图 6.45a 和图 6.45b 所示。

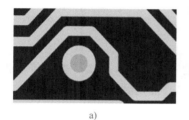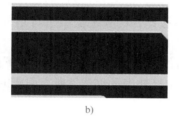

a)　　　　　　　　　　　　b)　　　　　　　　　　a)　　　　　b)

图 6.44　删除走线/过孔后的平滑处理效果对比　　　图 6.45　自动移动过孔平滑处理效果对比

4. Bias & fanouts 选项对过孔和扇出进行设置

Auto trim through vias：勾选此选项，表示将会把所有通孔型过孔转化为满足布线要求的最小跨度过孔（盲埋孔）。

Allow one additional via per SMD pin：勾选此选项，表示在 CES 中# Via Max 设置的过孔个数基础上，允许每一个 SMD 焊盘多一个附加的过孔。

Use place outlines as via obstructs：勾选此选项，表示将使用器件的外框作为过孔的禁止区域，以防止将过孔添加到器件的下方。

Enable fanout of single pin nets：勾选此选项，表示将允许单点网络的引脚进行扇出。注意：要将单点网络的引脚进行扇出，首先必须勾选 Project Integration 对话框上的 Assign single pin nets to unused pins，enabling fanout 选项后，运行一次前向标注。

Max pins per plane fanout via：设置共用过孔进行扇出的最大引脚个数，范围为 1～10。

5. General options 选项定义布线过孔中的总体规则

Turn on/off net rules：选择开/关网络规则。

勾选其下的 * Stub lengths 选项，表示应用 CES 中设置好的分支线长度（Stub Length）规则；勾选 * Layer restrictions 选项，表示应用 CES 中设置好的层的规则（Max Restricted Layer Length）；勾选 * Via restrictions 选项，表示应用 CES 中设置好的过孔规则（# Vias）；勾选 Max delays and lengths 选项，则表示应用 CES 中设置好的延时和线长规则（Length or TOF Delay）。

Curved Traces：定义走线倒圆角的参数，优先级高于 Modify Corners 对话框中的设置。

6.5.4 Grids 选项卡

Grids 选项卡如图 6.46 所示，允许用户对设计中的各类栅格进行设置，包括 Part Grids、Route Grids、Other Grids 三个分类选项。

1. Part Grids 选项设置器件布局栅格

Primary：用于定义布局初级栅格的间距。

Secondary：用于定义布局次级栅格的间距。

X offset：用于定义器件与栅格点之间在 X 轴方向上的偏移量。

Y offset：用于定义器件与栅格点之间在 Y 轴方向上的偏移量。

Criteria for parts using Primary Grid：用于定义使用初级栅格进行器件布局的规则。其下的 Minimum # of Pins 选项，表示按器件的引脚数进行划分，设置使用初级栅格进行布局的器件的最少引脚数；Mount style 选项，表示按器件的安装类型进行划分，包括通孔型、表贴型等。

图 6.46　Grids 选项卡界面

Part grid snap：用于选择器件捕捉到栅格的方式。其下的 Cell origin 选项，表示将器件原点捕捉到栅格；Centred of pins 选项表示将器件所有引脚的中心捕捉到栅格。

2. Route Grids 选项设置布线栅格

Route：用于定义布线栅格的间距。

Via：用于定义过孔栅格的间距。

X offset：用于定义走线或过孔与栅格点之间在 X 轴方向上的偏移量。

Y offset：用于定义走线或过孔与栅格点之间在 Y 轴方向上的偏移量。

3. Other Grids 选项设置其他的栅格

Drawing：用于定义绘图栅格的间距。

Jumper：用于定义跳线栅格的间距。

Test point：用于定义测试点栅格的间距。

6.6　PCB 外形构建与叠层

首次进入 Expedition PCB 会看到一个从 DxDesigner 导入数据时选择的 PCB 模板（Layout Template）中带过来的默认板框，如图 6.47 所示。在 Expedition PCB 中，Board Outline、Route Border、Manufacturing Outline、Test Fixture Outline 这四种外框是无法删除的。也就是说，每一个设计都必须具有这四种外框，每一种外框都是有且仅有一个。

Expedition PCB 中创建 PCB 板框（Board Outline）有两种方法：

1）外部导入文件法：通过其他格式的文件（DXF、IDF）进行导入。

2）绘制法：用户自己在 Expedition PCB 中根据 PCB 大小自行绘制。

6.6.1　创建板框

1. 采用外部导入法创建板框

Expedition PCB 支持从 DXF 和 IDF 格式文件导入板框外形，操作步骤如下：

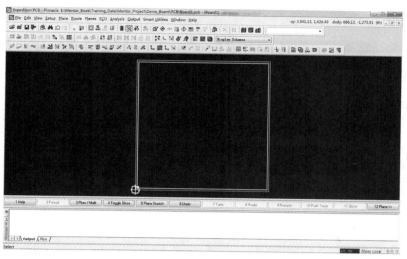

图 6.47　Expedition PCB 默认 PCB 模板

1）执行 File→Import→DXF 菜单命令，打开 DXF Import 对话框。

2）单击 DXF filename 区域后方的"浏览"按钮，添加需要导入的 DXF 文件。

3）在 DXF Cell name 区域中输入 DXF Cell 的名称，名称必须以"DXF_"作为前缀，如 DXF_Import。

4）在 Units 区域中选择单位为 th。

5）因第一次导入，Import mode 自动识别为 New。

6）在 Scale 区域中输入"1"，将以 1:1 的比例进行导入。

7）在 DXF layer mapping 区域中勾选需要导入的 DXF 图层，并确定 DXF 图层与将要生成的 Expedition 用户定义层之间的映射关系。

8）在 DXF font mapping 区域中可以设置 DXF 与 Expedition 之间的字体映射，完成后的设置如图 6.48 所示。

9）执行 DXF 文件导入功能，单击 OK 按钮，DXF 文件中的图形将导入到 Expedition PCB 中，如图 6.49 所示。

10）修改图形属性。直接导入到 Expedition PCB 中的图形不能修改属性，需要将其复制一次后对副本对象进行修改。方法如下：选中其中一个导入的外框图形，按住 < Ctrl > 键后双击完成复制；在副本对象上双击，打开 Properties 对话框，然后在 Type 区域中将图形类型由 Draw Object 调整为 Board Outline，完成后效果如图 6.50 所示。

相比较而言，从外部导入 IDF 文件创建板框步

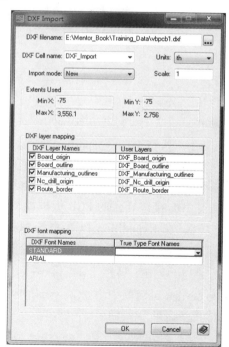

图 6.48　DXF Import 设置界面

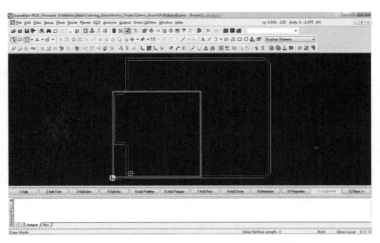

图 6.49　Expedition PCB 导入的 DXF 图形

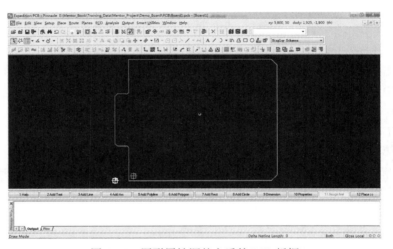

图 6.50　图形属性调整之后的 PCB 板框

骤更加简单，其操作步骤如下：

1）执行 File→Import→DXF 菜单命令，打开 DXF Import 对话框。

2）单击 Board file 区域后方的"浏览"按钮，添加需要导入的".emn"文件。

为简单设计，Options 区域中的选项可不做选择，单击 OK 按钮执行 IDF 文件导入功能。通过 IDF 接口导入的 PCB 板框如图 6.51 所示。

2. 在 Expedition PCB 中绘制板框

Expedition PCB 中可以使用绘图工具及命令绘制板框，操作过程如下：

1）单击工具栏上的 图标进入绘图模式。在设计区域中的空白处双击，在弹出的 Properties 对话框中将 Type 区域内图形属性调整为 Board Outline，并确认勾选绘图工具栏上的"多边形"按钮。

2）确定线宽，在 Properties 对话框的 Polygon 区域中指定 Line width 为 10th。

3）输入板框各端点坐标值，在 Properties 对话框的 Vertices 区域中依次输入板框各端点的（X，Y）坐标值，见表 6.1。

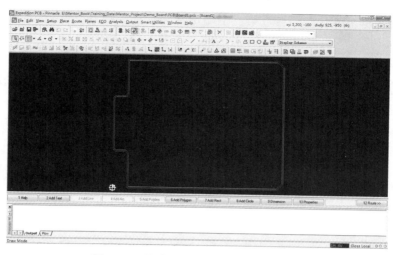

图 6.51　通过 IDF 接口导入的 PCB 板框

表 6.1　板框（Board Outline）各端点坐标

Vertices	X 坐标	Y 坐标	Vertices	X 坐标	Y 坐标
1	7300	136	8	1311	−189
2	7300	4012	9	1880	−189
3	−295	4012	10	1880	136
4	−295	−189	11	1953	136
5	295	−189	12	1953	−189
6	295	136	13	4425	−189
7	1311	136	14	4425	136

　　输入表 6.1 中各端点的坐标值后，右击，在弹出菜单中选择 Close Polygon 选项，将整个板框外形创建为一个封闭图形。此时，生成的红色多边形板框如图 6.52 所示。一般情况下，还需要对板框部分边角进行倒角或圆角处理。

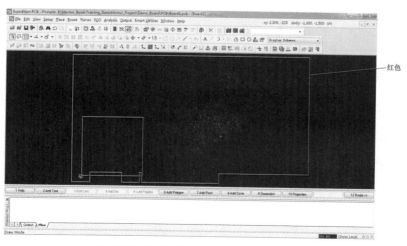

图 6.52　输入端点坐标生成的 PCB 板框

4）选中板框下方从左到右数第三个端点（表示选中端点变量），右击，在弹出菜单中选择 Properties 选项，打开 Properties 对话框，如图 6.53a 所示。

在 Properties 对话框中调整 Polygon 区域内的 Vertex Type 为 Round，将会采用默认值（50th）的半径产生圆角。若需修改倒圆半径，则再选中圆角中心，单击后方下拉箭头，在 Radius 中输入半径 30th。

若需倒 45°斜角，可执行以下操作：选中板框下方从左到右数第四个端点（表示选中端点变量），右击，在弹出菜单中选择 Properties 选项，打开 Properties 对话框。在 Properties 对话框中指定 Polygon 区域内的 Vertex Type 为 Corner，直接单击后方下拉箭头，在 Chamfer Cut 中输入 45°斜角的直角边长 15th，如图 6.53b 所示。

3. 绘制布线边框

布线边框（Route Border）是一种特殊的边框，用于与板框距离的控制。布线边框可以采用前面绘制板框的方法绘制，还可以采用复制板框再内缩一定尺寸的方法来快速创建。其操作过程如下：

1）单击工具栏上的 图标进入绘图模式，选中已绘制好的板框（Board Outline），按住 <Ctrl> 键双击复制，副本图形属性为 Draw Object。

2）双击副本图形，打开 Properties 对话框，将 Type 区域内图形属性调整为 Route Border。此时，设计区域中原有的默认矩形布线边框会自动更新。

3）在 Properties 对话框的右下角 Grow/Shrink 中输入 "−50"，按 <Enter> 键确认。此时，设计区域中会出现一个与板框形状相似，但内缩 50th 的布线边框，如图 6.54 所示。绘制完成的板框和布线边框如图 6.55 所示。

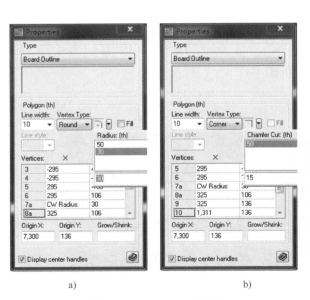

图 6.53 Properties 对话框

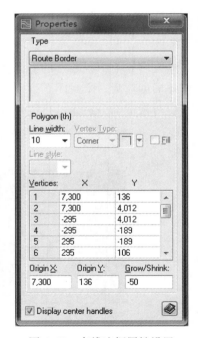

图 6.54 布线边框属性设置

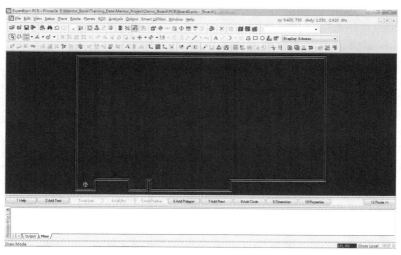

图 6.55 绘制完成的板框和布线边框

6.6.2 绘图模式基本操作

Expedition PCB 中有板框（Board Outline）、布线边框（Route Border）、禁止布线区（Route Obstruct）、平面外形（Plane Shape）及区域规则外框（Rule Area）等绘图对象，所有绘图对象都是在绘图模式（Draw Mode）下完成的。

单击 Expedition PCB 工具栏上的 🔊 图标即可进入绘图模式。在绘图模式下，绘图工具栏会自动添加到工具栏上，如图 6.56 所示。

图 6.56 绘图工具栏

1. 绘制图形

图形的绘制较为简单。下面以绘制一个任意形状的 Draw Object 为例，来说明绘制图形的基本方法。

1）在绘图模式下，在设计区域空白处双击会弹出如图 6.57 所示 Properties 对话框，来设置绘图对象属性。

2）在 Type 区域下拉列表中选择绘图对象的类型，例如：Board Outline、Route Border 等。默认类型为 Draw Object，不带任何属性。

3）在 Type 区域内 Layer 中选择放置图形的层，此处选择装配顶层（Assembly Top）。

4）在 Polygon 区域 Line width 中输入边框线宽值 10th。

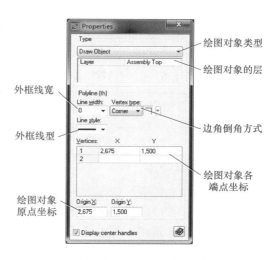

图 6.57 Properties 对话框

5）单击绘图工具栏上的形状命令图标，如图 6.58 所示，单击图标即可启动绘制多边形命令。

图 6.58　形状命令图标

6）在设计区域内依次单击多边形的各个端点，或在 Properties 对话框的 Vertices 区域中输入各个端点的坐标值，如图 6.59 所示。

7）对于封闭图形，在绘制多边形命令下右击，在弹出菜单中选择 Close Polygon 选项以实现多边形图形封闭。完成后的封闭多边形如图 6.60 所示。

若需进行倒角处理，以对左下角倒圆角、对右下角倒 45°斜角操作步骤如下：

① 选中左下角边角，如图 6.61 所示。右击，在弹出菜单中选择 Properties 选项，打开 Properties 对话框。需要注意的是只有左下角的端点变亮才表示已选中该边角。

② 将 Polygon 区域的 Vertex Type 调整为 Round，并单击后方下拉按钮输入倒圆角的半径 50th，如图 6.62所示。

图 6.59　输入多边形各端点坐标值界面

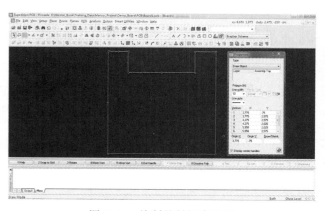

图 6.60　绘制的封闭多边形

图 6.61　边角选中状态

重复步骤①和②，选中多边形右下角边角并打开 Properties 对话框，将 Polygon 区域的 Vertex Type 调整为 Chamfer，单击其后方的下拉按钮输入 45°倒角和斜角直角边长 50th，如图 6.63 所示。

2. 图形编辑命令

绘图工具栏上还有一些图形编辑命令图标，如图 6.64 所示。当图形编辑命令对于选中对象有意义时，相应的按钮才会有效。例如，选中一段非封闭外形对象时，Create Polygon 命令不可用；若未选中不同的两段线，Join 命令不可用。

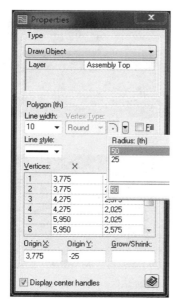

图 6.62　边角倒圆角设置

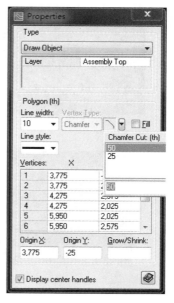

图 6.63　边角倒 45°斜角设置

图 6.64　图形编辑命令图标

其中，每个图形编辑命令图标功能如下：图标表示将图形捕捉到栅格点；图标表示连接两段直线；图标表示创建多边形/多段线；图标表示拆分多边形/多段线；图标表示删除线段端点；图标表示剪裁两段相交直线；图标表示水平镜像；图标表示垂直镜像；图标表示旋转；图标表示移动；图标表示复制；图标表示对于重叠的多个 Plane Shape，将选中 Plane Shape 放置到其他的前方；图标表示对于重叠的多个 Plane Shape，将选中 Plane Shape 放置到其他的后方；图标表示图形比例缩放；图标表示将多个存在重叠的多边形合并成一个多边形；图标表示将多个存在重叠的多边形缩减成一个多边形；图标表示扩展延伸直线长度；图标表示将直线拆分为线段；图标表示使用圆弧切向连接两段直线。

下面列举四个实例说明这些常用图形命令的使用方法。

（1）使用 Join 命令连接两段直线

1）在设计区域内选中需要连接的两段直线。

2）单击绘图工具栏上的 图标，即可实现两段直线的连接，如图 6.65 所示。

（2）使用 Trim 命令剪裁两段相交直线

1）在设计区域内选中需要进行剪裁的两段相交直线。

2）单击绘图工具栏上的 图标，即可实现两段相交直线的剪裁，如图 6.66 所示。

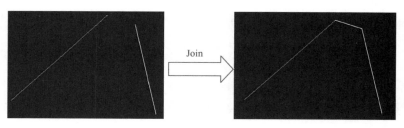

图 6.65　Join 命令示例

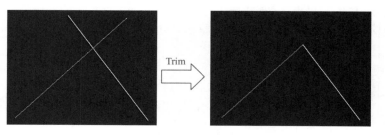

图 6.66　Trim 命令示例

（3）使用 Create Polygon/Polyline 等命令将多段首尾连接的线段创建为一个多边形/多段线

1）在设计区域内选中需要创建为一个多边形的多段首尾连接的线段。

2）单击绘图工具栏上的 ▦ 图标，即可实现将多段首尾连接的线段创建为一个可整体进行编辑的封闭多边形，如图 6.67 所示。

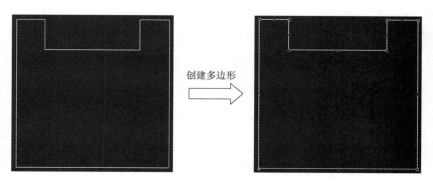

图 6.67　创建多边形/多段线命令示例

（4）使用 Dissolve Polygon/Polyline 命令将一个多边形/多段线拆分为多段首尾连接的线段

1）在设计区域内选中一个需要进行拆分的多边形。

2）单击绘图工具栏上的 ▦ 图标，即可实现将一个多边形拆分为多段首尾连接且作为独立个体进行编辑的线段，如图 6.68 所示。

6.6.3　放置安装孔

安装孔可分为电镀孔和非电镀孔两大类。在 Expedition PCB 中放置安装孔的操作方法和步骤如下：

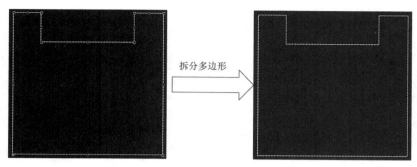

图 6.68　拆分多边形/多段线命令示例

1）执行 Edit→Place→Mounting Hole 菜单命令，打开 Place Mounting Hole 对话框，如图 6.69 所示。

2）在 Place Mounting Hole 对话框 Padstack 区域内选择安装孔 "Central：#4 mtg hole，narrow washer"，Net name 中可选择连接到此上的网络。若这是一个电镀孔且需要将其接地，则在 Net name 中选择 GND 网络。

3）在 Location 区域输入此安装孔的定位坐标：X = 0，Y = 3700。然后，Lock status 设置为 Locked，即放置该安装孔后自动将其锁定。完成后单击 Apply 按钮即可实现该安装孔的放置。

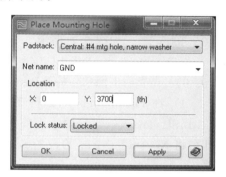

图 6.69　Place Mounting Hole 对话框

4）重复步骤 2）和 3），在坐标（7000，3700）上放置一个相同的电镀孔。

5）在 Place Mounting Hole 对话框 Padstack 区域内选择安装孔 "Central：HOLE _ 0.153000"。由于这是一个非电镀孔，下方 Net name 为灰，不能连接到任一网络。

6）在 Location 区域中输入此安装孔的定位坐标：X = 0，Y = 0。然后，Lock status 设置为 Locked，完成后单击 Apply 按钮放置该安装孔。

7）重复步骤 5）和 6），在坐标（7000，300）上放置一个相同的非电镀孔。

8）单击 Place Mounting Hole 对话框上的 Cancel 按钮，完成安装孔的放置。放置安装孔后的电路板如图 6.70 所示。

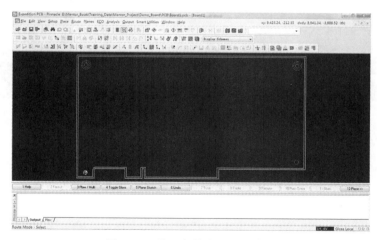

图 6.70　放置安装孔后的电路板

若需编辑锁定的安装孔，单击工具栏上的 ✄ 图标进入布线模式。选中待编辑的安装孔，单击工具栏上的 🔒 图标解锁，解锁后才能对安装孔进行编辑。

6.6.4 设置原点

Expedition PCB 有 Board Origin 和 NC Drill Origin 两类原点。其中，Board Origin 为电路板所有对象的定位参考，而 NC Drill Origin 可为钻孔文件（NC Drill）提供独立定位参考。这两类原点均只能使用以下方法调整其位置：

1）执行 Edit→Place→Origin 菜单命令，打开 Place Origin 对话框。

2）在 Place Origin 对话框 Type 区域选择 Board，Location 区域输入当前坐标系中的坐标值：X = 0，Y = 300。单击 Apply 按钮即可将 Board Origin 的位置调整至之前坐标系的坐标（0，300）上，如图 6.71 所示。

需要注意的是，Board Origin 的坐标始终为（0，0），调整后坐标系会基于 Board Origin 重建。

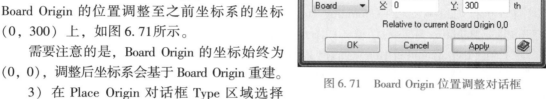

图 6.71 Board Origin 位置调整对话框

3）在 Place Origin 对话框 Type 区域选择 NC Drill，Location 区域输入当前坐标系中的坐标值：X = −295，Y = −490。单击 Apply 按钮即可将 NC Drill Origin 的位置调整至当前坐标系的坐标（−295，−490）上，如图 6.72 所示。

需要注意的是，NC Drill Origin 坐标基于当前 Board Origin 的位置参考。

4）单击 Place Origin 对话框上的 Cancel 按钮，完成原点的设置。设置原点后的电路板如图 6.73 所示。

图 6.72 NC Drill Origin 位置调整

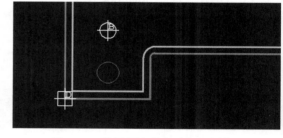

图 6.73 设置原点的电路板（局部）

6.6.5 设置禁布区

禁布区是 PCB 上晶振电路及其他不可走线或放置器件的区域，是 PCB 上非常重要的一个区域。在 Expedition PCB 中，禁布区主要有禁止布局区（Placement Obstruct）、禁止布线区（Route Obstruct）及禁止覆铜区（Plane Obstruct）。本小节以设置禁止布局区和禁止布线区为例介绍其操作过程。

1）在绘图模式下的设计区域空白处双击，打开 Properties 对话框。

2）在 Properties 对话框中做以下设置：

① Type：Placement Obstruct。

② Layer：Top。

③ Height：0。

④ Line width：0。

3）在 Properties 对话框开启的前提下，单击绘图工具栏上的 ☐ 图标，在紧贴板框上边沿绘制一个高度为 100th 的矩形，如图 6.74 所示。

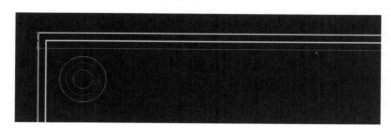

图 6.74　绘制 Placement Outline 示意

此步骤绘制了一个顶层（Top）的禁止布局区。若底层（Bottom）也需要一个同样的禁止布局区，可复制图形再修改其属性快速实现。

4）选中已绘制好的顶层禁止布局区，按下 < Ctrl > 键并双击实现复制。

5）在副本图形上双击，打开 Properties 对话框，并做以下设置：

① Type：Placement Obstruct。

② Layer：Bottom。

③ Height：0。

④ Line width：0。

此时，使用步骤 4）和 5）绘制了一个底层禁止布局区，下面再绘制禁止布线区。

6）在绘图模式下的设计区域空白处双击，打开 Properties 对话框。在 Properties 对话框中做以下设置：

① Type：Route Obstruct。

② Layer：（All）。

③ Obstruct type：Both（走线、过孔均禁止）。

④ Line width：0。

7）在 Properties 对话框开启的前提下，单击绘图工具栏上的 ☐ 图标，在紧贴板框上边沿绘制一个高度为 80th 的矩形，如图 6.75 所示。

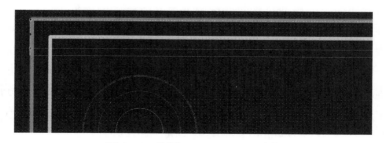

图 6.75　绘制 Route Obstruct 示意

设计人员可以使用相同方法和步骤在电路板其他各边绘制禁止布局区和禁止布线区，可自行尝试。

第7章
PCB设计布局

7.1 高速 PCB 干扰与 EMC/EMI

7.1.1 EMI/EMC 基本概念

EMI 是 Electro Magnetic Interference 的缩写，意为电磁干扰。从字面看，电磁干扰包括电磁和干扰两方面的内容。在电子电路硬件装置中，系统上电后芯片和器件中通过电流并产生磁场。这些由电流产生的磁场在影响板内芯片和器件的同时，也对外产生电磁辐射影响邻近电子电路硬件系统的正常工作。

电磁干扰有传导干扰和辐射干扰两种。传导干扰是电路板内部芯片和器件之间的相互干扰，是指通过导电介质把一个电网络上的信号耦合（干扰）到另一个电网络。因此可见，传导干扰主要是通过实际的线路和走线传导耦合的，主要是由于电阻和电容两端电压不可跳变原因引起的，也就是因同一网络和同一段线路必须保持同一电位而导致的电平或电压信号的意外波动。

在高速 PCB 系统中，在走线长度或宽度与频率等参数发生匹配时，这些有铜皮的走线、芯片或接插件引脚就可能成为潜在的辐射源或辐射天线。系统上电后，这些意外存在的辐射源或辐射天线即对外部空间辐射能量，因此引发辐射干扰。由此可见，辐射干扰基于电磁原理，是指辐射源或辐射天线等干扰源通过空间把其信号耦合（干扰）到另一个电网络。与传导干扰主要影响电路板本身不同，辐射干扰的危害更大，在影响外部电路板正常工作的同时也引入了外部的辐射干扰。除 RFID、RFIF 和 Bluetooth 等系统无外接天线而必须采用板载天线外，其余情形下由设计不当和参数不匹配引发的辐射天线一般是不可接受的。辐射天线的存在是不可避免的，但可通过参数匹配方法将其影响降至最低。

EMC 是 Electro Magnetic Compatibility 的缩写，意为电磁兼容性。EMC 是指设备或系统在其所处电磁环境中能够稳定运行，而又不对环境中的其他设备产生影响其正常工作的电磁干扰的能力。相应的，EMC 包括两个方面含义，一方面是指其对所在环境中存在的电磁干扰具有一定程度的抗扰度，即电磁敏感性；另一方面是指设备在正常运行过程中对所处环境产生的电磁干扰不能超过一定的限值，以不影响其他设备正常工作为限。

EMI 和 EMC 侧重有所不同。EMI 是电磁干扰，用于描述一产品对其他产品的电磁辐射干扰程度，表示是否会影响其周围环境或同一电气环境内的其他电子或电气产品的正常工作。EMC 是电磁兼容，包括 EMI 和 EMS（Susceptibility），也就是电磁干扰和电磁抗干扰两个方面。其中，EMS 就是电磁抗干扰，用于描述一电子或电气产品是否会受其周围环境或同一电气环内其他电子或电气产品干扰而影响其自身正常工作。EMS 又包括静电抗干扰 ESD、射频抗扰度 EFT、电快速瞬变脉冲群抗扰度、浪涌抗扰度及电压暂降抗扰度 DIP 等相关内容。

7.1.2　影响 PCB EMC/EMI 的因素

有众多因素影响 PCB 电路和系统的 EMC/EMI。无论是 EMC 设计还是 EMI 设计，都需要考虑以下因素的影响。

1. 器件本身的 EMC/EMI

器件本身的 EMC/EMI，尤其是 ESD 性能和主频是首先需要考虑的因素。随工作环境的不同，PCB 电路和系统的 EMC/EMI 性能要求也不同。工作环境电磁环境越差，对 PCB 电路和系统的 EMC/EMI 性能要求越高，对主要芯片的 EMC/EMI 性能要求也越高。

从某种程度上讲，器件本身的 EMC/EMI 性能从根本上决定了采用本器件作为主要芯片的 PCB 电路和系统的 EMC/EMI 性能。

2. 电源系统处理

PCB 电路和系统均采用电源管理芯片进行电压转换，为各种芯片和器件提供所需的工作电压。最为常见的就是各类电压转换芯片，实现至 5.0V、3.3V、1.8V 及其他电压的转换。一般情况下，这些电源管理芯片的输出直流电压均含有不同程度的"波纹"。这些"波纹"将对采用此电源电压作为基准电压或参考电压的 ADC 芯片 A/D 转换精度或 DAC 芯片 D/A 转换精度。

"地"是 PCB 电路设计约定俗成的概念，是作为零电势或零电位的参考点，也就是所谓的基准电位线或基准电位面。在实际 PCB 电路中，可能存在用于数字芯片的数字地、用于 A/D 或 D/A 模拟芯片的模拟地、屏蔽地及 AC/DC 转换器芯片的交流地等多种"地"平面。这些"地"平面的处理和彼此连接关系对 PCB 电路有至关重要的影响。

3. 器件布局

器件布局在 EDA 软件中俗称 Layout，也就是解决器件和芯片在 PCB 电路上的摆放问题。在 Protel 99se 和 Protel DXP 等 Protel EDA 系列软件中，Layout 环境和 Routing 环境是合二为一的，可在 PCB 环境中同时进行 Layout 和 Router 作业。但在 PADS EDA 软件中，Layout 环境和 Routing 环境是分开的。这种 Layout 环境和 Routing 环境分开布置的方式，更适合大公司的细致分工和标准化流程作业。

4. 布线或走线

布线或走线在 EDA 软件中俗称 Routing，也就是解决芯片和器件引脚之间如何连线及连线宽度设计问题。铜皮如何走线、如何处理扇出和扇入及走线宽度对信号过冲和串扰影响巨大，也影响 PCB 电路的 EMC/EMI 性能。

7.2　器件布局与交互式布局

在 Expedition PCB 中交互式布局的方式主要有按参考位号进行布局、按器件型号进行布局、使用命令行（Key-in）进行布局、原理图与 PCB 交互布局、按 Cluster 进行布局、按 Room 进行布局和极坐标布局等。

7.2.1　常规布局

在 Expedition PCB 中，常规的器件布局是在 Place Parts and Cells 对话框完成的。单击工

具栏上的 ▮ 图标进入布局模式，然后单击"布局"工具栏上最左侧的 ▮ 图标，即可打开 Place Parts and Cells 对话框。Place Parts and Cells 对话框如图 7.1 所示。

1）状态过滤选项：勾选需要在器件列表中显示的状态过滤条件。

Unplaced：只在器件列表中显示未放置的器件。

Distributed：只在器件列表中显示放置在板框外的器件。

Placed：只在器件列表中显示已放置的器件。

2）显示标准选项：在下拉列表中选择器件在列表中的显示方式，选择后还可通过后方的空白栏实现器件的关键字查找。

图 7.1　Place Parts and Cells 对话框

3）器件列表：按照标准显示的设置，将符合状态过滤条件的器件进行显示。

4）激活列表：从器件列表中添加需要进行操作的器件。

5）预览窗口：显示在激活列表中已选中器件的封装预览图。

6）选择激活层：选择 PCB 设计的布局层。

Top and Bottom：顶层和底层都激活，器件默认放置层为顶层。

Top：只激活顶层，器件只能放置到顶层。

Bottom：只激活底层，器件只能放置到底层。

7）选择放置角度：设置器件的放置角度，包括 0°、30°、45°、90°。

8）选择操作命令：选择需要进行布局的操作命令。

Place：将选中的器件进行放置。

Unplace：将选中的器件取消放置。

Find：在设计区域中查找选中并已放置的器件。

Distribute：将选中的器件放置到 PCB 板框外侧。

9）选择放置方法：选择对多个器件进行放置的方法。

Sequence：对选中的多个器件按顺序依次进行放置。

Manual：对选中的多个器件按一次一个的方式进行放置。

下面通过三个实例介绍通过参考位号进行布局的方法。

1. 将所有器件一次性放置到板框外侧

1）单击工具栏上的 ▮ 图标进入布局模式，然后单击"布局"工具栏上最左侧的 ▮ 图标，打开 Place Parts and Cells 对话框。

2）在 Include 区域内勾选 Unplaced，在 Criterion 列表选择 Ref Des 选项。

3）单击器件列表左侧的🔽图标将所有器件全部添加到激活列表中，然后在激活列表中选中所有的器件。

4）在 Place Parts and Cells 对话框的右下角 Action 选项中选择 Distribute，然后单击对话框下方的 Apply 按钮，即可将所有器件放置到板框外侧，如图 7.2 所示。

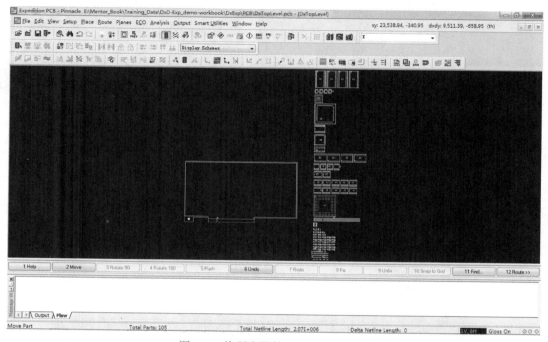

图 7.2　将所有器件放置到板框外侧

2. 选中多个器件手动顺序布局

1）单击工具栏上的▮图标进入布局模式，然后单击"布局"工具栏上最左侧的▮图标，打开 Place Parts and Cells 对话框。

2）在 Include 区域内勾选 Unplaced，在 Criterion 列表选择 Ref Des 选项，并在后方的空白栏中输入"U1"实现查找。

3）在器件列表中选中 U1、U10，并单击左侧的🔽图标，将这两个器件添加到激活列表中，然后在激活列表中选中这两个器件。

4）在 Active layer 下拉列表中选择 Top，在 Action 栏选择 Place，在 Method 栏选择 Sequence，然后单击对话框下方的 Apply 按钮，这时可以看到器件 U1 附着在光标上，并随着光标的移动而移动，处于待放置状态，如图 7.3 所示。

5）这时，可以使用功能键对器件进行调整。如按 <F3> 键或者单击设计区域下方的功能按钮 ▮ 3 Rotate 90 ▮，即可将 U1 实现 90°的旋转。

6）在设计区域内找到一个合适的位置，单击即可将 U1 放置到电路板上，同时光标上会继续出现下一个需要放置的器件 U10，并且会显示它们之间的飞线连接，如图 7.4 所示。

7）切换至 DxDesigner 中，在原理图中也可以通过 Cross Probe 的链接看到器件在 PCB 中的放置状态。其中，未放置的器件显示为灰色，而已放置的器件以高亮的方式显示，如图 7.5 所示。

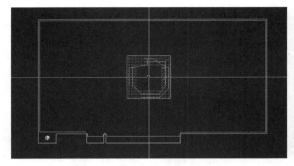

图 7.3 附着在光标上的器件　　　　　　图 7.4 器件间的飞线连接

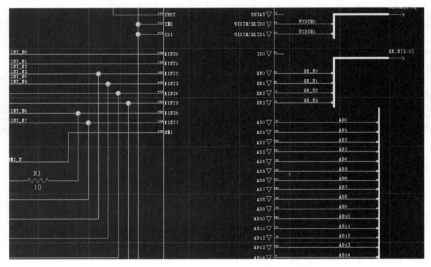

图 7.5 原理图中器件的放置状态标识

3. 将关键器件进行放置并定位

连接器、LED 之类的器件，它们在电路板上的位置要求非常严格。因此在放置这类器件的时候，有必要进行精确的坐标定位，并在精确放置完成后将它们进行锁定。

1）单击工具栏上的 ▋ 图标进入布局模式，然后单击"布局"工具栏上最左侧的 ▋ 图标，打开 Place Parts and Cells 对话框。

2）在 Include 区域内勾选 Unplaced，在 Criterion 列表选择 Ref Des，并在后方的空白栏中输入"P1"实现查找。

3）在器件列表中选中连接器 P1，并单击左侧的 ☑ 图标，将这两个器件添加到激活列表中，然后在激活列表中选中这个连接器。

4）在 Active layer 中选择 Top，在 Action 栏选择 Place，然后单击对话框下方的 Apply 按钮，这时可以看到连接器 P1 附着在光标上，并随着光标的移动而移动，处于待放置状态，如图 7.6 所示。

5）在电路板的任意位置单击以放置连接器 P1，然后在 P1 上双击打开 Part Properties 对话框。

6）在 Part Properties 对话框上做以下设置，完成后单击 OK 确定，如图 7.7 所示。

① New location：X = 1342，Y = 64。

② Rotation：0。

③ Lock status：Locked。

7）在设计区域内可以看到连接器 P1 已经定位到需要的坐标点上，并已处于锁定状态，如图 7.8 所示。

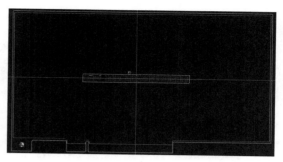

图 7.6　附着在光标上的连接器

7.2.2　使用命令行进行布局

在 Expedition PCB 中还可以使用命令行的方式来实现器件的布局。

1. 放置指定的器件

命令格式：pr < 参考位号 >。

1）在 Expedition PCB 中工具栏上的 Keyin Command Line 中输入 "pr u1"，然后按 < Enter > 键，则参考位号为 U1 的器件会附着在光标上。单击即可将其放置到电路板上，右击则可取消放置。

2）在命令行中输入 "pr u * "，然后按 < Enter > 键，则所有参考位号为 U 开头的器件会依次附着在光标上。依次单击即可将所有 U 开头的器件依次放置到电路板上，右击则可取消放置。

3）在命令行中输入 "pr u1，u2，u3"，然后按 < Enter > 键，则器件 U1、U2、U3 会依次附着在光标上进行放置。

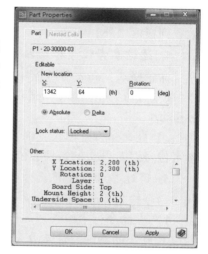

图 7.7　设置连接器放置
坐标与锁定状态

2. 按坐标放置器件

命令格式：pr < 坐标 > − a = < 放置角度 > < 参考位号 >。

1）在命令行中输入 "pr 2000，3000 u1"，然后按 < Enter > 键，则器件 U1 会被放置到坐标点 (2000，3000) 上。

2）在命令行中输入

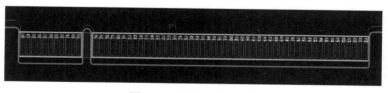

图 7.8　连接器定位放置

"pr 2000，2000 − a = 45 u1"，然后按 < Enter > 键，则器件 U1 会旋转 45° 角放置到坐标点 (2000，2000) 上，如图 7.9 所示。

3. 将器件放置到板框外

命令格式：pr − dist < 参考位号 >。

1）在命令行中输入 "pr-dist u1"，然后按 < Enter > 键，则器件 U1 会被放置到板框之外。

2）在命令行中输入 "pr-dist c * "，然后按 < Enter > 键，则所有参考位号以 C 开头的器件全部会被放置到板框之外，如图 7.10 所示。

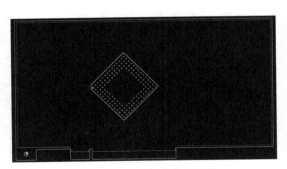

图 7.9　以 45°角度放置器件

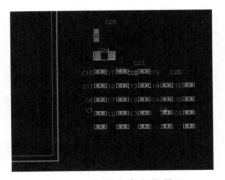

图 7.10　将所有参考位号以
C 开头的器件放置到板框之外

3）在命令行中输入"pr-dist ＊"，然后按＜Enter＞键，则所有未放置的器件都将会被放置到板框之外。

4. 通过参考位号移动器件

命令格式：mr＜参考位号＞。

1）在命令行中输入"mr u1"，然后按＜Enter＞键，则已放置的器件 U1 会附着在光标上，随光标移动。

2）在命令行中输入"mr u1，u2，c ＊"，然后按＜Enter＞键，则已放置的 U1、U2 以及参考位号以 C 开头的器件会依次附着在光标上，随光标移动。

5. 通过参考位号将器件移动一段距离

命令格式：mr dx ＝＜x，y＞＜参考位号＞。

1）在命令行中输入"mr dx ＝100，100 c ＊"，然后按＜Enter＞键，则已放置的参考位号以 C 开头的器件会整体沿 X、Y 轴方向各移动 100（设计单位）。

2）在命令行中输入"mr dx ＝ －50 u1"，然后按＜Enter＞键，则已放置的器件 U1 会沿 X 方向移动 －50（设计单位）。

6. 将器件移动到一个绝对坐标

命令格式：mr＜坐标＞ － a ＝＜放置角度＞＜参考位号＞。

1）在命令行中输入"mr 4000，3000 u1"，然后按＜Enter＞键，则已放置的器件 U1 会移动至坐标点（4000，3000）。

2）在命令行中输入"mr 4000，2000 － a ＝45 u1"，然后按＜Enter＞键，则已放置的器件 U1 会移动至坐标点（4000，2000），并旋转 45°放置。

7. 移动所选器件到绝对坐标位置

命令格式：ms＜坐标＞。

在设计区域中选中器件 U1，然后在命令行中输入"ms 4000，3000"，再按＜Enter＞键，则已选中的器件 U1 会移动至坐标点（4000，3000）。

8. 将所选器件移动一个相对距离

命令格式：ms dx ＝＜x，y＞

1）在设计区域中选中器件 U1，然后在命令行中输入"ms dx ＝ 100，100"，再按＜Enter＞键，则已选中的器件 U1 会沿 X、Y 轴方向各移动 100（设计单位）。

2）在设计区域中选中器件 U1，然后在命令行中输入"ms dx =，－50 u1"，再按
< Enter >键，则已放置的器件 U1 会沿 Y 方向移动－50（设计单位）。

7.2.3　原理图与 PCB 交互布局

在 Expedition PCB 中能够通过原理图与 PCB 交互的方
式实现布局，操作步骤如下：

1）打开原理图和 PCB 项目。

2）在 Expedition PCB 中，单击工具栏上的 ▇ 图标进
入布局模式，然后单击"布局"工具栏上最左侧的 ▇ 图
标，打开 Place Parts and Cells 对话框。

3）在 Criterion 列表选择 Schematic Cross Probe，下方的
选项选择 Attach selected parts to cursor，如图 7.11 所示。设
置完后确保 Place Parts and Cells 对话框一直处于开启状态。

4）回到 DxDesigner 中，在顶层原理图中选择框图
Microprocessor，然后右击选择菜单中的 Push 命令切换至
该框图的底层设计，然后单击选择器件 U1。

5）此时，系统会自动跳转至 Expedition PCB 界面，
并将器件 U1 自动添加在光标上，在合适的位置单击即可
实现 U1 的放置，如图 7.12 所示。

如果用户还需要在原理图中选中多个器件，然后到
Expedition PCB 中依次进行布局，操作步骤如下：

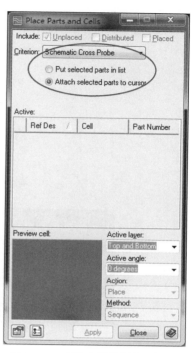

图 7.11　"选中器件添加到 PCB
设计光标上"选项

1）用上述相同的方法打开 Place Parts and Cells 对话框，并在 Criterion 列表选择 Sche-
matic Cross Probe。

2）在 Criterion 列表下方的选项中选择 Put selected parts in list 选项，如图 7.13 所示。

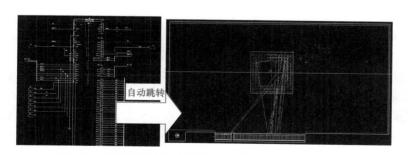

图 7.12　将原理图中选中器件自动添加到 PCB 设计光标上

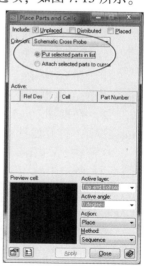

图 7.13　"选中器件添加
到待放置列表"选项

3）回到 DxDesigner 中，在顶层原理图中选择框图 Clock Gen，然后右击选择菜单中的 Push 命令切换至该框图的底层设计，然后复选器件 U21、U22、U23。

4）此时回到 Expedition PCB 界面，在原理图中选中的器件 U21、U22、U23 已自动添加到待放置列表中，使用前面相同的方法即可将它们放置到合适的位置，如图 7.14 所示。

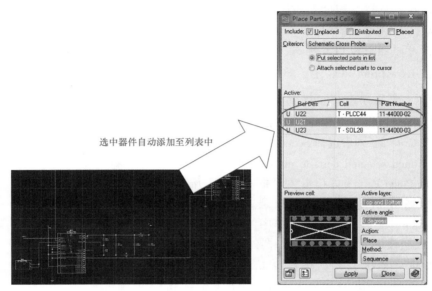

选中器件自动添加至列表中

图 7.14　将原理图中选中器件自动添加至待放置列表中

7.2.4　Cluster 布局

在 Expedition Enterprise（简称 EE）的设计流程中，能够对器件进行归类。归类包含有两种类型：Room 和 Cluster。这两种类型的相同之处在于都能对器件进行归类；不同之处在于 Cluster 不需要在 PCB 上为该类器件进行布局空间的划分，而 Room 则需要在 PCB 上为该类器件划分相应的布局空间。

定义 Cluster 的方法有两种：在原理图中添加属性；在 PCB 中进行定义。

1. 在原理图中添加属性

1）在 DxDesigner 中，选中顶层原理图上的框图 Clock Gen，然后右击选择菜单中的 Push 命令切换至该框图的底层设计。

2）在框图 Clock Gen 的底层设计上，选中所有的器件，然后右击选择菜单中的 Properties 选项，打开属性对话框。

3）在 Properties 对话框的最下面一行（空白行）的 Property 列上单击准备添加属性，如图 7.15 所示。

4）在 Property 列上弹出的属性列表中选择 Cluster，并在 Value 列中输入 Cluster 的名称 Clock_Gen，如图 7.16 所示。完成后按 < Enter > 键确定。

5）在 Expedition PCB 中，执行 Setup→Project Integration 菜单命令，打开对话框，执行一次前向标注，将原理图中添加的 Cluster 属性同步到 PCB 中。

2. 在 PCB 中进行定义

1）在 Expedition PCB 中，打开 Editor Control 界面。

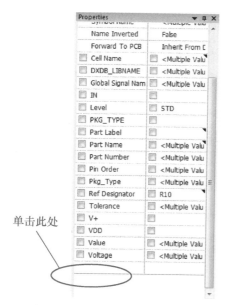

图 7.15　在原理图中添加属性

单击此处

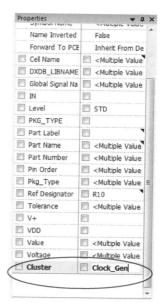

图 7.16　定义 Cluster 属性

2）在 Place 选项卡上，展开 General 选项，然后单击 Clusters & Rooms 按钮，如图 7.17 所示。

3）在弹出的 Clusters & Rooms 对话框中的 Cluster 区域内，单击 Name 后方的 ✳ 图标新建一个 Cluster，并命名为 test，完成后按 <Enter> 键确定。

4）在 Excluded parts 中选择该 Cluster 中需要包含的器件，如 C1 - C10；然后单击后方的 ❯ 图标，将选中的器件添加到 Included parts 中，如图 7.18 所示。

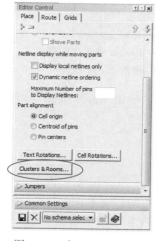

图 7.17　在 Editor Control 中定义 Cluster

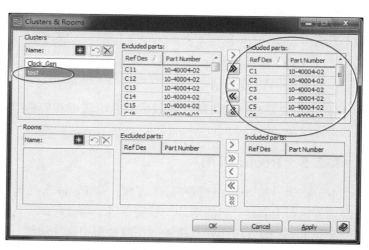

图 7.18　定义 Cluster 并指定相应的器件

5）单击 Clusters & Rooms 对话框上的 OK 按钮，确定新建 Cluster 的定义。

3. 按 Cluster 进行布局

定义好 Cluster 之后，就可以按 Cluster 进行布局。

1) 在 Expedition PCB 中，单击工具栏上的 █ 图标进入布局模式，然后单击"布局"工具栏上最左侧的 █ 图标，打开 Place Parts and Cells 对话框。

2) 在 Include 中勾选 Unplaced，在 Criterion 列表下方的选项中选择 Cluster，在下方的列表中已经可以看到之前定义的 Cluster，并在后方#列中看到每一个 Cluster 中包含的器件个数，如图 7.19 所示。

3) 在列表中选择 Clock_Gen，然后单击列表左侧的 ✓ 图标，该 Cluster 中包含的器件将在激活列表中展开，如图 7.20 所示。

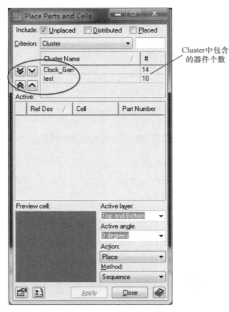

图 7.19　在 Place Parts and Cells
对话框中的 Cluster 信息

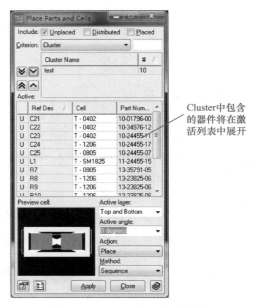

图 7.20　Cluster 中包含的器件
将在激活列表中展开

4) 使用之前相同的方法，在激活列表中选中相应的器件，单击 Apply 按钮即可在电路板上进行放置。

7.2.5　Room 布局

本节将学习按 Room 进行布局的方法。按 Room 布局的方法是先需要定义 Room，然后在电路板上进行 Room 空间的划分，最后在各个划分好的空间中布局相应 Room 中的器件。

定义 Room 的方法同样有两种：在原理图中添加属性；在 PCB 中进行定义。

1. 在原理图中添加属性

1) 在 DxDesigner 中，选中顶层原理图上的框图 Clock Gen，然后右击选择菜单中的 Push 命令切换至该框图的底层设计。

2) 在框图 Clock Gen 的底层设计上，选中所有的器件，然后右击选择菜单中的 Properties，打开"属性"对话框。

3) 在 Properties 对话框的最下面一行（空白行）的 Property 列上单击，在 Property 列上弹出的属性列表中选择 Room，并在 Value 列中输入 Room 的名称 Clock_Gen，如图 7.21 所示。完成后按 <Enter> 键确定。

4）在 Expedition PCB 中，执行 Setup→Project Integration 菜单命令，打开对话框，执行一次前向标注，将原理图中添加的 Room 属性同步到 PCB 中。

2. 在 PCB 中进行定义

1）在 Expedition PCB 中，打开 Editor Control，并在 Place 选项卡上展开 General 选项，然后单击 Clusters & Rooms 按钮。

2）在弹出的 Clusters & Rooms 对话框中的 Room 区域内，单击 Name 后方的 ※ 图标新建一个 Room 并命名为 Microprocessor，完成后按 <Enter> 键确定。

3）在 Excluded parts 中选择该 Room 中需要包含的器件，如 U1、R1、R2，然后单击后方的 > 图标，将选中的器件添加到 Included parts 中，如图 7.22 所示。

4）单击 Clusters & Rooms 对话框上的 OK 按钮，确定新建 Room 的定义。

3. 在电路板上 Room 布局空间的划分

完成对 Room 器件的归类之后，接下来需要在电路板上进行各个 Room 布局空间的划分。

1）在 Expedition PCB 中，单击工具栏上的 ⏧ 图标进入绘图模式。

2）在设计区域中空白处双击系统会自动弹出 Properties 对话框。

3）在 Properties 对话框中，在 Type 区域内选择 Room，然后单击"绘图"工具栏上的 ▢ 图标，准备进行矩形区域的绘制。

4）继续在 Properties 对话框上做以下设置，如图 7.23 所示。

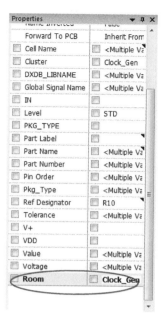

图 7.21　定义 Room 属性

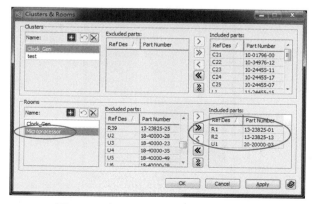

图 7.22　定义 Room 并指定相应的器件

图 7.23　Room 属性的指定

① Layer：Top。

② Name：Clock_Gen。

③ Line width：0。

5）在设计区域中板框的范围内按住鼠标左键绘制出一个矩形区域作为 Clock_Gen 这个 Room 的布局空间。

6）在绘图模式下空白区域内双击，选择 Type = Text、Layer = Assembly Top、String = Clock_Gen，然后将该文本放置到步骤 5）绘制好的矩形区域左下角进行标识。

7）用步骤 2）～ 6）相同的方法，绘制一个矩形区域作为 Microprocessor 的布局空间，绘制完成后的结果如图 7.24 所示。

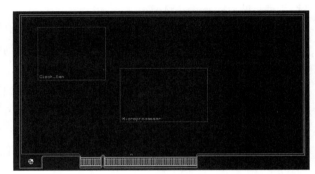

图 7.24　Room 布局空间的绘制

读者还可以再定义几个 Room 并绘制它们的布局空间，如 ROM、Decoder Diff、SRAM Diff、Control Regs、Serial Bus Interface 等。

4. 按 Room 进行布局

1）在 Expedition PCB 中，单击工具栏上的 ▉ 图标进入布局模式，然后单击"布局"工具栏最左侧的 ▉ 图标，打开 Place Parts and Cells 对话框。

2）在 Include 中勾选 Unplaced，在 Criterion 列表下方的选项选择 Room，在下方的列表中已经可以看到之前定义的 Room，并在后方#列中看到每一个 Room 中包含的器件个数，如图 7.25 所示。

3）在列表中选择 Clock_Gen，然后单击列表左侧的 ▼ 图标，该 Room 中包含的器件将在激活列表中展开，如图 7.26 所示。

图 7.25　在 Place Parts and Cells 对话框中的 Room 信息

图 7.26　Room 中包含的器件将在激活列表中展开

4）在激活列表中选中器件 U22，然后单击 Apply 按钮开始进行该器件的放置。

注意：按 Room 进行布局时，该 Room 中所有的器件都只能放置到事先已在电路板上划分好的区域内。

例如：如果将 Clock_Gen 中的器件 U22 放置到其布局空间的外侧，软件会产生一条警告信息"Part is outside its room."，如图 7.27 所示。

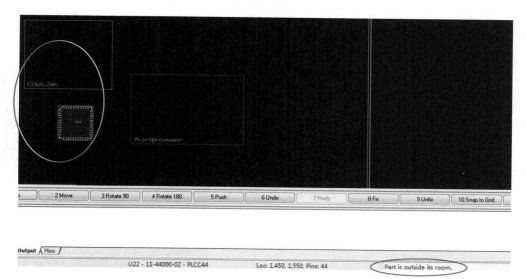

图 7.27　Room 中的器件只能放置在划分好的布局空间内

7.2.6　极坐标阵列布局

在 Expedition PCB 中能够实现器件的极坐标阵列布局。操作步骤如下：

1）单击工具栏上的 ▉ 图标进入布局模式。

2）执行 Place→Polar Place 菜单命令，打开 Polar Array Placement 对话框，如图 7.28 所示。Polar Array Placement 对话框上各选项的含义如下。

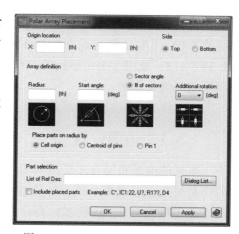

图 7.28　Polar Array Placement 对话框

Origin location：设置极坐标阵列的原点坐标。

Side：选择需要进行极坐标阵列布局器件放置的层。

Array Definition：定义极坐标阵列参数。

◎ Radius：极坐标阵列所在圆的半径

◎ Start angle：极坐标阵列中第一个器件相对于 X 轴的角度

◎ Sector angle：极坐标阵列中每个器件之间的角度

◎ # of sectors：极坐标阵列中均分圆周的扇形个数（如：#of sectors = 20，则器件之间的角度为 18°）。

◎ Additional rotation：附加旋转角度，即器件在放置之前预先旋转的角度。

Place parts on radius by：定义极坐标阵列半径的计算方法。

◎ Cell origin：将极坐标系的原点与器件封装原点之间的距离作为半径。

◎ Centroid of pins：将极坐标系的原点与器件引脚质心之间的距离作为半径。

◎ Pin 1：将极坐标系的原点与引脚 1 中心之间的距离作为半径。

Part selection：选择器件，单击后方的 Dialog List 按钮，选择组成极坐标阵列的器件。

3）在 Origin location 区域中设置极坐标阵列的原点坐标（3000，2000）。

4）在 Side 区域中选择器件放置的层 Top。

5）在 Array definition 区域中做以下设置：

① Radius：300（th）。

② Start angle：0（deg）。

③ # of sectors：10（即每个器件之间的角度为 36°）

④ Additional rotation：0（deg）。

6）在 Place parts on radius by 区域中选择 Cell origin 选项。

7）在 Part selection 区域中单击 Dialog List 按钮，选择器件 C1 ~ C10。

8）单击 Polar Array Placement 对话框上的 OK 按钮，即可实现器件 C1 ~ C10 的极坐标阵列布局，如图 7.29 所示。

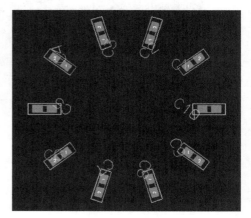

图 7.29　极坐标阵列布局

7.3　电源系统布局与地面设置

因为电源地面系统为整个 PCB 电路和系统供电，其中的"地"作为对所有信号提供零电势和零电位基准，其重要性不言而喻。随着低功耗的发展趋势，主控芯片工作电压也从常用的 5.0V 逐步过渡到现在的 3.3V 和/或 1.8V，在实际 PCB 电路板上存在 5.0V、2.5V、3.3V、1.8V 及用于电机驱动的 9.0V 或 12V 电源，不同电压的电源如何协同工作，就需要采用电源优化方案。

电源优化方案包括地面系统设计与适当布局及去耦两个方面的内容。

7.3.1　地面设置

常见的电源布局有多层板采用的完整电源面和在双面板上采用的电源走线方案。完整电源面是采用整层板为电源的电源布局，用于解决多层电源板的 PCB 设计问题。一般四层板的电源布局如图 7.30a 所示，高频六层板的电源布局如图 7.30b 所示。

完整电源面的特点是在其上不可布线或有其他走线，但在选用去耦电容和高频电容等容性负载时需要考虑完整电源面"大电容"效应的影响。

为提高系统 EMC/EMI 能力，信号层与地面间的距离越小越好，任何关键信号层至地面距离不可大于 0.2mm。一般时钟频率高于 30MHz 的信号层与地面间距离应小于 0.1mm，主频高

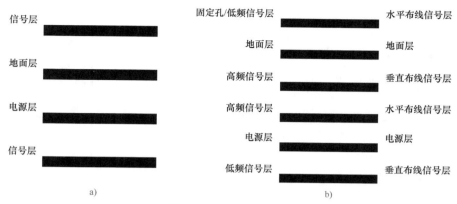

图 7.30　常见电源布局

于 50MHz 的信号层应以带状线形式处理。在主频高于 25MHz 时，应采用多地面布局形式。

对于工程上常用的双面板，一般还是采用电源走线方案。这种方案的特点在于可在 Toplayer 层和 Bottomlayer 层根据布局、走线设定电源和地线。这种设定电源和地面的方式在于灵活性强，但是 EMC/EMI 性能较差。为解决电源走线方案的缺点，常采用以下设计方式。

1. 地面敷铜（Solid Ground Plane）

利用 EDA 软件的敷铜操作将 Toplayer 层或 Bottomlayer 层上位于 GND 网络上的器件或插针引脚通过铜皮连接在一起，但这种地面敷铜方式存在全局性和数字芯片负载增大的缺点。工程上一般在 Toplayer 层或 Bottomlayer 层敷铜设置地面即可，但各类 MCU、DSP、ARM 和 CPLD/FPGA 开发板一般采用双面敷铜设置地面方式以提高系统的 EMC/EMI 能力。这种全局性地面敷铜设置，也就是以地面面积最大的方法可以采用"灌铜"（PADS 软件）或"网格"（Protel-Altium 或 ORCAD 软件）方式。根据思智浦半导体公司（NXP）电子工程师经验，网格间距应小于 13mm，最好是小于 6mm 以减

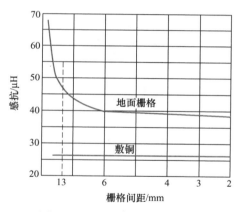

图 7.31　地面栅格与感抗关系

小地面与其他面之间的感抗，仿真和测定的地面栅格间距与感抗之间的关系如图 7.31 所示。

还有一种减小感抗并尽可能最大化地面面积的设计方法就是部分敷铜法，也就是分别选定敷铜区域，分多次将 Toplayer 层和 Bottomlayer 层的差分线、关键模拟信号等进行布线。

2. 双面栅格（Ground Grid）

双面栅格是分别在 Toplayer 层和 Bottomlayer 层以走线方式设置地，再通过过孔将 Toplayer 层和 Bottomlayer 层的地连接在一起形成地面的设计方式。

地面栅格设计方式最理想的情况是一面采用水平布线，另一面采用垂直布线，二者正交。但在实际设计中，也不一定采用严格的正交布线方式。但应确保走线尽可能宽（≥50～100mil）。

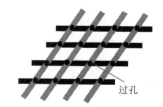

图 7.32　地面栅格与过孔连接

地面栅格与过孔连接如图 7.32 所示。

　　双面栅格走线方式需要考虑电源线走线方式。为减少串扰（crosstalk）和耦合，应避免与具有大电流、高速上升/下降沿（小于 10ns）及高噪声信号的走线平行布线，或在中间铺设电源屏蔽线（ground guard trace）。最理想的布线方式是层与层间或邻近层间的电源线和地线采用平行布线方式以减少环路面积和阻抗，如图 7.33 所示。

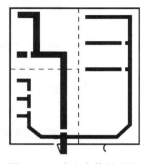

图 7.33　减少串扰的电源

3. 分割地面（Split Ground Plane）

　　分割地面就是因特殊原因不得不在一层上采用两段或若干段铜皮作为地面的设计方法。分割地面的最大问题在于因附近无地面或地线，较大电流容易形成大面积回路而增大地面阻抗和较大的电磁辐射。为解决大回路问题，需要在分割地面增加"连接桥"，通过"连接桥"将若干孤立地面连接形成一块完整地面。所有连接也应在此"连接桥"下走线，以减小环路面积和电磁辐射，如图 7.34 所示。

　　分割地面另一个问题是避免独立铜皮（Metal Islands）或浮地（Float Ground）的存在。由于易于存储或辐射能量，长/宽比≥10 的铜皮应通过至少一个过孔，最好是以每端各一个过孔形式与地面相连，如图 7.35 所示。

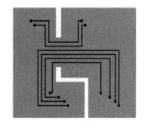

图 7.34　分割地面

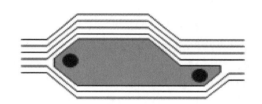

图 7.35　独立铜皮或浮地的接地处理

　　地面的 EMC/EMI 处理程度可以使用地面噪声（Ground Noise）来定义和衡量，并使用公式(7-1) 计算。

$$V_{gn} = \frac{L\Delta i}{\Delta t} \tag{7-1}$$

其中，L 为地面等效电感。

　　例如，在 PCB 电路上某个数字芯片的引脚输入电流是 4mA，4ns 内关闭后输入电流是 0.6mA，线路等效电感是 450nH，由此芯片电流变化引起的地面噪声为

$$V_{gn} = 450\text{nH} \times \frac{(4-0.6)\,\text{mA}}{4\text{ns}} = 0.383\text{V}$$

　　因此，在实际 PCB 电路设计中应尽可能选择低频芯片，并减少不必要的开关操作，同时通过合理的走线和器件布局减小应用回路上的等效电感，以减少地面噪声和电磁辐射。

4. 地面面积

　　为提高 PCB 电路和系统的 EMC/EMI 能力，实际的地面边界应超过元件、走线和电源面。实际超出距离以≥20 倍层间距确定，如图 7.36 所示。

5. 接地引脚与星形连接

　　接地引脚一般用于 PCB 通过排针接头与外界器件或电路板相互连接的场合，通常有电源、

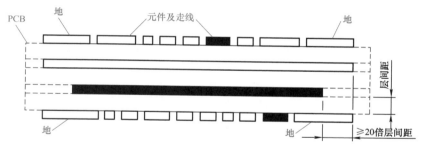

图 7.36　地面面积设计

GND 地、通信引脚及使能等控制引脚组成。这种排针各功能引脚是有一定要求的，总体上是均匀布置多个接地引脚，并且是越关键的引脚离接地引脚越近，如图 7.37 所示。星形连接一般用于走线与接头接地引脚的屏蔽地在线路板上同一或接近位置的场合，如图 7.38 所示。

图 7.37　接地引脚配置方式

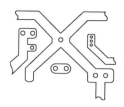

图 7.38　星形连接方式

为提高系统的 ESD 性能，需要在引脚之间、引脚与走线及走线之间设置必要的放电间隙（Spark Gaps）。放电间隙以 8 ~ 10mil 为准，且不可在放电间隙内存在任何焊点（solder resist）。在气压为 p（以大气压为单位），间隙为 $d(\mathrm{mm})$ 时，可耐受的放电电压可以式(7-2) 确定。

$$V = 3000pd + 1350 \tag{7-2}$$

在采用 8mil 间隙时，PCB 电路可耐受的峰值放电电压为 2000 ~ 2500V。

7.3.2　电源布局与去耦

PCB 电路一般采用电源管理芯片或电压调节器（Power Management Chip 或 Voltage Regulator）或外接的直流稳压电源为芯片和各类器件供电，最重要的是滤波电路和去耦电路的设计与应用。通过选择适当的滤波电容、去耦电容及 LC 或 π 滤波器电路尽可能地隔离各类噪声信号，从而最大程度提高 PCB 电路的 EMC/EMI 能力。

在对电源波纹要求不高时，最常用的 EMC/EMI 方法包括以下几种。

1) 在电源管理芯片或电压调节器的电压输入端和输出端配置容量不等的电解电容和瓷片电容作为滤波电容和旁路电容。一般在电压输入端配置一个电解电容和一个瓷片电容即可，但在电压输出端普遍配置一个较大的电解电容（输出 5.0V 一般为 10 ~ 100μF，输出 3.3V/1.8V 一般为 1.0 ~ 10μF）和一个相差 100 倍的较小的钽电容或独石电容（输出 5.0V 一般为 0.1 ~ 1.0μF，输出 3.3V/1.8V 一般为 0.01 ~ 0.1μF）。这些电容要尽可能靠近电源管理芯片或电压调节器，并以最短连线与芯片的输入引脚或输出引脚相连，并保证引脚可靠接地。电气原理图和实际 PCB 图分别如图 7.39a 和图 7.39b 所示。在通过星形连接为多个芯片供电时，C5 一般按大于全部去耦电容总容量十倍的原则来选择和确定。

2) 采用外接直流稳压电源或片上 AC/DC 惠斯通电桥直接或通过电源管理芯片或电压

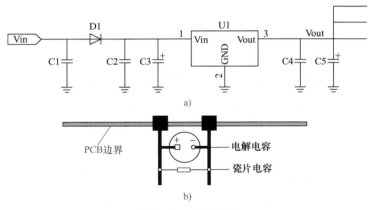

图 7.39   电源配置

调节器为芯片或器件供电时，需要在电源管理芯片或电压调节器或芯片之前加 LC 滤波器或 π 滤波器电路，以进一步提高去除电源噪声性能，如图 7.40a 和图 7.40b 所示。

图 7.40   采用 LC 滤波器或 π 滤波器的电源配置

在为 1MHz 以上低阻抗的电源电路或通信总线去耦时，LC 滤波器或 π 滤波器电路可由配置在 PCB 电源端的铁氧体磁珠（Ferrite Beads）替代，并进一步降低系统的能量损耗。

7.4   数字芯片与模拟芯片布局

选择器件是 PCB 设计的首要任务，只有选择包括主控制器、电源管理芯片以及其他的接口芯片之后才可考虑电气原理图设计和 PCB 设计等问题。

随着微电子技术、芯片制程技术的发展及芯片成本的降低，一个项目或设计方案可供选择的芯片的余地非常大，可用的芯片也非常多，也决定了同一项目设计方案或解决方案有所不同。这些芯片电气参数的不同也就决定了 PCB 电路板采取的 EMC/EMI 措施也有所不同。

7.4.1   数字芯片的选择与 PCB 处理

控制器芯片是一类高性能数字芯片。由于选择与处理上的相同点，本节以控制器芯片为例说明。因一般采用外部时钟及存在高速片上外设等因素，控制器芯片是 PCB 电路上重要的噪声源之一。控制器芯片的性能及采用的 EMI/EMC 措施对 PCB 电路的 EMI/EMC 性能有重要影响。

控制器芯片具有更精细制程、更高集成度、更大容量 Flash/SRAM/EEPROM 及更高运行速度的趋势，在产生更大噪声的同时也对外部噪声更加敏感，更需采取适当的 EMI/EMC 措施以提高系统的稳定性和可靠性。

控制器芯片的选择除了考虑位数、工作电流、引脚数、ESD、Flash/EEPROM/SRAM 容量大小、是否具有 ISP/IAP 功能、片上外设类型及数量等因素外，最重要的就是封装类型、工作电压、工作频率等涉及 EMI/EMC 的因素。

按照系统的 EMI/EMC 要求，控制器芯片的选择遵循以下原则：

1）在同样条件和要求下，有工作电压和电流低的芯片，就不要选择具有大或较大工作电压和电流要求的芯片，尽可能选择宽工作电压且较小工作电流的控制器芯片以适应 UART、CAN、Zigbee 等各类接口芯片要求并降低系统功耗。

2）在同样条件和要求下，尽可能选择 LQFP、TQFP 等封装，而不要选择 DIP 或 SDIP 封装。

3）在同样条件和要求下，有工作频率低的就不应选择高或较高工作频率的芯片，应尽可能选择具有片上时钟电路和复位电路的 ATmega 系列 MCU，或选择具有片上 PLL 可工作在较低工作频率的 MCU，或选择具有双时钟输入功能（较低频率工作在休眠模式下）的控制器芯片，以降低控制器在休眠模式的噪声水平。

4）在同样条件和要求下，尽可能选择片上外设较少和 Flash/EEPROM/SRAM 容量较小的控制器芯片，以进一步降低控制器的工作电流和系统功耗。

在实际的 PCB 电路设计中，控制器芯片尤其需要注意时钟电路设计、复位电路、中断电路和电源去耦系统与接地四个方面的问题。

除具有片上时钟电路的控制器芯片外，外部时钟电路是控制器芯片工作的基础，是 PCB 电路首先需要解决的问题。在采用钟振或有源晶振时，时钟输出引脚应以最短路径与控制器芯片的时钟输入引脚相连。在采用一般的"电容+晶振"电路时，应以电容单点接地、最短路径和最小环路面积为原则，所需的外部时钟电路尽可能靠近控制器的时钟引脚。另外还建议将电容 C1 及 C2 通过单点共地方式与控制器芯片的本地地相连，如图 7.41 所示。除少数公司的芯片外，一般公司的控制器芯片时钟电路不需要起振电阻 R1。

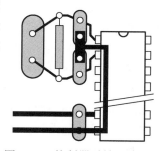

图 7.41　控制器时钟电路设计

为尽可能避免噪声干扰，PCB 上时钟电路的电容 C1 及电容 C2 应单点接地或尽可能靠近地连接在 GND 走线或地面上。晶振体积较大时，最好按与控制器纵向方向平行布局。由于是高频 RF 电路，控制器芯片时钟电路周围应避免有对噪声敏感的中断信号、复位信号及模拟信号走线。采用有引脚的电容和晶振或钟振时，焊接完成后应尽可能剪短这些暴露引脚。

复位电路是 PCB 第二个敏感信号电路。在直升机飞行控制等高可靠性和安全性要求场合，需选择专用复位芯片为 ARM、DSP、MCU 或其他控制器提供复位信号。一般情况下，可使用电阻、电容、按钮及二极管组成的有手动及上电复位功能的复位电路，低电平与高电平复位电路分别如图 7.42a 和图 7.42b 所示。

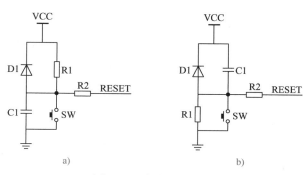

图 7.42　复位电路设计

R2 为限流电路，一般可不用。在实际 PCB 设计中，RESET 信号应尽可能靠近控制器芯片，附近不宜布置可引起干扰的大电流和高频数字信号走线，以免其非正常复位，并在线两侧布置局部敷铜地面以进一步抑制干扰信号。

中断电路是 PCB 另一个敏感电路，也是 PCB EMC/EMI 设计中需要注意的信号线路。一般控制器芯片中断具有电平信号跳变触发和低/高电平信号触发性质，尤其是电平信号跳变触发的中断对信号的上升沿或下降沿更敏感。为避免意外中断的发生，对上升沿触发的中断信号采用下拉电阻配置方式，下拉电阻一般为 5 ~ 10kΩ。对下降沿触发的中断信号采用上拉电阻配置方式，上拉电阻一般为 1 ~ 5kΩ。为提高 EMC/EMI 能力，也可在其两侧布置与 GND 连接的局部敷铜地面以进一步抑制干扰信号。

电源系统去耦与接地是控制器芯片 EMC/EMI 功能的基础和核心。最重要的设计原则是每个电源引脚与最近的 GND 引脚间均配去耦电容，每个 GND 引脚以最短路径与最近的 GND 底线相连，或扇入后经过孔与其下的敷铜地面相连以实现最大程度的电源去耦，分别如图 7.43a 和图 7.43b 所示。

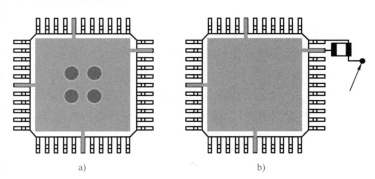

图 7.43　控制器芯片电源系统去耦与接地设计

其余数字芯片的处理与控制器芯片的选择及 PCB 处理类似，最关键也是电源去耦与接地及未使用引脚的处理问题。对于未使用引脚一般通过下拉电阻接地或经上拉电阻接电源两种处理方案，具体的设计方案参见有关芯片的技术文档，但以下拉接地方式较为常见。电源去耦与接地处理中最主要的是去耦芯片的选择，所需去耦芯片总容量一般按公式(7-3) 确定：

$$C = \frac{it}{u} \tag{7-3}$$

其中，i 为电源系统的最大平均电流，t 为芯片时钟周期，u 为可接受的电压波纹，默认为 1%。例如，对于 5.0V 电源系统可接受的电压波纹 $u = 0.25V$，芯片时钟周期为 50ns，电源系统平均器件电流 $i = 100mA$ 时，所需的去耦电容需大于 115nF。

7.4.2　模拟芯片的选择与 PCB 处理

模拟芯片一般为 ADC 和 DAC 芯片，CAN、USB 和 RS485/422 等采用差分信号形式的接口芯片也可归类为模拟芯片的范畴。模拟芯片的选择主要考虑工作电压、最大工作电流、ESD、转换速率、精度及摆率几方面的问题。在可能情况下，优先选择高 ESD 及低摆率的模拟芯片。

模拟芯片的 PCB 处理与数字芯片类似，主要在于差分信号线与模拟信号线的处理两个方面。其中，差分信号线应尽可能靠近、平行、等长，并以最短连线与控制器芯片及其他芯片相连，需要在差分信号两侧及中间布置局部敷铜地面以抑制可能的噪声信号。模拟信号线应尽可能宽，以降低其电阻和流经其上模拟信号的压降。通常，关键的模拟信号线两侧也布置局部敷铜地面以抑制可能的噪声信号。差分信号线和模拟信号线两侧尽可能不要布置有大电流的走线和高频通断的数字信号。

对于有感性负载性质的电机、继电器和电机驱动芯片等模拟装置，最重要的 PCB 处理原则是设置必要的续流二极管和泄荷回路以避免断电或掉电瞬间产生较大电动势对 PCB 上的数字芯片和模拟芯片产生永久性损害。一般的布置方式是将续流二极管与继电器的线圈并联，在电机驱动芯片与电机的驱动接口线路上分别布置两个上拉至电机驱动电源和下拉至电机"地线"的续流二极管，以形成电机正转和反转时的独立泄荷回路，分别如图 7.44a 和图 7.44b 所示。

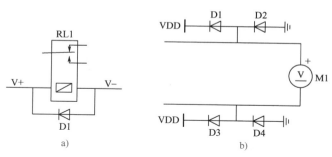

图 7.44　模拟电路 PCB 设计与处理

因驱动电机需要，电机、继电器和电机驱动芯片等装置普遍具有较大工作电流，应通过"镀锡""阻焊"等软件操作增加其电流通过能力以免烧落，其地线也不应与数字信号的 GND 直接相连，而应通过专用的接地回路与电源相连，再在电源端经磁珠或零欧电阻与数字地单点相连，这就是所谓的"单点共地"设计方法。

"单点共地"设计方法的最大优点是可以避免电机、继电器和电机驱动芯片"模拟地"上电压的波动对 PCB 上的数字芯片形成噪声干扰，从而提高了系统的 EMC/EMI 能力。

7.4.3　器件布局

器件布局是将选定的器件和元件在 PCB 电路板上摆放的方法。在专业大公司中有专门的 Layout 工程师，专业从事 PCB 的器件布局工作，在 Routing 工程师布线之前完成 PCB 的器件布局工作。

一般的器件布局是按照元件性质及处理信号的属性进行布局，也就是按照元件和器件处理的信号性质（数字信号或模拟信号）及电流的大小将这些元件和器件分别摆放在 PCB 的不同位置，以使其相互的干扰最小，从而提高 PCB 的 EMC 和 EMI 能力。

通常，将信号分为模拟信号、数字信号、电源信号、高噪（包括大电流驱动及高频信号）信号及 I/O 信号（包括插头及接线柱）等类型，元件也相应分为模拟元件、数字元件、电源元件、高噪元件及 I/O 元件。在器件布局方面，CAN、USB 及 RS485/422 等采用差分信号形式的元件在高频电路中可作为模拟元件处理，但在低频电路中可作为数字电路处理。

布局总原则是：分区布局、最小回路、尽可能减少元件间的交叉走线和串扰、信号流向为左进右出或上进下出。为提高系统的 EMC/EMI 性能，一般低频 PCB 器件布局如图 7.45 所示。

在各个区域内元件的布局时，应以尽可能减少同一区域内元件间的交叉走线及不同区域内元件间的交叉走线为原则。除不同区域间元件有接口走线外，彼此间应尽可能减少交叉走线和互联走线。

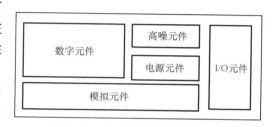

图 7.45　典型元器件布局示意图

在同一区域内元件间交叉走线或不同区域间元件交叉走线较多时，应调整元件布局和放置方向以尽可能减少这些元件间交叉走线。

在设计原理图时应根据性质和所属区域为元件增加一前缀以便于 Layout 工程师识别和布局作业，而不是笼统地以 R1、R2 等命名元件。例如，模拟元件以 aR1、aR2、aC1、aC2、aU1、aU2、…、aJ1、aJ2 等命名，数字元件以 dR1、dR2、dC1、dC2、dU1、dU2、…、dJ1、dJ2 等命名，技术人员审阅时能够根据不同前缀识别其属性和所在区域。

具有高频信号的 PCB 布局与低频电路布局有所不同。在较低频信号输入而较高频信号输出场合，较高频信号应靠近 I/O 元件以减小可能的环路面积，如图 7.46a 所示。在较高频信号输入而较低频信号输出场合，较低频信号应靠近 I/O 元件以减少较高频信号与 I/O 元件间的电磁耦合，如图 7.46b 所示，这种布局较符合信号流向及最小回路原则，这是与低频信号布局的最大不同之处。这种场合的信号与 I/O 元件间距以 50mm 或 2in 为标准。

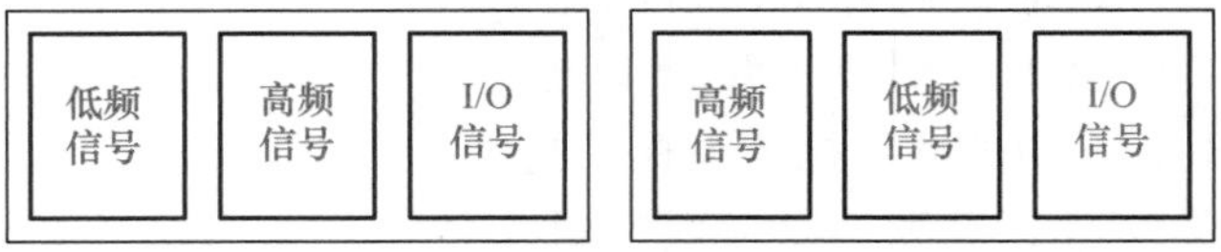

a)　　b)

图 7.46　典型高频电路布局示意图

在器件布局中还经常遇到“共地”问题，也就是不同区域间元件如何接地的问题。因较高的地面阻抗，在低于 1MHz 的低压信号和低频电路情况下“单点共地”是较理想的接地处理方法，如图 7.47a 所示。在其余场合下，因为具有较低的地面阻抗及可提供较大的工作电流，“多点共地”是较理想的接地处理方法，如图 7.47b 所示，其中黑色区域为地面。

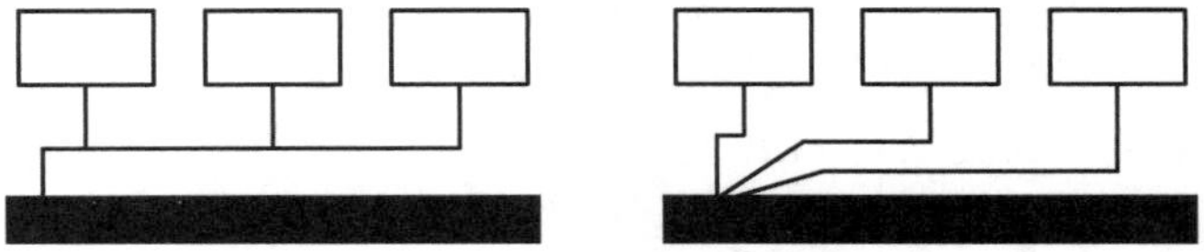

a)　　b)

图 7.47　典型共地电路布局示意图

相比较而言，“多点共地”形式具有更好的 ESD 能力，也是 PCB 电路中最为常用的 EMC/EMI 技术之一。

7.5　布局调整与优化

在器件的布局初步确定之后，可能还存在大量飞线交叉的情况，这将会给以后的布线工作带来困难。因此，还需要对布局进行优化，减少信号飞线的交叉。

在 Expedition PCB 中进行布局优化的方法主要包括元器件交换、门交换、引脚交换等。

7.5.1　元器件交换

打开 Demo 工程的 PCB 文件，找到电路板上左下方的器件 U5 和 U8，在布线模式下按住鼠标左键框选 U5 和 U8 所有的焊盘，可以看到 U5、U8 和连接器 P1 之间的飞线存在交叉，如图 7.48 所示。

下面通过元器件交换的方式来减少 U5、U8 和连接器 P1 之间飞线的交叉，操作方法如下：

1）单击工具栏上的图标进入布局模式。

2）在设计区域中，按住 <Ctrl> 键复选器件 U5 和 U8。

3）单击“布局”工具栏上的图标，即可实现器件 U5 和 U8 的位置交换。

完成元器件交换后，再进入布线模式，按住鼠标左键框选 U5 和 U8 的所有焊盘，可以看到之前存在交叉的飞线已经得到了改善，如图 7.49 所示。

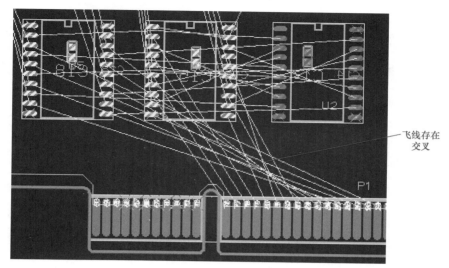

飞线存在
交叉

图 7.48　飞线存在交叉

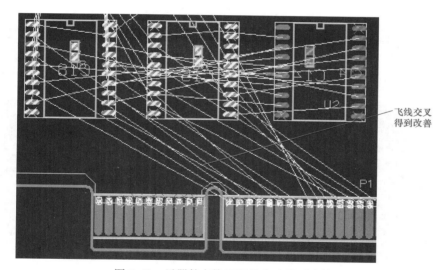

飞线交叉
得到改善

图 7.49　元器件交换后飞线交叉得到改善

7.5.2　门交换

对于早期的 54、74 系列逻辑芯片，通常会在一片芯片中集成多个功能相同的逻辑门。而在原理图设计中进行网络分配时，并不会考虑是否会在 PCB 中出现飞线交叉的情况，而在 Expedition PCB 中可以使用门交换（Swap Gates）功能实现优化，减少飞线的交叉。

在 Expedition PCB 中要使用门交换功能，首先需要在建库时对相应器件进行门交换的设置，打开 Demo-library 中心库，在左侧的树形列表中进入分区：单击 Parts→COTs，在器件 18 - 40000 - 25 上双击打开 Part Editor 对话框，并单击右下角的 Pin Mapping 按钮，在弹出的对话框下部的 Logical 选项卡中可以看到该器件同一个 Gate（门）包含 4 个 Slot，如图 7.50 所示。同一 Gate 的各 Slot 之间能够进行门交换。

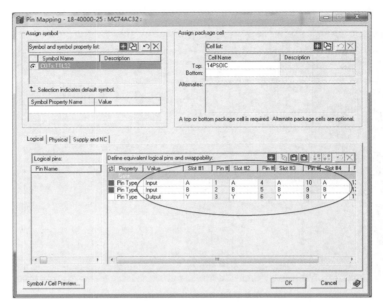

图 7.50　中心库中门交换的设置

接下来打开 Demo 工程的 PCB 文件，找到电路板上中部的器件 U28，在布线模式下选中引脚 3、6 的焊盘，这两个引脚是 U28 中两个功能相同逻辑门的输出引脚，可以看到飞线存在交叉，如图 7.51 所示。

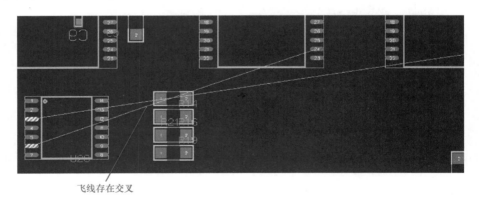

飞线存在交叉

图 7.51　飞线存在交叉

使用门交换功能来消除飞线的交叉，操作方法如下：

1）单击工具栏上的 ✕ 图标，进入布线模式。

2）执行 Route→Swap→Gates 或单击"布线"工具栏上的 图标，打开"门交换"命令。此时，在状态栏中会输出信息：Select pin of the first gate to swap，提示选择需要进行门交换的第一个引脚。

3）在设计区域中单击 U28 的引脚 3，此时引脚 3 会以黄蓝相间的斜线高亮显示，同时引脚 6、8、11 会以白蓝相间的斜线高亮显示，这表示它们处于同一个门交换组内（建库时已设置好），如图 7.52 所示。

4）选择 U28 的引脚 3 后，在状态栏中会输出信息：Select pin from second gate to swap，提示选择门交换组内的第二个引脚，选择引脚 6。

5）选择 U28 的引脚 6 后，在状态栏中会输出信息：Confirm Swap，此时在设计区域中空白处单击以确认交换。

6）在布线模式下，再次选择 U28 的

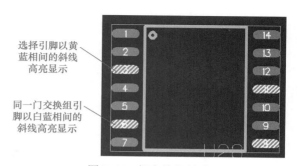

选择引脚以黄蓝相间的斜线高亮显示

同一门交换组引脚以白蓝相间的斜线高亮显示

图 7.52　门交换组显示

引脚 3 和 6，可以看到执行门交换功能后飞线已经不再交叉，如图 7.53 所示。

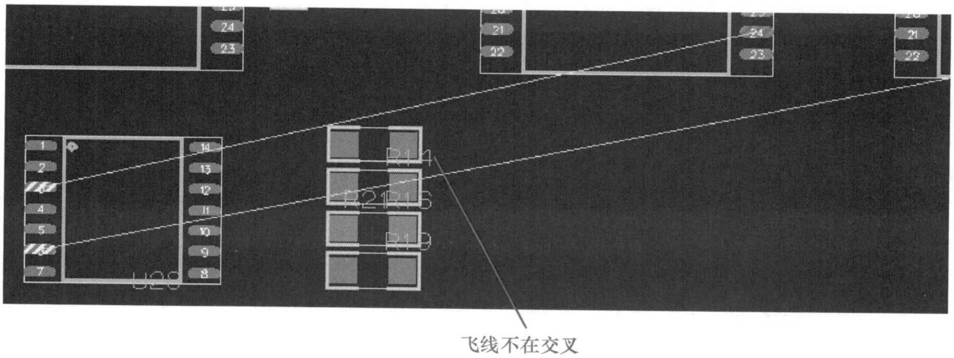

飞线不在交叉

图 7.53　门交换后飞线不再交叉

7）执行 ECO→Back Annotate 菜单选项，进行反向标注，将门交换后的引脚分配信息标注回原理图中，同步前后端设计。

7.5.3　引脚交换

在当前的设计中，还有一类交换功能使用更加广泛，这就是引脚交换。电路板设计中，FPGA 器件的使用相当广泛，而在原理图设计中进行 FPGA 引脚初始分配时，往往不会事先去考虑飞线交叉对 PCB 的影响。而是到 PCB 设计阶段时，再使用引脚交换功能去进行 I/O 分配的优化。

在 Expedition PCB 中要使用引脚交换功能，首先需要在建库时对相应器件进行引脚交换的设置，打开 Demo-library 中心库，在左侧的树形列表中进入分区：执行 Parts→custom，在器件 20-20000-10 上双击打开 Part Editor 对话框，并单击右下角的 Pin Mapping 按钮，在弹出的对话框下部的 Logical 选项卡中可以看到该器件包含多个引脚交换组，每一个引脚交换组都用一个符号进行标识，如图 7.54 所示。这样的设置将允许该器件在 PCB 中进行引脚交换。

接下来，打开 Demo 工程的 PCB 文件，找到电路板上中部的器件 U25，在布线模式下选中引脚 9、10 的焊盘，这两个引脚是 U25 中同一引脚交换组内的两个引脚，可以看到飞线存在交叉，如图 7.55 所示。

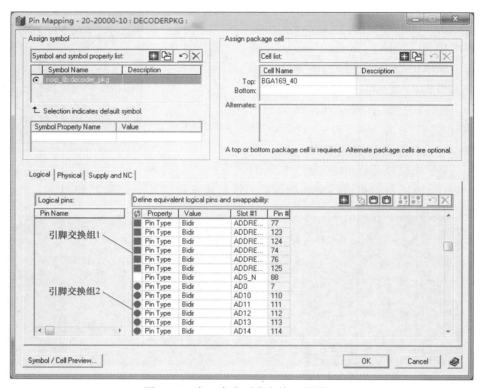

图 7.54　中心库中引脚交换组的设置

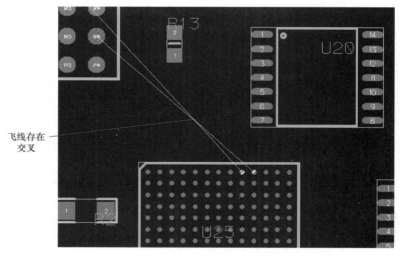

图 7.55　飞线存在交叉

可以使用门交换功能来消除飞线的交叉，操作方法如下：

1）单击工具栏上的 ✕ 图标进入布线模式。

2）执行 Route→Swap→Pins 菜单命令或单击 "布线" 工具栏上的 图标，打开 "引脚交换" 命令。此时，在状态栏中会输出信息：Select first pin to Swap，提示选择需要进行引脚交换的第一个引脚。

3）在设计区域中单击 U25 的引脚 9，此时引脚 9 会以黄蓝相间的斜线高亮显示，同时与引脚 9 在同一交换组的其他引脚会以白蓝相间的斜线高亮显示（建库时已设置好），如图 7.56 所示。

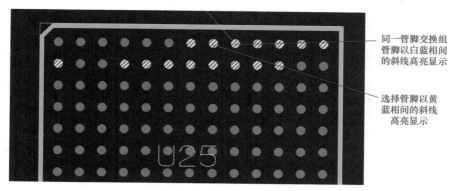

同一管脚交换组管脚以白蓝相间的斜线高亮显示

选择管脚以黄蓝相间的斜线高亮显示

图 7.56　引脚交换组显示

4）选择 U25 的引脚 9 后，在状态栏中会输出信息：Select second pin to Swap，提示选择引脚交换组内的第二个引脚，然后选择引脚 10。

5）选择 U25 的引脚 10 后，在状态栏中会输出信息：Confirm Swap，此时在设计区域中空白处单击以确认交换。

6）在布线模式下，再次选择 U25 的引脚 9、10，可以看到执行引脚交换后飞线已经不再交叉，如图 7.57 所示。

7）执行 ECO→Back Annotate 菜单命令，进行反向标注，将交换后的引脚分配信息标注回原理图中，同步前后端设计。

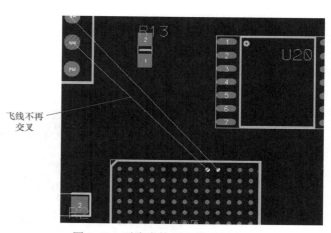

飞线不再交叉

图 7.57　引脚交换后飞线不再交叉

7.5.4　差分对交换

还有一类交换也会经常用到，这就是差分对交换。在 FPGA 中，差分 I/O 引脚不允许同一对差分对中的 P 端和 N 端反接。因此，在进行差分对交换时，应当对同一差分交换组内的两个差分对进行整体的交换：P 端对应 P 端，N 端对应 N 端。

在 Expedition PCB 中要使用差分对交换功能，首先需要在建库时对相应器件进行差分对交换的设置。打开 Demo-library 中心库，在左侧的树形列表中进入分区：执行 Parts→FPGA，在器件 4VSX55 上双击打开 Part Editor 对话框，并单击右下角的 Pin Mapping 按钮，在弹出的对话框左上部 Assign symbol 区域中选择 FPGA：4VSX55_6_pcb，在下部的 Logical 选项卡中可以看到该器件 Bank6 的 Gate 中包含多个 Slot，在同一 Gate 中的各 Slot 对应差分引脚能够整体进行差分对交换，如图 7.58 所示。

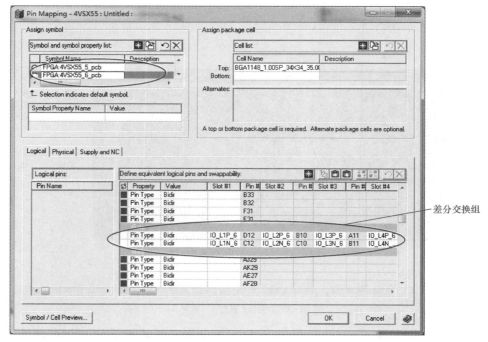

图 7.58　中心库中差分交换组设置

接下来，打开 Demo 工程的 PCB 文件，可以看到 U1 与 J1 之间的飞线存在交叉，如图 7.59 所示。

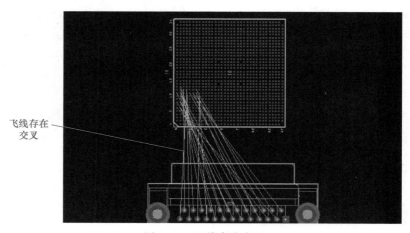

图 7.59　飞线存在交叉

要使用差分对交换功能，除了在建库时需要做设置外，在工程中还需要将相应的网络在 CES 中创建为差分对才能实现，单击工具栏上的 CES 图标，进入约束管理器 CES 界面，然后在 CES 的对话框左侧的树形列表中选择 Constraint Classes，在表格区域内单击（All）展开网络列表，可以看到差分对已创建好，如图 7.60 所示。

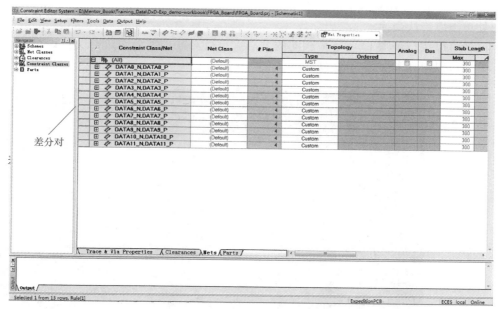

图 7.60　CES 中差分对的设置

下面使用差分对交换功能来减少 U1 与 J1 之间的飞线交叉，操作方法如下：

1）单击工具栏上的 图标，进入布线模式。

2）选择 Route→Swap→Diff Pairs 选项，打开"差分对交换"命令。此时，在状态栏中会输出信息：Select pin of the first Diff pair to Swap，提示选择需要进行差分对交换的第一个引脚。

3）在设计区域中单击 U1 的引脚 C12，此时引脚 C12 会以黄蓝相间的斜线高亮显示，同时与引脚 C12 在同一差分交换组的其他引脚会以白蓝相间的斜线高亮显示（建库时已设置好），如图 7.61 所示。

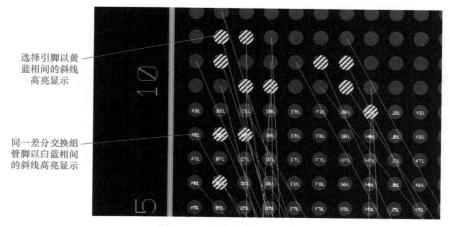

图 7.61　差分交换组显示

4）选择 U1 的引脚 C12 后，在状态栏中会输出信息：Select pin from the second Diff Pair to Swap，提示选择引脚交换组内的第二个引脚，然后选择引脚 B6。

5）选择 U1 的引脚 B6 后，在状态栏中会输出信息：Confirm Swap，此时在设计区域中空白处单击以确认交换。

读者可以按与步骤 1）~5）相同的方法，自行对其他差分对进行交换以减少飞线的交叉。最终可以得到类似图 7.62 所示的优化效果。

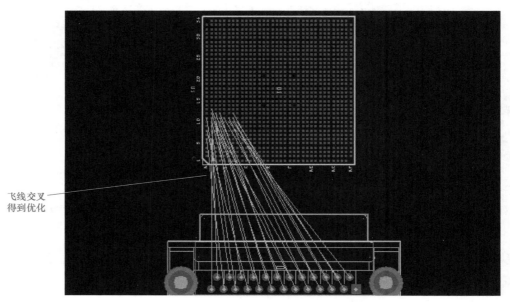

飞线交叉
得到优化

图 7.62　经过差分对交换优化过后飞线交叉得以减少

6）执行 ECO→Back Annotate 菜单命令，进行反向标注，将差分对交换后的引脚分配信息标注回原理图中，同步前后端设计。

7.5.5　自动交换

Expedition PCB 还提供了自动交换的功能，通过对已经布局的器件进行自动交换、旋转、翻转等操作，以达到减少飞线长度和交叉、优化布局的目的。主要包括有两类自动交换：通过封装名进行自动交换/旋转、通过器件型号进行自动交换。下面分别对这两类自动交换的方法进行介绍。

1. 通过封装名进行自动交换、旋转

1）单击工具栏上的 ▊ 图标，进入布局模式。

2）选择 Place→Automatic→Swap/Rotate by Cell Name 选项，打开 Automatic Swap/Rotate by Cell Name 对话框，如图 7.63 所示。

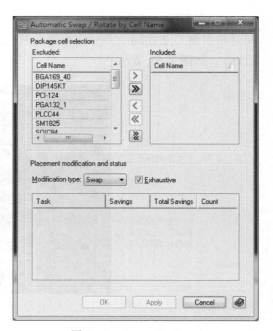

图 7.63　Automatic Swap/
Rotate by Cell Name 对话框

Package cell selection：选择需要进行自动交换操作的封装。

◎ Excluded：不需要进行自动交换的封装。

◎ Included：需要进行自动交换的封装。

Placement modification and status：选择修改操作的类型和显示任务状态。

Modification type：选择修改操作的类型。

◎ Swap：对相同名称的封装进行交换以减少飞线的长度。

◎ Rotate：对封装进行旋转以减少飞线的长度，其中正方形封装旋转 90°，其他封装旋转 180°。

◎ Flip：对所有封装旋转 180°，以减少飞线的长度。

Exhaustive：勾选此选项，将对自动交换/旋转操作进行反复迭代，直到无法再对减少飞线长度进行改进。

3）单击 Package cell selection 区域内的 ≫ 图标，将所有封装添加到 Included 列表中。

4）选择 Modification type 为 Rotate。

5）单击 Apply 按钮，开始执行自动旋转。完成后，在任务状态中会显示任务完成的状态。

6）将 Modification type 改为 Swap，然后单击 Apply 按钮，执行完毕后，显示任务状态如图 7.64 所示。

综上所述，Swap/Rotate by Cell Name 命令是试着通过对封装进行交换、旋转以减少飞线的长度和交叉。在命令执行的过程中，不会将器件移动到分组（Group）里，也不会把器件从分组里移出来。命令仅仅将两个相同封装的位置相互交换，不会将一个器件移动到没有使用的位置，因此执行该命令后不需要进行反向标注。

2. 通过器件型号进行自动交换

1）单击工具栏上的 ■ 图标，进入布局模式。

2）选择 Place→Automatic→Swap by Part Number 选项，打开 Automatic Swap by Part Number 对话框，如图 7.65 所示。

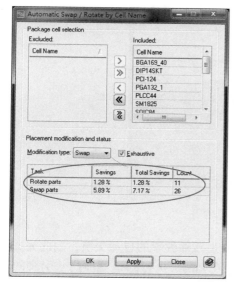

图 7.64　命令执行结果

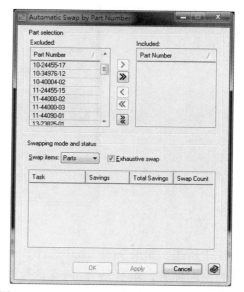

图 7.65　Automatic Swap by Part Number 对话框

Part selection：选择需要进行自动交换操作的器件。

◎ Excluded：不需要进行自动交换的器件。

◎ Included：需要进行自动交换的器件。

Swapping mode and status：选择交换操作的类型和显示任务状态。

Swap items：选择交换操作的类型。

◎ Parts：进行器件自动交换。

◎ Gates：进行门自动交换。

◎ Pins：进行引脚自动交换。

Exhaustive swap：勾选此选项，将对自动交换操作进行反复迭代，直到无法再对减少飞线长度进行改进。

3）单击 Part selection 区域内的 ▶▶ 图标，将所有器件添加到 Included 列表中。

4）选择 Swap items 为 Parts。

5）单击 Apply 按钮，开始执行器件自动交换。完成后，在任务状态中会显示任务完成的状态。

6）将 Swap items 改为 Gates，然后单击 Apply 按钮，完成后，在任务状态中会显示任务完成的状态。

7）再将 Swap items 改为 Pins，然后单击 Apply 按钮，运行完毕后，显示任务状态如图 7.66 所示。

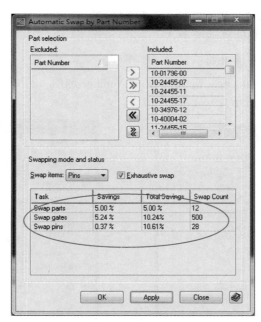

图 7.66 命令执行结果

综上所述，如果 Swap items 选择 Parts，执行的是器件位置的自动交换，因此完成后不需要进行反向标注；如果 Swap items 选择的是 Gates 或 Pins，执行的是器件门、引脚的自动交换，因此完成后必须要进行反向标注来同步原理图的设计。

第8章
PCB布线

8.1 PCB 布线规划

在 PCB 设计中，布线是完成产品设计的重要步骤。布线的过程就是将信号传输路径进行物理实现。因此，前面的规划、布局、I/O 分配优化等过程，最终都是为了实现 PCB 布线而做的工作。

布线不是简单地将原理图中定义好的引脚连接关系使用实际的铜线连接去实现，在前面的章节中，已经提到了基于设计约束驱动的设计流程概念，在高速 PCB 设计流程中，布线的过程必须严格遵循设计约束条件来设置。只有这样，设计出来的 PCB 的质量才能够得到保证。

在进行元器件布线时，应遵守以下总体原则：

1）布线优先次序应当遵循关键信号优先、密度优先原则。

① 关键信号优先：电源、模拟小信号、高速信号、时钟信号等关键信号优先布线。

② 密度优先：从 PCB 上连接关系最复杂的器件（如 FPGA）开始布线。

2）尽量为时钟信号、高速信号、敏感信号等关键信号提供专门的布线层，并采用带状线结构在内层走线。

3）并行走线原则。

① 同一层或者相邻走线层都要避免信号间的耦合和串扰。

② 对于关键信号，需要分析允许并行的最大长度和间距。

4）电流回路原则。

① 在低频时，返回路径是电阻最小的路径；在高频时，返回路径是电感最小的路径，如图 8.1 所示。

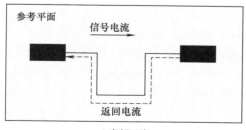

a) 高频回路

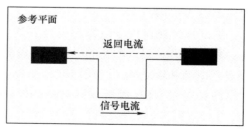

b) 低频回路

图 8.1 电流的高频回路与低频回路

② 如果使用走线作为回流路径，应当尽量加粗走线，包括电源、地和大功率的信号线。

③ 如果不能采用参考平面作为回流路径，应采用星形连接走线。

④ 环路最小原则，即信号线与其回路构成的环路面积要尽可能小，环面积越小，对外的辐射越小，接收外界的干扰也越小。

⑤ 不要跨分割走线。跨分割走线使得环路面积增大，容易受到干扰或干扰其他器件，如图 8.2 所示。

5）同一层或者相邻走线层都要避免信号间的耦合和串扰。

6）布线的开环、闭环检查规则。

① 不允许出现一端浮空的布线（Dangling Line），减少不必要的干扰辐射和接收。

② 防止信号线在不同层间形成自环。

7）阻抗连续性检查规则。同一网

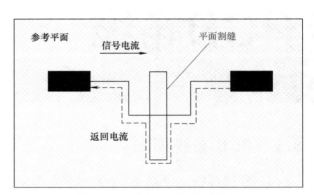

图 8.2　跨分割走线的回流路径

络的布线宽度应保持一致，线宽的变化会导致线路特性阻抗不均匀，当传输的速度较高时会产生反射，在设计中应该尽量避免这种情况。在某些条件下，如接插件引出线、BGA 封装的引出线等，可能无法避免线宽的变化，应该尽量减少中间不一致部分的有效长度。

8）传输线端接规则。为了保证信号的输入和输出阻抗与传输线的阻抗正确匹配，可以采用多种形式的匹配方法，所选择的匹配方法与布线的拓扑结构有关。

① 点对点拓扑：可以选择源端串联匹配或终端并联匹配。

② 点对多点拓扑（多个负载）：当网络的拓扑结构为菊花链时，应选择终端并联匹配。当网络为星形结构时，可以参考点对点结构。

9）分支线（Stub）长度控制规则。应尽量减少菊花链拓扑结构中的分支线长度。

10）走线长度控制规则。应使布线长度尽量短，以减少由于走线过长带来的反射与干扰问题。

11）倒角规则。PCB 设计中应避免产生锐角和直角，防止产生不必要的辐射，同时工艺性能也不好。

12）3W 规则。为了减少线间串扰，应保证线间距足够大，当线间距不少于 3 倍线宽时，则可保持 70% 的电场不互相干扰，称为 3W 规则。如要达到 98% 的电场不互相干扰，可使用 10W 的间距。

13）20H 规则。由于电源层与地层之间的电场是变化的，在板的边缘会向外辐射电磁干扰，称为边沿效应。解决的办法是将电源层内缩，使得电场只在接地层的范围内传播。以一个 H（电源和地之间的介质厚度）为单位，若内缩 20H 则可以将 70% 的电场限制在接地层边沿内；内缩 100H 则可以将 98% 的电场限制在内。

8.2　布线设置

在 EE Flow 中，布线相关设置主要包含两部分的内容：设计约束规则的设置、软件工作模式与参数的设置。在"PCB 设计环境设定"的章节中，已经详细介绍了在 Expedition PCB 中进行模式与参数设置几个菜单与组件，包括菜单项 Setup Parameters、Plane Assignments 以及控制组件 Editor Control。在本节中，将通过一些实例来学习如何进行布线的设置。

8.2.1　PCB 层数设置

1）选择 Setup→Setup Parameters 选项，打开 Setup Parameters 对话框，并选择 General 选项卡。

2）在 Layers 区域的 Numbers of physical layers 后方的空白处输入需要的层数：6，然后单击 Remap Layers 按钮进行层的重新映射。

3）在弹出的 Remap Layers 对话框上单击 OK 按钮。

4）在 Setup Parameters 对话框上单击 OK 按钮，确认更改，如图 8.3 所示。

8.2.2　单位设置

1）选择 Setup→Setup Parameters 选项，打开 Setup Parameters 对话框，并选择 General 选项卡。

2）在 Display units 区域的 Design units 下拉列表中选择 Thousandths（千分之一英寸，即 mil）。

3）单击 Setup Parameters 对话框上的 OK 按钮，确认更改，如图 8.4 所示。

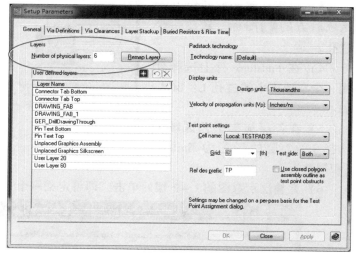

图 8.3　设置物理层数

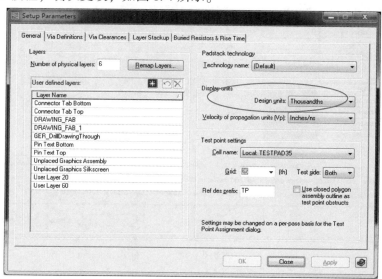

图 8.4　设置设计单位

8.2.3 过孔设置

1）选择 Setup→Setup Parameters 选项，打开 Setup Parameters 对话框，并选择 Via Definition 选项卡。

2）单击默认过孔 Layer Range 行上的名称 Through Via，选中该过孔，然后单击 Via span definitions 区域后方的 ✖ 图标，删除默认过孔，如图 8.5 所示。

3）单击 Via span definitions 区域后方的 ✳ 图标，新建一个过孔。

4）在 Padstack 行上选择使用一个本地库中的过孔 L：BGAVIA。

5）在各层加工工艺区域上选择 1～2 层的工艺为 Buildup（积层法）。

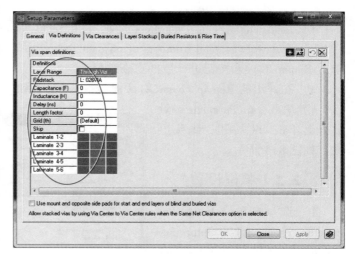

图 8.5 删除默认过孔

6）在叠层示意图的 1～2 层处单击，即可定义一个 1～2 层的盲孔，如图 8.6 所示。

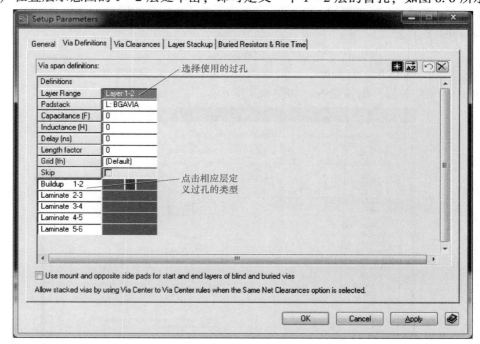

图 8.6 定义一个盲孔

7）重复步骤 3）～6），定义以下过孔，完成后如图 8.7 所示。

盲孔（Layer2－5）：Padstack 设置为 L：STANDARDVIA，工艺设置为 Laminate。

埋孔（Layer5 - 6）：Padstack 设置为 L：BGAVIA，工艺设置为 Buildup。

通孔（Through）：Padstack 设置为 L：STANDARDVIA，工艺设置为 1 - 2 Buildup/2 - 5 Laminate/5 - 6 Buildup。

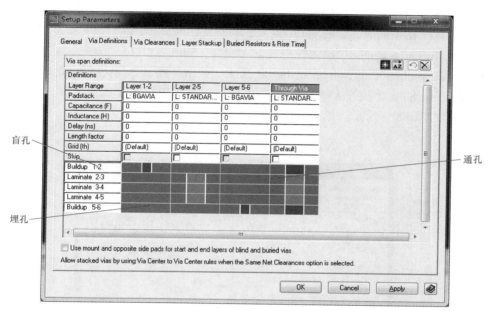

图 8.7　定义多个过孔

8）单击 OK 按钮，应用过孔的设置。

8.2.4　布线层设置

设置布线层的开关、布线方向轴、层对（Layer Pair），操作方法如下：

1）打开 Editor Control 界面。

2）单击 Editor Control 选项卡上的 Route 选项卡，并展开 Dialogs 分类。

3）单击 Layer Settings 按钮，打开 Layer Settings 对话框，在 Enable Layer 列中取消勾选平面层（3P 和 4P），不允许在平面层上进行布线。

4）在 Bias 列中设置各层的布线方向轴，相邻层设置为"正交"模式。

5）在 Layer Pair 中按 PCB 的对称结构设置层对，方便后续使用双击的方法添加过孔。

6）设置如图 8.8 所示，单击 OK 按钮完成设置。

8.2.5　蛇形线参数设置

设置蛇形线的最小线间距、最小/最大线高、蛇形线的绕线方向等，操作方法如下：

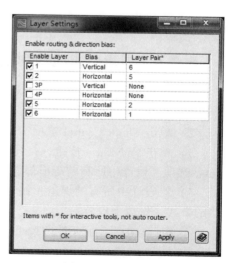

图 8.8　布线层设置

1）打开 Editor Control 界面。

2）单击 Editor Control 选项卡上的 Route 选项卡，并展开 Dialogs 分类。

3）单击 Tuning 按钮，打开 Tuning Patterns 对话框，在 Minimum spacing 中输入蛇形线最小间距：10th。

4）在 Preferred minimum height 中输入蛇形线最小线高：10th。

5）在 Maximum height 中输入蛇形线最大线高：50th。

6）在 Serpentine 中选择 Regular height 选项，采用规则、等高度蛇形线。

7）在 Trombone 下拉列表中选择 Prevent 选项，禁止 180°蛇形线。

8）设置如图 8.9 所示，单击 OK 按钮完成设置。

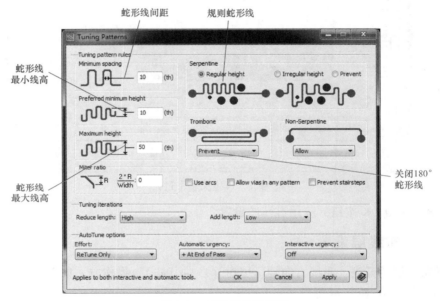

图 8.9　蛇形线参数设置

8.2.6　焊盘引出线规则设置

对设计中所有焊盘引出线的规则进行设置，操作方法如下：

1）打开 Editor Control 界面。

2）单击 Editor Control 选项卡上的 Route 选项卡，并展开 Dialogs 分类。

3）单击 Pad Entry 按钮，打开 Pad Entry 对话框，在 Select pads 下拉列表中选择 Rectangular 选项，设计中所有的矩形焊盘将会出现在下方的列表中。

4）对设计中所有的焊盘，在 Rules for all rectangular pads 区域中设置同一封装内焊盘连接的方式，做以下设置：

① 勾选 **IIH** 图标前面的 Prefer 选项，对同一个封装内相同网络的邻近焊盘的连接方式定义为“长边连接”。

② 勾选 ⋮⋮ 图标前面的 Prefer 选项，对同一封装内相同网络的边角邻近焊盘的连接方式定义为“长边连接”。

5）选择焊盘选项 0.70mm ×0.90mm rectangle，然后勾选 Rules for selected pads 区域中的 Extended Pad Entry 选项，使引出线与焊盘采用尽可能最短的连接。

6）勾选 Rules for selected pads 区域中━━图标、━━图标、━━图标前方的 Prefer 选项，对选中的 0.70mm ×0.90mm rectangle 焊盘允许图中这几种焊盘引出线的方法，设置完成后如图 8.10 所示。

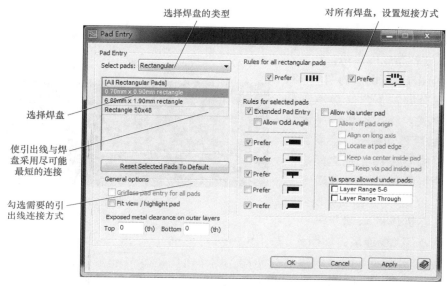

图 8.10　焊盘引出线规则设置

7）单击 OK 按钮，完成设置。

设计师还可以自行对设计中其他的焊盘进行引出线规则的设置。

8.2.7　布线模式设置

在 Expedition PCB 中，布线模式的选择包括强制布线（Forced Plow）、智能布线（Route Plow）和角度布线（Angle Plow）三种。要在设计过程中应用相应的布线模式，首先需要在 Editor Control 界面中进行设置，操作方法如下：

1）打开 Editor Control 界面。

2）单击 Editor Control 选项卡上的 Route 选项卡，并展开 Plow 分类。

3）在 Modes 区域下方，勾选需要使用的布线模式：Forced、Angle、Route，如图 8.11 所示。

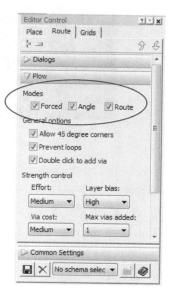

图 8.11　布线模式设置

8.3　手动布线

在 Expedition PCB 中的手动布线的模式有三种，包括强制布线（Forced Plow）、智能布线（Route Plow）和角度布线（Angle Plow）。在本节中，将介绍三种布线模式的使用方法。

8.3.1 强制布线模式（Forced Plow）

强制布线模式（Forced Plow）的使用方法如下：

1）单击工具栏上的 ✀ 图标，进入布线模式。

2）单击 ⟨3 Plow / Multi⟩ 按钮或按键盘上的 < F3 > 键，此时鼠标光标会由"十字叉"变为"菱形十字叉"，同时在窗口的左下角显示信息：Plow or Multi-Plow selected net(s)，提示选择需要进行布线的网络。

3）单击器件 U32 的引脚 38，此时在窗口的左下角会显示当前的布线模式：Forced Plow（默认模式）。然后移动鼠标，会看到在选中的引脚与鼠标光标之间有一条空心的折线相连，并随着光标的移动不停地改变位置和形状。同时，空心折线的末端与另一个引脚之间仍有飞线连接，如图 8.12 所示。

图 8.12　强制布线的过程

4）如果需要改变同一网络的起始端，则单击 ⟨8 Switch Ends⟩ 按钮或按键盘上的 < F8 > 键，此时布线的起点会跳到器件 U31 的引脚 38 处，如图 8.13 所示。

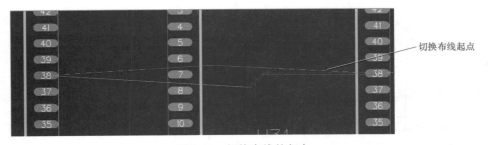

切换布线起点

图 8.13　切换布线的起点

5）移动光标到合适的位置，单击即可放置一个定位点。同时，起点与定位点之间会添加一段导线，如图 8.14 所示。

6）继续移动光标至器件 U32 的引脚 38 处单击，即可完成布线。此时，空心的导线会变为实心导线，如图 8.15 所示。

7）按键盘上的 < Esc > 键，退出布线模式，此时光标会由"菱形十字叉"变回"十字叉"。

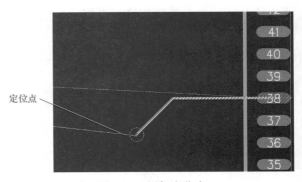

定位点

图 8.14　添加定位点

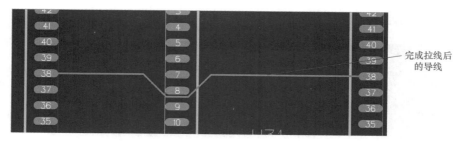

完成拉线后
的导线

图 8.15　完成布线

8.3.2　智能布线模式（Route Plow）

智能布线模式与前面的强制布线、动态布线有所不同。在该模式下，当定位点放在一个导线比较不容易通过的区域时，系统会在电路板上自动寻找布线通道，以保证布线能够顺利进行。

智能布线（Route Plow）模式的使用方法如下：

1）单击工具栏上的 ⚡ 图标，进入布线模式。

2）单击 `3 Plow / Multi` 按钮或按键盘上的 <F3> 键，此时光标会由"十字叉"变为"菱形十字叉"，同时在窗口的左下角显示信息：Plow or Multi-Plow selected net(s)，提示选择需要进行布线的网络。再按一次 <F3> 键，此时在窗口左下角处可以看到当前的布线模式为 Route Plow 模式。

3）单击器件 U32 的引脚 37，会看到在选中的引脚与鼠标光标之间有一条导线相连，该导线以一条空心直线的方式显示，并且这条直线可以以任意角度显示，并随着光标的移动而不停地改变位置，如图 8.16 所示。

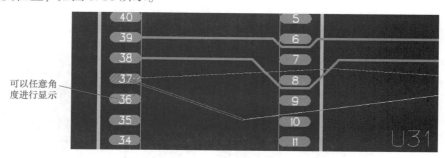

可以任意角
度进行显示

图 8.16　智能布线的过程

4）在该区域适当位置单击，则会放置一个定位点。如果定位点放置在一个导线不容易通过的区域，系统会在电路板上自动添加一个过孔，如图 8.17 所示。

5）直接移动光标至器件 U31 的引脚 37 处，单击即可完成连线。也可以直接单击设计区域下方的 `5 Auto Finish` 按钮或按键盘上的 <F5> 键，系统会自动完成

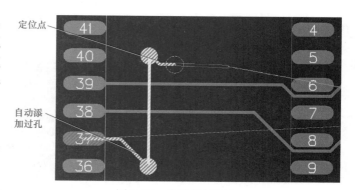

定位点

自动添
加过孔

图 8.17　自动添加过孔

两个引脚之间的连接，如图 8.18 所示。

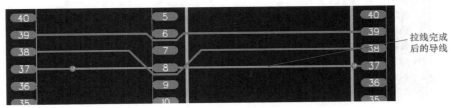

图 8.18　布线完成

6）按键盘上的 < Esc > 键退出布线模式，此时鼠标光标会由"菱形十字叉"变回"十字叉"。

8.3.3　角度布线模式（Angle Plow）

在角度布线模式下，可以生成任意角度的导线，并且导线会处于半锁定状态（Semi-Fix）。角度布线（Angle Plow）模式的使用方法如下：

1）单击工具栏上的 %% 图标，进入布线模式。

2）单击 3 Plow / Multi 按钮或按键盘上的 < F3 > 键，此时鼠标光标会由"十字叉"变为"菱形十字叉"，同时在窗口的左下角显示信息：Plow or Multi-Plow selected net(s)，提示选择需要进行布线的网络。再按一次 < F3 > 键，此时在窗口左下角处可以看到当前的布线模式为 Angle Plow 模式。

3）单击器件 U32 的引脚 36，会看到在选中的引脚与鼠标光标之间有一条导线相连，该导线以一条空心直线的方式显示，并且这条直线可以以任意角度显示，并随着光标的移动而不停地改变位置，如图 8.19 所示。

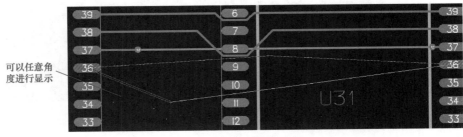

图 8.19　角度布线的过程

4）在该区域适当的位置单击，则会放置一个定位点。在角度布线模式下，能够生成任意角度的导线，并且这些导线会处于半锁定状态（Semi-Fix），如图 8.20 所示。

5）对于 Semi-Fix 状态下的走线，用户可以直接对其进行移动、编辑、删除等操作，

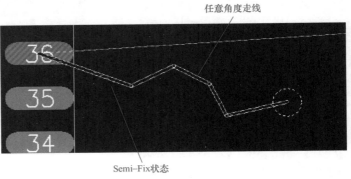

图 8.20　任意角度走线

但是其他的走线不能对其产生推挤。若要取消 Semi-Fix 状态，只需要选中走线，然后单击"布线"工具栏上的 图标，即可对其解锁。

6）按键盘上的 <Esc> 键退出布线模式，此时鼠标光标会由"菱形十字叉"变回"十字叉"。

8.3.4 添加过孔

在 Expedition PCB 中要实现走线的换层，首先需要在 Editor Control 界面中设置层对（Layer Pair），以方便后续使用双击的方法添加过孔。

在 Expedition PCB 中实现走线换层和添加过孔主要有以下几种方法：

1）双击添加过孔。

2）使用空格键添加过孔。

3）使用功能键 <F10> 添加过孔。

4）使用快捷键 V 添加过孔。

5）使用键盘上的"上下箭头键"换层添加过孔。

在 Expedition PCB 中，能够使用 Multi Plow（总线布线）命令对多个互连对象同时进行布线。操作方法如下：

1）按住鼠标左键不放，框选器件 U32 的引脚 36 ~ 引脚 43 这 8 个引脚。

2）单击设计区域下方的 3 Plow / Multi 按钮或按键盘上的 <F3> 键，启动"多线布线"命令。此时，在窗口左下角处可以看到当前的布线模式为 Multi Plow 模式。同时还可以看到每个选中的引脚上都会引出一段空心导线，如图 8.21 所示。

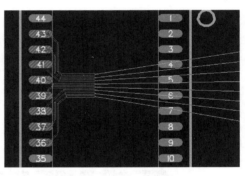

图 8.21 多线布线的过程

3）在移动鼠标光标的过程中，单击则可以为这一组导线添加定位点。此时，空心导线会变成以阴影显示的实线，这部分导线不会再随着光标的移动而改变。这时，上下移动光标，这一组导线会同时折弯，如图 8.22 所示。

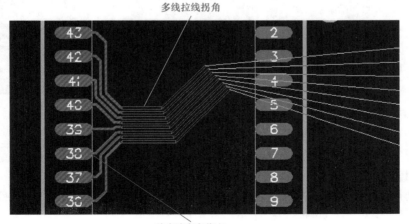

多线拉线拐角

单击确定定位点

图 8.22 多线布线中的导线拐角

4）在多线布线过程中，单击设计区域下方的 [7 Converge Out] 按钮或按键盘上的 < F7 > 键，可增加这组导线之间的间距；而单击 [6 Converge In] 按钮或按键盘上的 < F6 > 键，则可减小这组导线之间的间距，如图 8.23 所示。

5）在多线布线过程中，可以按 < Alt > 键进行布线的预览。按一下 < Alt > 键，则会出现布线完成的预览图，如图 8.24 所示。

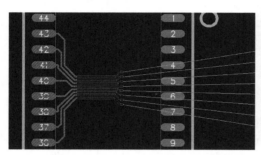

图 8.23　调整一组导线之间的间距

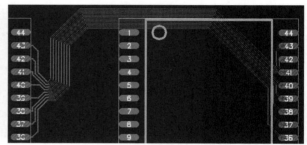

图 8.24　多线布线预览图

6）在得到理想的预览图后，不要移动光标，直接单击即可完成多线布线，如图 8.25 所示。

7）如果在多线布线的过程中，需要对这一组导线同时添加过孔，则可以单击设计区域下方的 [10 Add Vias] 按钮或按键盘上的 < F10 > 键。当移动光标时，实际的过孔排列会发生变化，如图 8.26 所示。

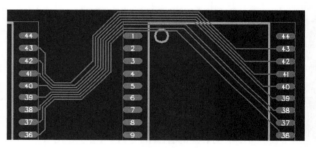

图 8.25　完成多线布线

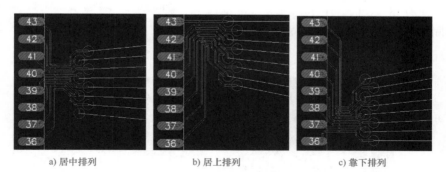

a) 居中排列　　　　　　　b) 居上排列　　　　　　　c) 靠下排列

图 8.26　过孔排列的动态变化

8）如果需要改变这一组导线的过孔模式，可以单击设计区域下方的 [9 Toggle Via] 按钮或按键盘上的 < F9 > 键。一组导线的多种过孔模式如图 8.27 所示。

9）选择好过孔的模式后，单击则可以在选定的位置添加一排过孔，并且会自动换层至当前布线层的层对上，如图 8.28 所示。

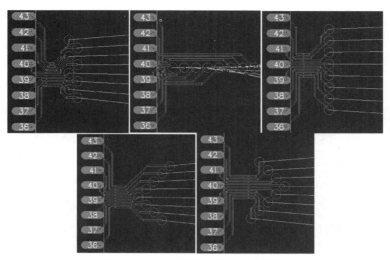

图 8.27　一组导线的多种过孔模式

8.3.5　环抱布线（Hug Trace）

Hug Trace 命令提供了一种对未布线网络快速完成布线的功能，它能够贴近设计中现有已完成的走线自动生成另一个未布线网络的一段导线。使用 Hug Trace 命令进行布线的网络可以是两个引脚之间完整的网络，也可以是一个已布线网络的一部分。Hug Trace 命令的使用方法如下：

1）执行 Route→Hug Trace 命令或单击"布线"工具栏上的 ![icon] 图标，启动 Hug Trace 命令，此时在 Expedition PCB 窗口的状态栏中会输出信息：Select pin or netline on net to be routed.，提示选择需要执行 Hug Trace 命令的网络。

2）单击器件 U32 的引脚 40，选择对该引脚上的网络执行 Hug Trace 命令。此时在 Expedition PCB 窗口的状态栏中会输出信息：Select start point，提示选择起始点。

3）单击器件 U32 的引脚 41，选择该引脚作为生成环抱布线的参考起点。此时在器件 U32 的引脚 41 上会出现一个"X"的标记，如图 8.29 所示。

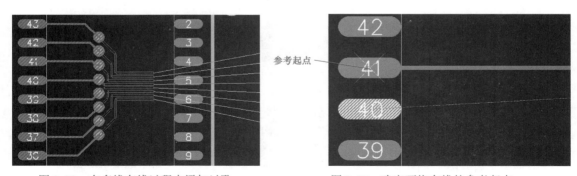

图 8.28　在多线布线过程中添加过孔　　　　　图 8.29　确定环抱布线的参考起点

4）确定 Hug Trace 的参考起点之后，在 Expedition PCB 窗口的状态栏中会输出信息：Select end point.，提示选择终点。单击器件 U31 的引脚 41，选择该引脚作为生成 Hug Trace 的参考终点，此时在器件 U31 的引脚 41 上也会出现"X"标记。

5）确定 Hug Trace 的参考终点之后，Expedition PCB 窗口的状态栏中会输出信息：Select side of object to hug，提示选择在参考走线的哪一侧生成 Hug Trace。在参考走线的下侧单击，即可在参考走线的下方生成 Hug Trace，如图 8.30 所示。

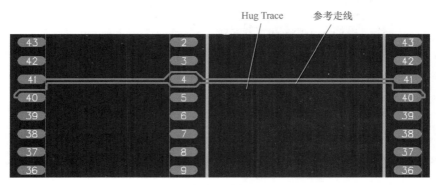

图 8.30　参考走线与 Hug Trace

8.3.6　圆弧布线

1）单击工具栏上的 ⌐ 图标，打开 Modify Corners 对话框，首先需要定义圆弧倒角的半径。将最小半径设置为 10th，最大半径设置为 20th，如图 8.31 所示。完成后单击 OK 按钮。

2）单击器件 U32 的引脚 43，然后按键盘上的 < F3 > 键启动布线命令，此时走线的倒角为默认模式（45°角），如图 8.32 所示。

图 8.31　设置圆弧倒角的半径

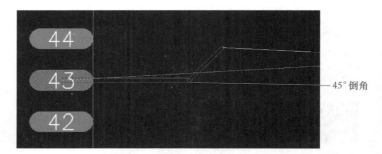

图 8.32　走线倒角的默认模式（45°角）

3）单击设计区域下方的 11 Toggle Curve 按钮或按键盘上的 < F11 > 键，即可将倒角模式切换为圆角，如图 8.33 所示。

4）再按一次键盘上的 < F11 > 键，即可将倒角模式由圆角切换为 45°角。

图 8.33　走线倒圆角

8.3.7　局部加粗布线（Breakout Traces 和 Teardrops）

在电路板上的钻孔如果方向不正，将破坏导线与焊盘的连通性；同时，如果焊盘引出线过细，也会影响导线与焊盘之间连接的可靠性。为了防止此类情况的发生，可以在一些焊点上将导线局部加粗，来增加导线与焊盘之间连接的可靠性。Breakout Traces 和 Teardrops 是局部加粗布线的两种方法。

1. Breakout Traces

1）执行 Route→Teardrops & Breakout Traces→Breakout Traces 命令或单击"布线"工具栏上的 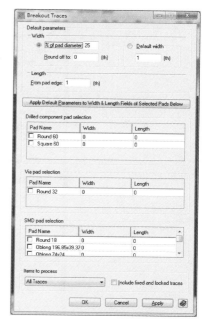图标，打开 Breakout Traces 对话框，如图 8.34 所示。

Width：设置 Breakout Traces 的宽度。

◎ % of pad diameter：按焊盘直径的百分比设置 Breakout Traces 的宽度。

◎ Round off to：设置 Breakout Traces 的圆形收尾宽度，不能为空，但可设置为 0。

◎ Default width：设置 Breakout Traces 的宽度。

◎ Length：设置中断走线的长度。

◎ From pad edge：设置 Breakout Traces 的长度（从焊盘边沿到 Breakout Traces 的末端长度），必须设置为大于 0 的数值。

Apply Default Parameters to Width & Length Fields of Selected Pads Below：单击该按钮，将设置好的 Breakout Traces 的默认参数（宽度和长度）在下方列表中选中的焊盘上进行应用。

图 8.34　Breakout Traces 对话框

Drill component pad selection：选择需要添加 Breakout Traces 的钻孔焊盘。

Via pad selection：选择需要添加 Breakout Traces 的过孔焊盘。

SMD pad selection：选择需要添加 Breakout Traces 的 SMD 焊盘。

Items to process：选择需要执行操作的对象。

◎ All Traces：对所有走线添加 Breakout Traces。

◎ Pads Without Breakout Traces：对没有 Breakout Traces 的焊盘添加。

◎ Selected Active Layer Pads：对选中激活层的焊盘添加。

◎ Selected Padstacks：对选中的焊盘堆添加。

◎ Selected Traces：对选中的走线添加。

2）如图 8.35 所示，在 Items to process 下拉列表中选择 All Traces 选项，然后单击 Apply Default Parameters to Width & Length Fields of Selected Pads Below 按钮，此时软件会根据前面设置的默认参数自动计算已勾选的各个焊盘 Breakout Traces 的宽度和长度。

3）设置完成后单击 OK 按钮，在设计区域中即可看到在所选的过孔焊盘和 SMD 焊盘上生成的 Breakout Traces，如图 8.36 所示。

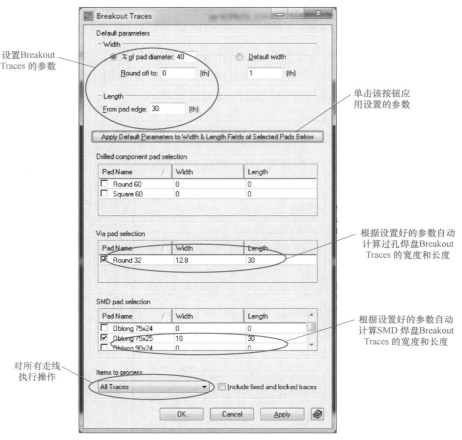

设置Breakout Traces 的参数

单击该按钮应用设置的参数

根据设置好的参数自动计算过孔焊盘Breakout Traces 的宽度和长度

根据设置好的参数自动计算SMD 焊盘Breakout Traces 的宽度和长度

对所有走线执行操作

图 8.35　Breakout Traces 设置

2. Teardrops（泪滴）

使用泪滴命令可以在需要放置铜的点上添加泪滴。操作方法如下：

1）执行 Route→Teardrops & Breakout Traces→Teardrops 命令或单击"布线"工具栏上的 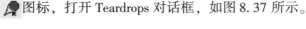图标，打开 Teardrops 对话框，如图 8.37 所示。

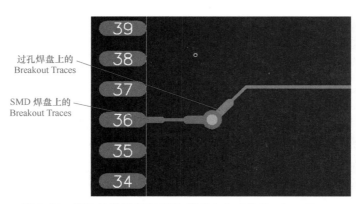

过孔焊盘上的 Breakout Traces

SMD 焊盘上的 Breakout Traces

图 8.36　所选过孔焊盘和 SMD 焊盘上生成的 Breakout Traces

图 8.37　Teardrops 对话框

在 Teardrops 对话框上有两个选项卡：Pad Teardrops 和 Multiple Via Teardrops，分别对焊盘的泪滴参数以及多过孔的泪滴参数进行设置。下面以焊盘的泪滴参数为例，介绍 Teardrops 对话框中各选项的含义。

Absolute：按绝对尺寸设置泪滴参数。

◎ Preferred：设置泪滴的长度。

◎ Secondary：如果 Preferred 中设置的泪滴长度会导致线间距的冲突，则使用该参数。

Ratio：按相对比例设置泪滴参数。

◎ Pad ratio：设置焊盘比例。

◎ Via pad ratio：设置过孔焊盘比例。

Pad to pad：设置焊盘与焊盘之间泪滴的参数。

◎ Maximum：设置泪滴的最大长度。

Max pad size：定义最大焊盘尺寸。

Max teardrop width：定义最大泪滴宽度。

Include through pads：勾选此选项，将会对通孔型焊盘生成泪滴。

Include via pads：勾选此选项，将会对过孔焊盘生成泪滴。

Include fixed/locked traces：勾选此选项，将会对固定/锁定状态的走线生成泪滴。

Include SMD pads：勾选此选项，将会对 SMD 焊盘生成泪滴。

Include rectangular pads：勾选此选项，将会对矩形焊盘生成泪滴。

Process：选择需要执行操作的对象。

◎ All Pads：对所有焊盘添加泪滴。

◎ Pads Without Teardrops：对所有没有泪滴的焊盘添加泪滴。

◎ Selected Active Layer Pads：对选中激活层的焊盘添加泪滴。

◎ Selected Padstacks：对选中的焊盘堆添加泪滴。

2）如图 8.38 所示，在 Teardrops 对话框上做如下设置，Process 下拉列表中选择 All Pads 选项。

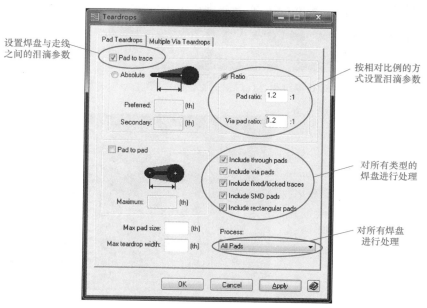

图 8.38　泪滴的设置

3）设置完成后单击 OK 按钮，在设计区域中即可看到在 SMD 焊盘和过孔焊盘上生成的泪滴，如图 8.39 所示。

8.4 半自动布线

Expedition PCB 的核心技术是 AutoActive 功能，它完美地将自动布线技术和交互式布线技术结合在一起，形成了半自动布线的功能。所谓半自动布线，是指由人工干预进行布线的设置，然后由软件根据设置自动去完成布线的一种方法。在 Expedition PCB 中，半自动布线的类型主要包括扇出（Fanout）、布线（Route）、重布线（Reroute）、平滑处理（Gloss）和蛇形线（Tune）。

8.4.1 扇出（Fanout）

扇出是指 SMD 器件通过其焊盘引出一段走线，并打孔连接到其他层的一种方式。在 Expedition PCB 中实现扇出的操作方法如下：

1）打开 Editor Control 界面，进行扇出的设置。扇出的设置项位于 Editor Control→Route→Vias & fanouts 选项中，如图 8.40 所示。

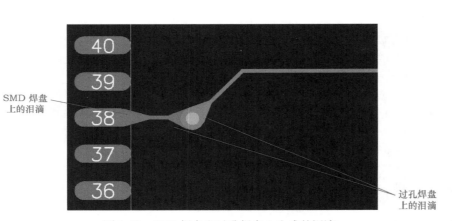

SMD 焊盘上的泪滴

过孔焊盘上的泪滴

图 8.39　SMD 焊盘和过孔焊盘上生成的泪滴　　　　图 8.40　扇出的设置项

如果需要控制焊盘扇出的方向，如，需要将扇出过孔全部打在器件的外侧，则可以将器件的布局外框（Placement Outline）设置为过孔的禁布区。一般来说，在建库时都会使用一个与封装大小相匹配的"矩形框"作为布局外框，如图 8.41 所示。

2）在 Editor Control→Route→Vias & fanouts 中勾选

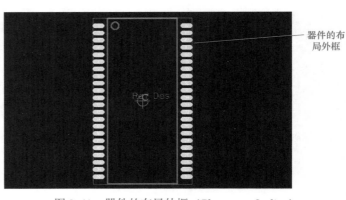

器件的布局外框

图 8.41　器件的布局外框（Placement Outline）

Use place outlines as via obstructs 选项，使用器件的布局外框作为过孔的禁布区。

3）单击工具栏上的 ✕ 图标，进入布线模式。

4）在设计区域中，通过鼠标光标框选的方法选中器件 U32 的所有焊盘，然后单击设计区域下方的 [2 Fanout] 按钮或按键盘上的 < F2 > 键即可实现对所选焊盘按 CES 中所做的规则设置（Net Class 中的线宽、选择过孔）进行扇出。扇出后的效果如图 8.42 所示。

8.4.2 布线（Route）

布线（Route）命令为用户提供了一种在有连接关系的引脚之间快速生成走线的功能。操作方法如下：

1）单击器件 U1 的引脚 P14，可以看到 U1 的引脚 P14 与 U25 的引脚 13 之间有飞线连接，如图 8.43 所示。

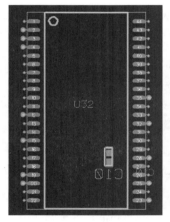

图 8.42 对 SMD 焊盘的扇出效果

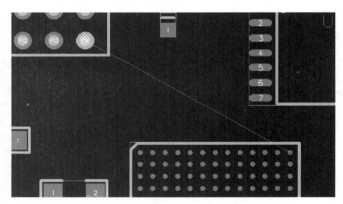

图 8.43 器件引脚之间的连接关系

2）在保持该网络被选中的状态下，执行 Route→Interactive→Route 命令或单击设计区域下方的 [8 Route] 按钮或按键盘上的 < F8 > 键，将会在 U1：P14 与 U25：13 之间自动地创建走线连接，如图 8.44 所示。

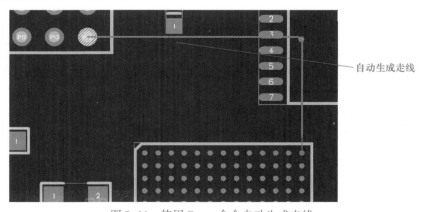

自动生成走线

图 8.44 使用 Route 命令自动生成走线

8.4.3 平滑处理（Gloss）

平滑处理是自动清除走线多余的拐角，从而使走线尽可能的短，并且消除不期望的几何形状，如，锐角倒角、额外的线段、形状怪异的走线。对于数字电路而言，理想的传输通道需要尽可能的短、尽量少的拐角。

在 Expedition PCB 中，平滑处理模式有三种：

1）Gloss On：默认模式，包括移除不必要的拐角、锐角等。每一个布线定位点都将相对于布线起点进行平滑处理。

2）Gloss Local：对当前添加的走线局部有效。

3）Gloss Off：不使用平滑操作，布线为半锁定状态。

这三种平滑模式之间的切换，可以单击设计区域下方的 `4 Toggle Gloss` 按钮或按键盘上的 <F4> 键来实现。同时，当前平滑模式的状态可以在软件窗口的右下角进行查看，如图 8.45 所示。

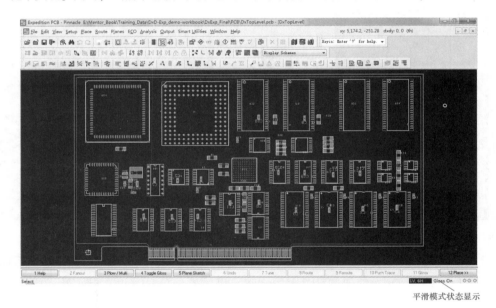

图 8.45　平滑模式状态显示

在 Expedition PCB 中，走线的状态有四种，各自的显示方式如图 8.46 所示。

1）Unfixed/Unlocked：未固定/锁定状态。此状态下的线以实线方式进行显示，可以任意进行调整，布线时

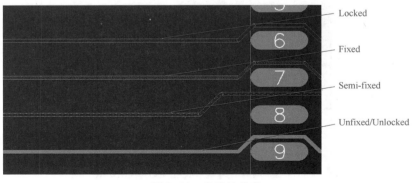

图 8.46　走线的状态

新的走线可对其产生推挤。

2）Semi-fixed：半固定状态。此状态下的线以横线状虚线方式进行显示，可以任意进行调整，但布线时新的走线不能对其产生推挤。

3）Fixed：固定状态。此状态下的线以点状虚线方式进行显示，需要 Unfix 命令对其解除固定之后才能进行调整，且布线时新的走线不能对其产生推挤。

4）Locked：锁定状态。此状态下的线以空心线方式进行显示，需要 Unlock 命令对其解除锁定之后才能进行调整，且布线时新的走线不能对其产生推挤。

对已完成的走线，可进行平滑处理移除其多余的拐角，操作方法如下：

1）在 Gloss Local 模式下创建器件 U1：P14 与 U25：13 之间的走线连接，完成后如图 8.47 所示。

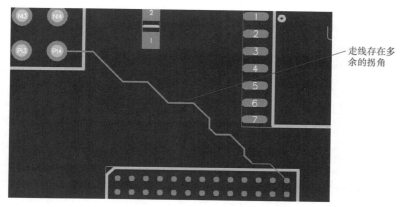

图 8.47　走线存在多余的拐角

2）在这条存在多余拐角的走线上进行双击，选中 U1：P14 与 U25：13 之间所有的走线。

3）单击设计区域下方的 | 11 Gloss | 按钮或按键盘上的 < F11 > 键，即可对这条已完成的走线进行自动平滑处理，如图 8.48 所示。

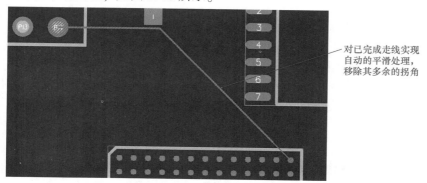

图 8.48　已完成走线的平滑处理后效果

8.4.4　绕线（Tune）

绕线最主要的目的是对那些有时序要求的总线进行线长匹配，消除或减少由于板级传输通道延时不同所带来的总线各信号间的时间偏移（Skew），以满足时序设计的要求。

在 Expedition PCB 中实现绕线设计的方法主要有手工绕线（Manual Tune）和自动绕线（Tune）两种。从总体的思路上讲，这两种方法都是首先对总线中所有的信号网络各自完成布线，然后在已完成布线的基础上，根据约束管理器 CES 中线长的规则设置去生成蛇形线。

1. 手工绕线（Manual Tune）

1）通过手动布线完成需等长网络的布线。

2）单击工具栏上的 CES 图标，打开约束管理器 CES 界面。在 CES 界面左侧的树形列表中单击 Constraint Classes 选项，工具栏约束子项下拉列表中选择 Delay and Lengths 选项，并在电子表格区域展开 < All > 的网络列表。然后在 Expedition PCB 的设计区域中框选刚才已完成布线的网络，此时在 CES 界面中会自动定位到这些网络上，如图 8.49 所示。

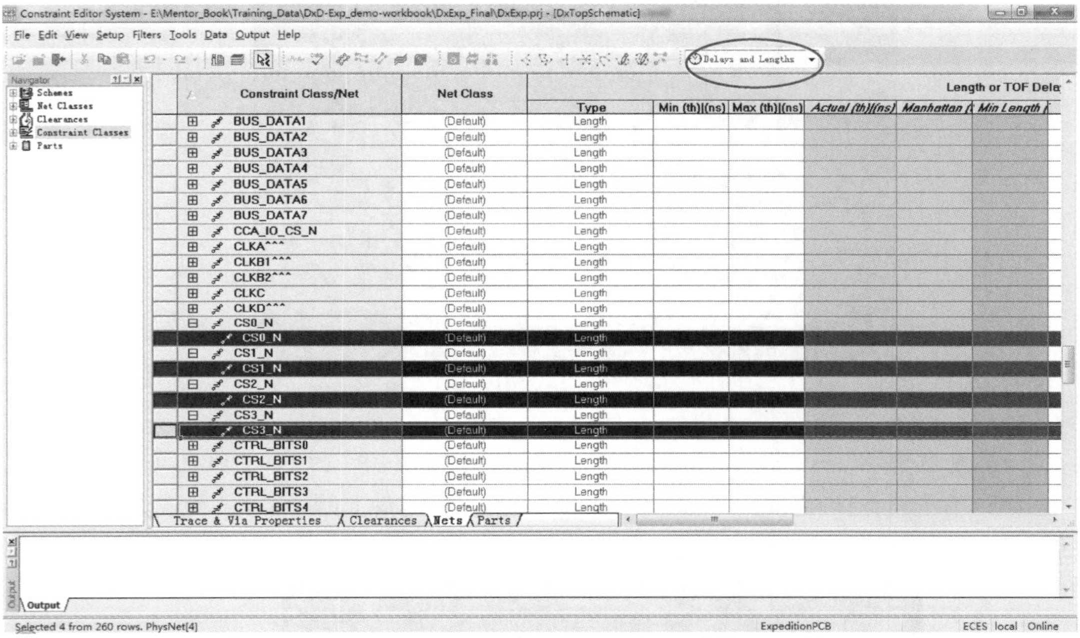

图 8.49　在 CES 中交叉定位选定网络

3）在 CES 界面中执行 Data→Actuals→Update Selected 命令，测量这四个信号的布线长度，测量结果在各网络的 Actual 列中显示，如图 8.50 所示。

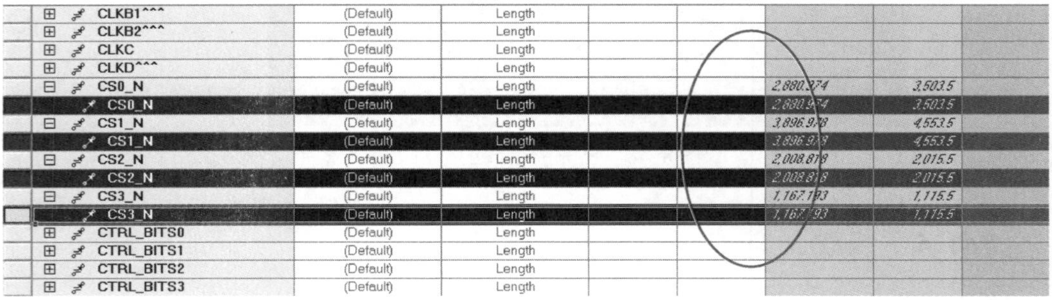

图 8.50　布线长度的测量结果显示

4）比较之后得到最长的网络为 CS1_N，长度为 3896.978th，因此得到这一组总线的线长约束条件，设置完成后如图 8.51 所示。

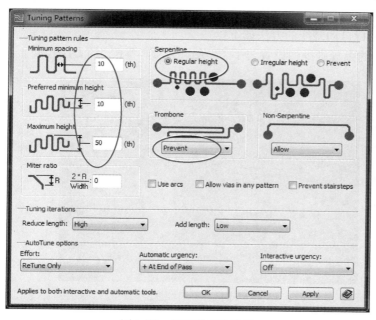

图 8.51　线长约束条件设置

5）关闭 CES 界面，将设置的线长约束规则应用到 Expedition PCB 中。

6）打开 Editor Control 界面，在 Route 选项卡中单击 Tuning 按钮打开 Tuning Patterns 对话框，检查蛇形线参数设置，如图 8.52 所示。

7）打开 Display Control 界面，在 General 选项卡中勾选 Display Tuning Meter 选项，打开绕线标尺，如图 8.53 所示。

图 8.52　蛇形线参数设置

图 8.53　打开绕线标尺

8）在设计区域中选中需要绕线的走线线段，然后单击"布线"工具栏上的 图标，启动"手工绕线"命令。此时在这段线段上会按照 Tuning Patterns 对话框设置的参数生成一小段蛇形线，同时也可以看到绕线标尺上标识的约束条件和当前长度。通过拖动绕线框可调整蛇形线的长度和线高，直到绕线标尺变为绿色，这表示蛇形线长度已位于约束条件的范围内，如图 8.54 所示。

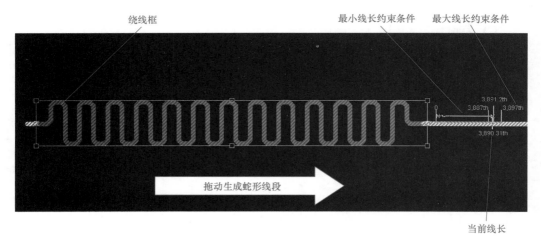

图 8.54　手工绕线过程

9）绕线标尺变绿之后，在设计区域的任意空白处单击以确认生成蛇形线。完成后，使用双击选中这个网络所有的走线，然后单击工具栏上的 图标将其固定（Fix），防止后续布线对已生成的蛇形线产生推挤。

2. 自动绕线（Auto Tune）

在 Expedition PCB 中进行自动绕线的方法如下：

1）蛇形线参数、线长约束规则等的设置与手工绕线步骤1）~6）的方法相同。

2）选择一段走线，单击"布线"工具栏上的 图标，启动"自动绕线"功能，此时软件会根据设置好的蛇形线参数、线长约束规则，自动生成满足要求的蛇形线，如图 8.55 所示。

3）使用双击，选中这个网络所有的走线，然后单击工具栏上的 图标将其固定（Fix），防止后续布线对已生成的蛇形线产生推挤。

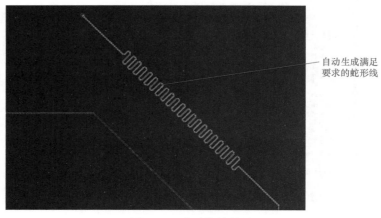

图 8.55　自动绕线效果

8.5　自动布线

在 Expedition PCB 中，自动布线功能是通过自动布线器来实现的。执行 Route→Auto

Route 命令或在布线模式下单击"布线"工具栏上的 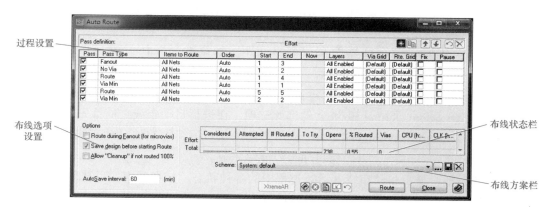图标，即可打开 Auto Route（自动布线器）。自动布线器菜单设置如图 8.56 所示。

图 8.56 Auto Route 对话框

Pass：勾选需要执行自动布线的项目。

Pass Type：选择自动布线的项目。

◎ Memory：将引脚间的连接按记忆序列进行优化，布线时不使用过孔。

◎ Simple Fanout：简单扇出，与 Fanout 实现的功能一样，但是自动布线器的尝试次数仅为 1。

◎ Fanout：对 SMD 器件的引脚执行扇出处理。

◎ No Via：布线时不使用过孔。

◎ No Via or Bias：不使用过孔，在同一层完成引脚与引脚之间的布线，同时忽略 Editor Control 中布线偏移的设置（Bias）。

◎ Route：对未布线或部分布线的网络完成完整的布线。

◎ Tune Delay：对有延时或长度约束的走线进行绕线处理。

◎ Tune Crosstalk：根据 CES 中设置的平行布线规则（parallelism rules），对违反规则的网络自动增加平行走线之间的间距。

◎ Via Min：通过增加走线绕行长度使过孔的个数最少。

◎ Remove Hangers：移除未锁定的悬浮走线或过孔。

◎ Smooth：平滑处理，尽量减少走线的弯曲绕行长度。

◎ Expand：在必要时使用走线的扩展宽度进行布线。

◎ Spread：在必要时使用设置好的走线间距的两倍进行布线。

◎ Partial Route：尝试对所有开路状态的飞线连接完成布线。

Items to Route：选择需要执行相应自动布线项目的对象，包括对所有网络（All Nets）、筛选出的网络（Filtered Nets）、用户自行选择网络（Nets）等。

Order：选择自动布线的优先级顺序，包括自动（Auto）、最长优先（Longest First）、最短优先（Shortest First）、用户自定义（Custom）。

Effort：自动布线器对相应项目的尝试次数，包括起始次数（Start）、终止次数（End）、当前次数（Now）。

Layers：设置自动布线器每个项目的布线层。

Via Grid：设置自动布线器的过孔栅格间距。如果选择默认设置（Default），则使用 Editor Control 中过孔栅格间距的设置。

Rte. Grid：设置自动布线器的布线栅格间距。如果选择默认设置（Default），则使用 Editor Control 中布线栅格间距的设置。

Route during Fanout（for microvias）：勾选此选项，在执行扇出操作时，使用微孔结构。

Save design before starting Route：勾选此选项，在进行自动布线之前首先保存设计。

Allow "Cleanup" if not routed 100%：勾选此选项，运行附加的自动布线项目（如，Via Min、Smooth、Expand 等），以确保自动布线能够完成。

布线状态栏：显示自动布线器运行过程中的各种状态，如布通率、过孔使用个数等。

布线方案栏：调用已存储的自动布线设置方案。

下面以对设计中的部分网络使用自动布线器完成布线为例，介绍自动布线的使用方法。

1）执行 Route→Auto Route 命令或在布线模式下单击"布线"工具栏上的 ▒▓ 图标，即可打开 Auto Route 对话框。

2）勾选 Route 前方的选择框，选择需要执行自动布线项目。

3）在 Items to Route 列中选择 Nets 选项，在弹出的 Nets 对话框中选择网络：AD0-AD31，如图 8.57 所示，完成后单击 OK 按钮。

4）在 Layers 列中单击 All Enabled 后方的 ⋯ 图标，打开 Enabled Layers 对话框，勾选布线层 1、6，即只允许在第 1、6 层上进行布线，如图 8.58 所示，完成后单击 OK 按钮。

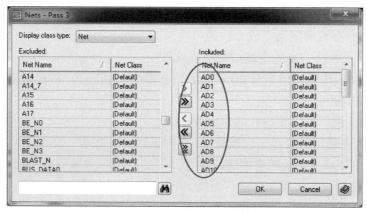

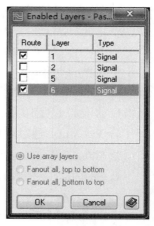

图 8.57　选择需要进行自动布线的网络　　　　图 8.58　布线层的选择

5）单击 Auto Route 对话框上的 Route 按钮，启动自动布线功能。自动布线完成后，在布线状态栏中可以看到完成的状态，如图 8.59 所示。

6）关闭自动布线器，在 Expedition PCB 的设计区域内能看到自动布线器根据设置规则完成的布线效果，如图 8.60 所示。

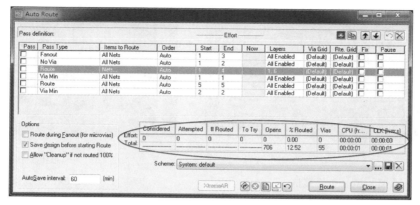

图 8.59 自动布线完成状态

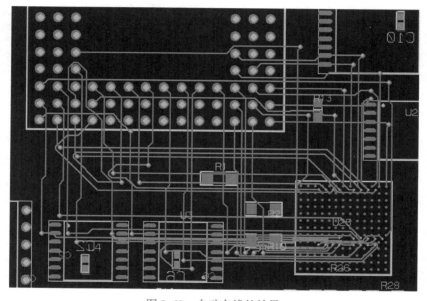

图 8.60 自动布线的效果

8.6 布线调整

布线初步完成之后，可以对完成的布线进行推挤、移动、倒角和改变线宽等操作。

8.6.1 走线推挤和过孔移动

在 Expedition PCB 中，走线推挤和过孔移动的操作方法如下：

1）通过两次单击确定端点的方式，选择需要进行推挤的一段走线，然后在该段走线上按住鼠标左键不放，并拖动鼠标进行移动，如图 8.61 所示，即可实现对该段走线的推挤。同时，如果推挤过程中遇到其他走线或过孔的阻挡，能够自动推开其他走线和过孔。

2）按住左键不放并拖动鼠标，如图 8.62 所示，即可实现过孔的移动。如果与其他走线或过孔产生干涉时，能够自动推开其他走线和过孔。

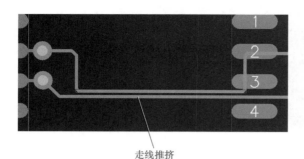

走线推挤

图 8.61　走线推挤

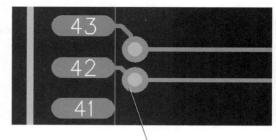

过孔推挤

图 8.62　过孔推挤

在 Expedition PCB 中，对已完成的走线实现换层的操作方法如下：

1）在已完成的走线上，通过两次单击确定端点的方式，选择需要进行换层的一段走线，如图 8.63 所示。

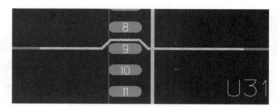

图 8.63　选择一段走线

2）打开 Display Control 对话框，然后在 Layer 选项卡的层列表中选择换层的目标层（如，第 2 层），如图 8.64 所示。

3）单击设计区域下方的 10 Push Trace 图标或按键盘上的 < F10 > 键，即可将选中的线段换层至目标层，如图 8.65 所示。

图 8.64　在 Display Control 中
选择走线换层的目标层

将已有的走线换层至目标层上

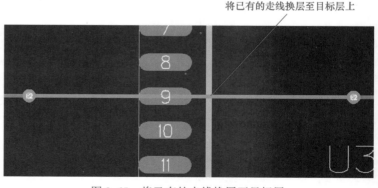

图 8.65　将已有的走线换层至目标层

8.6.2　圆弧倒角

在 Expedition PCB 中，走线倒角的默认模式是 45°倒角。通过设置 Modify Corner 参数，可以将倒角变成圆弧。

1）单击工具栏上的 L 图标，打开 Modify Corners 对话框，在 Action 区域做如图 8.66 所示设置，完成后单击 OK 按钮。

2）在设计区域中可以看到，所有已完成走线的 45°倒角都已转变为倒圆角，如图 8.67 所示。

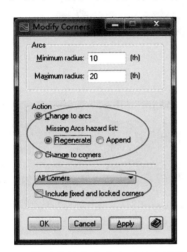

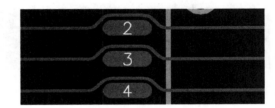

图 8.66　使用菜单命令改变已有走线的倒角　　　图 8.67　将已完成走线的 45°倒角转变为倒圆角

同样地，也可以使用菜单命令将设计中已完成走线的倒圆角转换为 45°倒角，方法同上，只是在 Modify Corners 对话框 Action 区域中选择 Change to corners 即可。

8.6.3　改变走线宽度

在设计约束设置中，可以对线宽定义最小线宽（Minimum）、典型线宽（Typical）和扩展线宽（Expansion）。在 Expedition PCB 中布线时，线宽的变化包括两种情况：第一种是在三种设定值之间切换；另一种是切换至任意宽度。

1. 线宽在三种设定值之间切换

1）选择器件 U32 的引脚 43，然后按 < F3 > 键启动布线命令。注意：此时会按照默认线宽（典型线宽）进行布线，如图 8.68 所示。

2）在布线的过程中右击，在弹出菜单中即可在三种线宽设定值之间任意选择，如图 8.69 所示。

3）在右键菜单中选择最小线宽（Minimum），即可将布线宽度切换至 3th，如图 8.70 所示。

2. 线宽在任意值之间切换

1）选择器件 U32 的引脚 43，然后按 < F3 > 键启动布线命令。注意：此时会按照默认线宽（典型线宽）进行布线。

2）在命令行（Key-In）窗口中输入命令：cw < 空格 > < 任意线宽值 > （如 cw 10），然后按＜Enter＞键，此时在设计区域中即可看到走线的宽度已将切换至指定值，如图 8.71 所示。

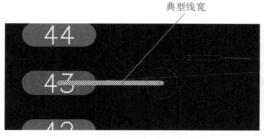

图 8.68　默认线宽为典型线宽

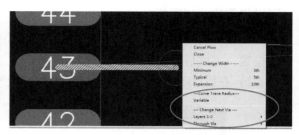

图 8.69　在三种线宽设定值之间任意选择

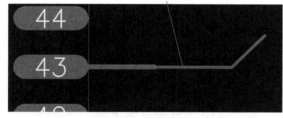

图 8.70　将线宽由典型值切换为最小值

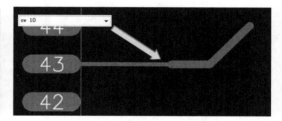

图 8.71　使用命令行将线宽变为任意值

8.7　PCB 信号完整性分析

除使用原理图进行信号完整性分析外，Protel DXP 还可以使用布局和布线完成之后的 PCB 进行分析。相比较而言，使用 PCB 进行的信号完整性分析是基于电路板结构、电路板参数、走线厚度、内部电源板层（Internal Place）、布局、布线及元器件信号完整性模型等基本情况进行的，能对信号完整性进行更精确分析。

使用 PCB 进行信号完整性分析的过程一般包括规则设置和信号完整性分析两个基本过程。

8.7.1　规则设置

1. 元件的信号完整性模型

Protel DXP 版本引入了集成库概念。在调用元器件的同时，元件的 IBIS 模型也同时加载到原理图中。若元件库中无信号完整性分析模型，可在元件属性设置对话框中添加 IBIS 模型。

2. 信号完整性设计规则

下面以设置电源网络工作电压的 Supply Nets 规则为例，简要介绍如何在 PCB 中设置信号完整性规则的基本过程，其操作步骤如下：

1）单击"设计"→"规则"菜单命令，弹出"PCB 规则和约束编辑器"对话框，如图 8.72 所示。

图 8.72　PCB 规则和约束编辑器对话框

2）在对话框左侧的规则类型中选择 Signal Integrity 项目下的 Supply Nets 规则，右击在弹出菜单选择"新建规则"命令，添加新的 Supply 规则，命名为 SupplyNets_1。

3）在"第一个匹配对象的位置"框架中选择"网络"单选按钮，从下拉列表中选中 VCC 网络。在"约束"区域设置电压数值为 5V。

4）单击"适用"按钮保存设置。

5）按上述步骤依次添加 GND（0V）及其他电源或工作电压数值。

参照以上过程，依次添加 Signal Top Value 规则和 Signal Base Value 规则。系统默认设置数字信号的高电平 Signal Top Value 为 5V，数字信号低电平 Signal Base Value 为 0V。在实际应用中，应以所用器件规定的电平信号标准进行设置。进行信号完整性分析所需的激励信号、过冲及下冲等也可参照有关章节内容进行设置。

3. 检查层堆栈设置

检查层堆栈设置过程如下：

1）单击"设计"→"层堆栈管理器"菜单命令，弹出"图层堆栈管理器"对话框，如图 8.73 所示。

2）选择 Core 选项，单击"属性"按钮，弹出"介电性能"对话框，如图 8.74 所示。在此对话框中校验 PCB 电路板所用材料、铜层厚度（一般为 8mil、16mil 或 32mil）、介电常数等数据是否与设计相符。

3）单击"确认"按钮，返回 PCB 窗口，即完成信号完整性规则设置。

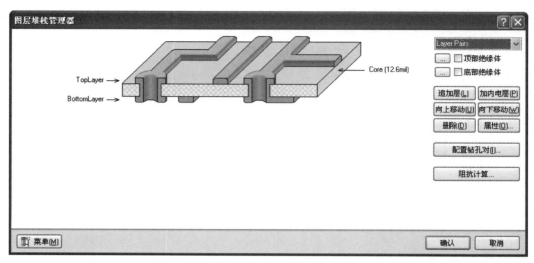

图 8.73　图层堆栈管理器对话框

8.7.2　信号完整性分析

信号完整性分析操作步骤如下：

1）单击"工具"→"信号完整性"菜单命令，弹出"信号完整性设定选项"对话框，如图 8.75 所示。

图 8.74　PCB 介电性能对话框

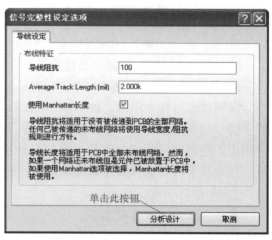

图 8.75　PCB 信号完整性设定选项对话框

2）单击"分析设计"按钮，进入"信号完整性"对话框，如图 8.76 所示。

3）在列表中右击所选 RTSC 网络，选择"详细"菜单命令，弹出"全部结果"对话框，并列出此网络分析结果。如图 8.77 所示。

4）在图 8.77 所示信号完整性分析结果对话框中单击"菜单"按钮，可以更改信号完整性分析的属性设置。在菜单中选择"优先设定"命令，弹出"信号完整性优先选项"对话框，如图 8.78 所示。通过单击"一般"选项卡，可设置信号完整性分析显示结果及单位等。

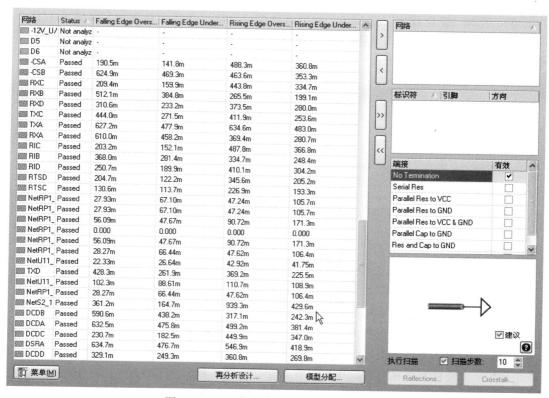

图 8.76　PCB 信号完整性分析结果对话框

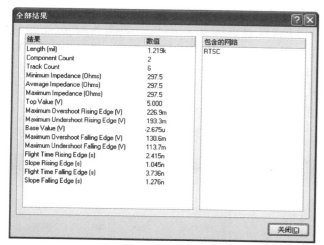

图 8.77　RTSC 网络信号完整性分析结果对话框

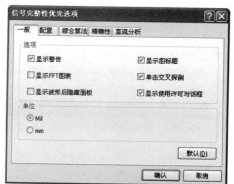

图 8.78　PCB 信号完整性优
先选项对话框 (一)

　　5) 单击"配置"选项卡,"仿真"框架可设置仿真时可忽略线长 (Lgnore Stubs)、合计时间和仿真的时间步长。"耦合"框架可设置计算耦合的最大间距 (Max Dist) 和最小长度 (Min Length)。在线间隔超过最大耦合距离或线长小于最小长度时, 系统将认为两条相邻传输线间无耦合, 如图 8.79 所示。

6）单击"综合算法"选项卡，可以选择综合算法。系统默认为梯形函数逼近法，其准确度最低，速度最快。一阶函数、二阶函数及三阶函数方法可提高分析精度，但花费时间也相对较长，如图 8.80 所示。

 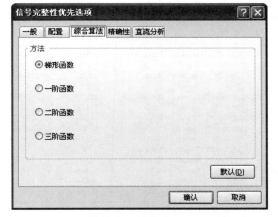

图 8.79　PCB 信号完整性优先选项对话框（二）　　图 8.80　PCB 信号完整性优先选项对话框（三）

7）单击"精确性"选项卡，在"设定"框架中可设置分析精度，如图 8.81 所示。其中，RELTOL 表示允许的电压和电流变化最小相对值；NRVABS 表示采用插值算法逼近时的最小插值；ABSTOL 表示允许的电流变化最小绝对值，默认值是 1pA；DTMIN 表示信号时域分析时的最小步长，默认值是 1fs；VNTOL 表示允许的电压变化最小绝对值，默认值是 1uV；ITL 表示插值算法最大多项式数量，默认值是 100；TRTOL 表示信号分析算法因子数量，默认值是 10；LIMPTS 表示电压波形采样数量，默认值是 1000。

8）单击"直流分析"选项卡，可以设置直流分析选取项，如图 8.82 所示。其中，RAMP_FACT 表示斜坡长度控制；DELTAV_DC 表示电压精度绝对值，默认值是 100uV；DELTA_DC 表示时间步长，默认值是 1ns；DELTAI_DC 表示电流精度绝对值，默认值是 1uA；ZLINE_DC 表示传输线阻抗，默认值是 100；DV_ITERAT_DC 表示插值算法搜索步长，默认值是 100ms；ITL_DC 表示允许插值数量，默认值是 10000。

9）完成以上设置后，单击"确认"按钮，关闭对话框。

图 8.81　PCB 信号完整性优先选项对话框（四）　　图 8.82　PCB 信号完整性优先选项对话框（五）

第9章

Xpedition Enterprise高级应用

9.1　多板系统设计

9.1.1　多板互连设计

近年来 PCB 的设计和制造取得了巨大的进步。从原理图输入到仿真，从布局和布线到团队协作，再从制造数据到制造厂的传输方式，整个设计过程都取得了长足的进步。但有一个方面似乎一直停滞不前，即至关重要的系统级硬件架构设计和连接。

尽管 PCB 设计工具不断朝着紧密集成、跨平台设计共享通用数据库的方向发展，并且通过引入自动化功能来消除人为错误，但硬件系统的设计与十年前依然大同小异。

Mentor 引入了一种解决方案作为 Xpedition 设计流程的组成部分，为多板系统设计提供了集成、自动化和强大的功能。

多板互连设计是以 EDM 数据为基础，在 System Design 环境中对多板的功能模块及互连关系进行设计，System Desig 既可以设计一块板内的模块之间的互连关系，还可以定义板与板之间如何实现互连，如连接器的定义、总线信号的规划、是否使用线缆或软板来实现互连等，如图 9.1 所示。因为所有信息都是存储在 EDM 数据库中，所有任何一个单元的改动，与之相关的单元都可以实时同步，充分降低沟通成本，减少设计失误。由于此功能是集成在 EDM 设计环境中，所以此处不再展开叙述。

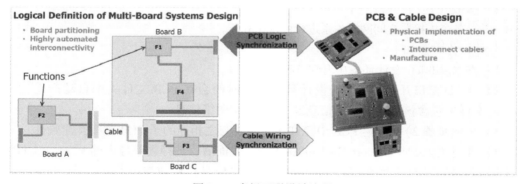

图 9.1　多板互联设计流程

9.1.2 多板互连验证

随着电子产品的复杂程度日益增加，常见的一款电子产品往往都是由两块或多块电路板互连而实现相应的功能。常见的互连方式有 Connector（连接器）to Connector、FPC（柔性线路板）to Connector 或者 Cable（电缆）to Connector 等情况。设计前期，需要针对每一个互连环节进行精密设计及反复验证，稍有不慎，就会产生线序或连接方向的错误。

1. 传统设计及验证流程

在项目设计初期，系统工程师和机械工程师共同规划好电路模块分配和多板之间如何实现互连后，后续的网络分配则有各 PCB 的负责人进行协商。但在实际联合设计时，常常会存在以下问题：

1）在此过程中，由于互连的连接器存在公口和母口之分，稍有不慎，就会产生器件选型的错误。

2）对于复杂的双排或多排顶针连接器，两块 PCB 之间的网络关系很容易出现设计错误。

3）例如 FPC 的多板互连情况时，由于 FPC 存在弯曲及旋转等情况，在二维设计时更不容易辨别信号的顺序正确与否，对于工程师来说，采用纸片来模拟实际安装情况，标识好连接器和顶针位置的这种验证方法一直沿用至今。当 PCB 外形或连接器位置或线序稍有调整，就需要重新 DIY 出一个"纸片"。

2. 多板互连验证

Mentor 针对这种情况，推出了多板连接关系可视化 3D 验证方法，如图 9.2 所示，具体优点如下：

1）方便导入多种结构单元，对各结构单元相对关系及空间位置进行验证。

2）在 PCB 3D 环境中直接验证器件之间相互间距，动态更新设计数据。

3）针对 FPC 设计，可以对其进行自由弯曲，完全模拟真实组装情况。

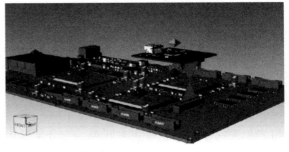

图 9.2 多板设计 3D 图

4）多板互连时，可以同时导入多块 PCB，并对各个连接器之间网络关系进行可视化验证。

具体操作方法如下：

1）在 Xpedition 设计环境中开启 3D 设计窗口。

2）当 3D 窗口开启后，保持设计数据的同时便会在 PCB 文件夹中自动产生 *.xtda 文件。此文件中包含该 PCB 的 3D 信息及 Connector 网络信息。

3）依照步骤 2），在主 PCB 中允许导入多块与之相连的子 PCB 进行互连验证。

4）通过进入 3D→Import Mechanical Model 界面后，选择需要导入的 *.xtda 文件即可。

5）如果导入的子 PCB 存在 Connector 及网络信息，自动弹出 Connector Mapping 窗口进行定位确认。如图 9.3 所示。

6）将子 PCB 移动或旋转到适当位置，调整 Connector 之间的位置关系，如图 9.4 所示。

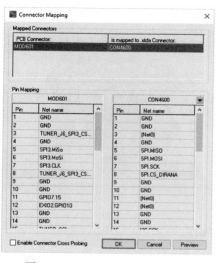

图 9.3　Connector Mapping 界面

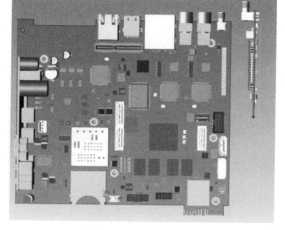

图 9.4　多板 3D 界面

7）在 Display Control 栏中勾选 Netlines 选项。

8）此时即可直观地进行多板之间 Connector 网络连接关系的验证。

3. 总结

1）多板连接关系可视化 3D 验证方法可以非常简单地实现在同一环境中对多板互连进行高效可视化验证。

2）动态更新的机制，使设计人员在存在 Connector 方向或网络关系变化时，非常容易地进行实时设计更新。

3）对于复杂的空间弯曲 FPC 互连验证，淘汰了陈旧低效的验证方法，真正实现了数字化设计。

9.2　多人协同设计

高复杂性产品需求与越来越短的研发周期成为了目前电子产品设计的主要矛盾。如果还依照以往的串行式设计流程，势必会在激烈的市场竞争中失去优势。无论是原理图设计，约束信息编辑，PCB 布局布线以及 DFM/DFT 等制造验证环节，都需要多组工程师在设计初始就深度参与并高效验证。只有依照多维度并行协同设计方法，在保证产品质量的前提下，才可以在最短的时间内使产品顺利上市。

多人并行协同设计内容包括约束管理器协同设计、原理图协同设计、PCB 协同设计和协同环境管理。数据协同结构如图 9.5 所示。

1. 约束管理器协同设计

因为 Mentor PCB 提供的是集成式数据环境，所以允许用户无论是在原理图阶段，PCB 设计阶段还是单独开启 Constraint Manager（约束管理器）都可以对约束信息进行多用户实时编辑，允许由多个团队从不同的渠道同时输入约束信息，如图 9.6 所示。具体优点如下：

1）在编辑过程中可以动态观察其他用户的编辑状态。

2）当前编辑栏对其他用户为锁定并高亮状态。

3）实时提示哪些用户正在进行编辑。

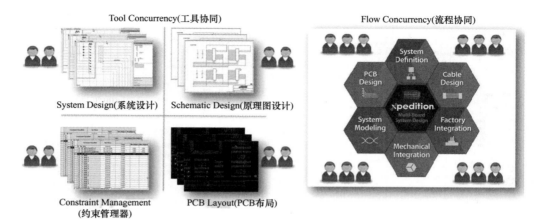

图 9.5 数据协同结构

4）Layout 工程师可以通过警示灯实时观察到 CM 是否更新。

5）Layout 工程师可以实时更新 CM 数据。

6）Layout 工程师可以接受或拒绝 CM 的变更。

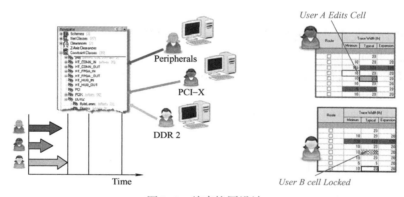

图 9.6 约束协同设计

Constraint Manager 的协同编辑环境无需进行设定，不需要单独启动任何进程就可以实现协同操作。

2. 原理图协同设计

原理图协同设计是允许多个用户同时进入一个设计项目中对原理图进行编辑或审阅，在权限允许的前提下，可以在任意时刻加入或退出协同环境，大大增加了项目设计状态的可见度，减少了不必要的电路设计冲突。相对于原始的多人各自绘制原理图后，再重新整合到一起的设计方法，协同设计可以使各位设计人员实时查阅彼此电路状态，减少重新设计时间及动态获取编辑权限等优点。

协同环境设定方法如下：

（1）物理环境要求 由于多人同时接入一个设计项目，就需要各个用户可以通过网络接入到协同进程 RSCM 中。此时的网络延迟时间建议小于 10ms，当接入 RSCM 的延迟时间大于 200ms 时，会导致协同失败。所以不建议用户通过无线的方式接入到 RSCM，一是由于传输速率受限，二是因为无线接入的状态很不稳定，常常会因为外界干扰而破坏协同环境。如图 9.7 所示。设计项目存储在共享文件服务器中，文件服务器与 RSCM 可以共存于同一台 PC 上，也可以从资源分配的角度考虑，分别架设两台 PC 进行环境搭建。

（2）服务环境要求　原理图协同环境需要在服务器中调用 RSCM 进程，所有参与原理图协同设计的用户都是首先接入到 RSCM 中，RSCM 进程会记录并与共享文件（项目数据存放处）进行通信，对整体的协同环境进行管控，如图 9.8 所示。

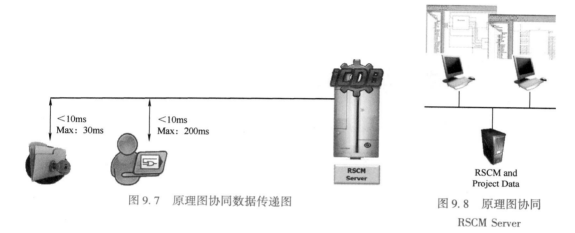

图 9.7　原理图协同数据传递图

图 9.8　原理图协同 RSCM Server

（3）RSCM 安装及运行方法　一个设计团队中，RSCM 可以只安装在性能比较好的服务器上，其他用户可以不进行安装。如果没有固定的服务器，每位用户也可以在各自的 PC 上进行安装，灵活地设定 RSCM 进程。在开始菜单中启动 RSCM VX 进入 RSCM Configurator，通过选择 Management→Install 进入 Add RSCM 界面，此时系统会自动识别出当前 VX 的工作版本及对应的 RSCM 安装程序，在 RSCM 与共享文件都在同一台 PC 的情况下，单击 OK 按钮直接进行安装，如图 9.9 所示。

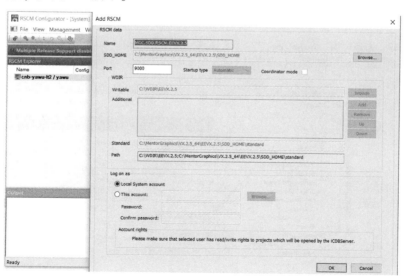

图 9.9　RSCM 安装界面

如果 RSCM 与共享文件分处于两台 PC，那么在 Log on as 栏中，需要手动填入访问共享文件的账户及密码，然后再单击 OK 按钮进行安装，如图 9.10 所示。

RSCM 进程安装成功后，其状态指示灯呈灰色，通过右击并单击 Start 选项进行启动，如图 9.11 所示。

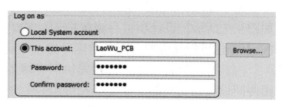

图 9.10 输入账号密码

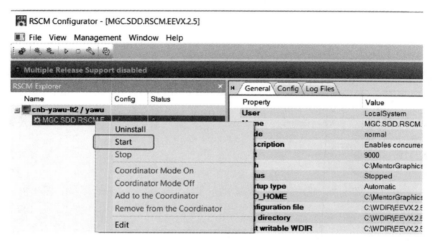

图 9.11 启动 RSCM 服务

（4）设计项目协同设定

1）在确保一个可以连接的 RSCM 进程正常工作时，进入 Designer 中，通过单击 Setup→Settings→Project，勾选 Enable concurrent design 选项，并在下方填入启动 RSCM 进程的 Server 名称或 IP，如图 9.12 所示。设定结束后关闭 Designer 并重新开启，即成功搭建了原理图协同设计环境。

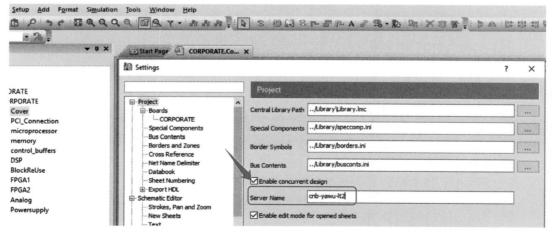

图 9.12 设定原理图协同 Server

2）也可以文本的方式打开 *.prj 文件，直接在 KEY DedicatedServerName 行中输入 Server 名称或 IP，实现 RSCM 设定效果，如图 9.13 所示。

```
ENDSECTION
SECTION iCDB
LIST Designs
VALUE "CORPORATE"
ENDLIST
KEY DedicatedServerName "cnb-yawu-lt2"
KEY iCDBDir "database"
ENDSECTION
```

图 9.13　查看原理图协同 Server 信息

（5）原理图协同工作环境　当多位用户同时在协同环境中工作时，工具会为第一位开启某一页的用户分配编辑权限，其他用户随后进入此页时，只有搜索和只读权限，并且可以通过上方的提示信息观察到当前页是具体哪位用户正在处于编辑状态，如图 9.14 所示。

Schematic is in readonly mode [Locked by yawu on computer: cnb-yawu-lt2].
Hide

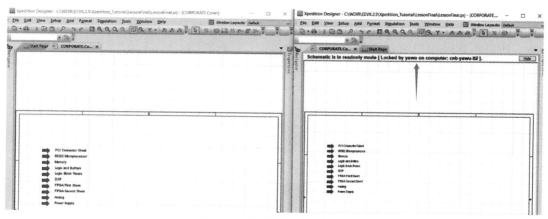

图 9.14　原理图协同设计权限

当开启此页的第一位用户关闭此页时，会自动释放出对此页的编辑权限，其他用户可以通过单击 Click to Edit 按钮，如图 9.15 所示获取编辑权限。

Schematic is in readonly mode.
Click to Edit
Hide

图 9.15　原理图协同获取权限

（6）原理图协同数据读写方式　所有参与原理图协同设计的用户，都是通过实时访问 RSCM 界面，并对设计数据直接进行编辑。设计数据并不会下载到用户本地，如图 9.16 所示。

DxDesigner

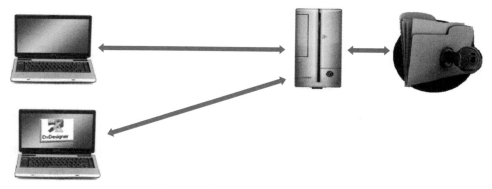

图 9.16　原理图协同数据读写方式

3. PCB 协同设计

PCB 协同设计是允许多个用户同时进入一个 PCB 项目中进行编辑或审阅，与原理图协同一样，可以在任意时刻加入或退出协同环境。在网络传输条件允许的情况下，真正做到了跨地域实时同步设计，让协同工作环境不局限于同一个办公室或同一地域，充分优化了资源（人力、时间、工作场所）配置。相对于原始的 PCB 设计必须先拆分，再重新整合到一起的设计方法，协同设计可以大大增加设计效率，不会再有工程师因为拆分边界问题而增加额外的工作量。软件当前版本支持 15 位 PCB 工程师同时参与设计。

（1）物理环境要求　类似于原理图协同环境，物理网络延迟时间建议小于 10ms，当接入 Team Server 的延迟时间大于 200ms 时，会导致协同失败。所以不建议用户通过无线的方式接入到 Team Server，如图 9.17 所示。

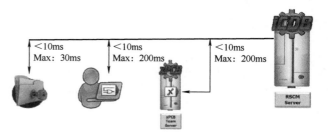

（2）服务环境要求　PCB 协同环境需要在服务器中调用 Layout team server 进程，所有参与 PCB 协同设计

图 9.17　PCB 协同数据传递图

的用户都是首先接入到 Team server 中，Team Server 进程会记录并与共享文件（项目数据存放处）进行通信，对整体的协同环境进行管控。

（3）Layout Team Server 安装及运行方法　在软件正常安装结束后，Layout Team Server 这个程序就已经被使用了。Layout Team Server 运行通常有三种方式：

1）在安装了 Layout Team Server 的 Server 上直接手动开启进程，在服务器中通过单击"开始"菜单→Layout Team Server VX 进入设定界面，只需在文件浏览处指向需要协同的 PCB 文件，不需要对数据进行任何设定，即可开启协同设计模式，如图 9.18 所示。

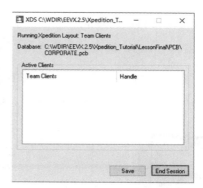

图 9.18　启动 Team Server 界面

2）在远端通过 Windows 的 Remote Desktop Connection 登陆 Server，然后开启 Layout Team Server 进程，如图 9.19 所示。

3）有时候 Server 被放置在了物理位置比较远的地方或者不便于随意进入的机房中，此时可以通过安装 MGC_XtremeSvc 工具进行远端启动 Layout Team Server 进程。在"开始"菜单中单击 Layout Team SVR CTL VX 进入 Team Server Control Panel 界面，输入管理员账号和

图 9. 19　启动 Remote Desktop Connection 界面

密码，并单击 Install 按钮进行安装，如图 9. 20 所示。安装结束后单击 Start 按钮使进程正常工作。

图 9. 20　安装 MGC_XtremeSvc

　　然后在 Client 端需要设定一个 MGC_XTREME_NET_HOST 环境变量，其值为 Server 的 IP 值或计算机名称。此种方法同时要求项目数据必须要指向正确的 RSCM 进程。在 Client 端启动 Layout Team Client VX 界面，单击 "确定" 后会自动进入 Team Server Launcher 界面，如图 9. 21 所示，可以通过 Check Access 功能对整体协同环境进行测试，然后单击 Launch 按钮远程启动 Layout Team Server 进程，并以 Client 身份加入到协同设计环境中。

　　（4）PCB 协同工作环境

　　1）用户通过 Layout Team Client VX 界面以 Client 身份进入协同设计环境，每位用户需要拥有一个唯一的识别名称，便于 Server 进行权限分配并记录，如图 9. 22 所示。

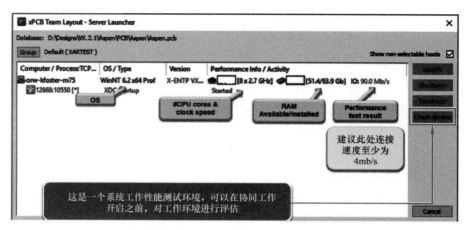

图 9.21　Server Launcher 界面

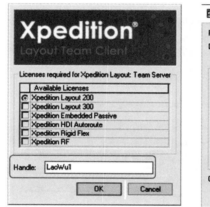
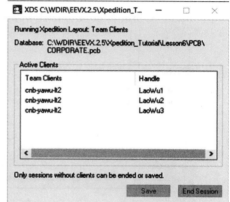

图 9.22　PCB 协同 Client 唯一身份标识

2）当多位用户同时在协同环境中工作时，工具会为每位用户分配一个工作区域。此工作区域的范围大小会取决于用户鼠标在此区域的活跃度，每位用户拥有对此区域（当前激活层）的编辑权限，其他用户对此区域拥有只读权限，当鼠标靠近其他用户的编辑区域时，会将区域框变为红色以作提醒。

各位用户可以通过 Display Control 中 Multiple Designers 的各个显示选项进行个性化设定。用户也可以通过添加一个 Xtreme Protected Area 图框的方式对指定区域进行锁定，如图 9.23 和图 9.24 所示。

（5）PCB 协同数据读写方式

1）与原理图协同工作方式不同，所有参与 PCB 协同设计的用户，在开启 Team Client 功能的时候首先需要将共享文件中的 PCB 数据下载到本地（网络传输速率与设计数据大小直接影响启动速度），之后的所有操作都是先保存在本地数据中，然后再上传到 Layout Server 进程中进行数据同步，如图 9.25 所示。

2）系统默认的本地保存路径为 User\Administrator\AppData\Local\Temp\...，但是由于 C 盘空间有限，可以通过设定 MGC_XDC_DESIGN_PATH 环境变量的方式，将临时下载的 PCB 数据存放在用户指定区域。

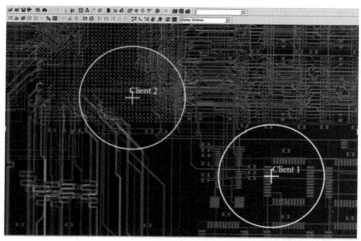

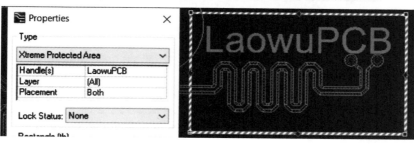

图 9.23　PCB 协同工作区域

图 9.24　PCB 协同保护区域显示设定

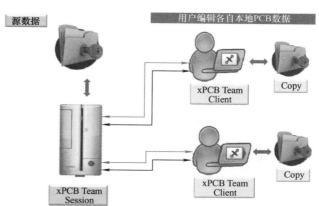

图 9.25　PCB 协同数据读写方式

　　3）正常情况下，当用户退出协同工作时，临时存放的 PCB 数据会自动删除。当遇到紧急情况或用户想将数据保存到本地时，可以通过单击 File→Save Private Copy 命令进行保存，当执行过此命令后，退出协同时，本地数据不会被删除，如图 9.26 所示。

　　（6）PCB 协同审阅　在协同状态下，其他用户也可以通过 Layout browser 或 Layout Viewer 加入协同环境，可以动态地审阅设计状态及添加优化建议。

　　4. 协同环境管理

　　（1）iCDB Server Manager　由于 Mentor 提供的协同解决方案是基于集成式的数据管理方式，

所有参与协同设计的用户信息都会被实时监控并记录在 iCDB 中，用户可以通过启动 iCDB Server Manager 来了解当前协同工作状态，有哪些用户参与了具体哪个项目的协同工作，当然也可以选定具体某一个 Client（用户），右击然后启动 Disconnect Client 功能，如图 9.27 所示。

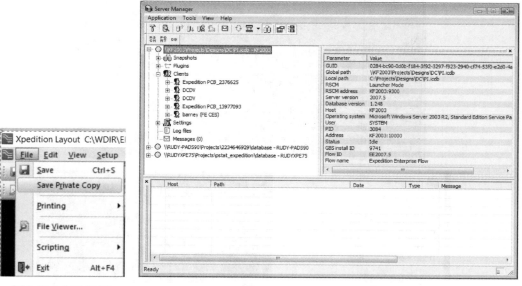

图 9.26　PCB 协同
数据保存在本地

图 9.27　Server Manager 管理界面

　　（2）每位用户也可以通过各自 Client 端的 iCDB Server Monitor 观察基本的工作环境信息，如参与的项目、网络连接环境、内存使用状态等，这个监控程序会从多方位帮助用户随时检查环境状态，当环境有异常时，会第一时间通报给用户，如图 9.28 所示。

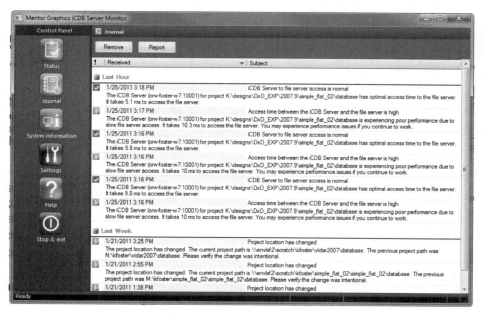

图 9.28　Server Monitor 界面

提示：

1）由于设计数据被放置在共享盘中，每位用户设定的共享盘符需要保持一致，这样设计数据的内部路径信息将不会混乱。

2）协同工作状态下，对 Server 端的 CPU 及内存消耗是与接入人数和设计数据大小成正比的，所以在搭建协同环境时，要充分考虑到实际工作中对 CPU 及内存的需求。

9.3　项目器件综合管理

随着竞争的压力越来越大，导致电子产品朝着低成本、短开发周期方向发展，很多公司期望在 PCB 设计不变的情况下，实际生产制造阶段通过不同版本的 BOM 制造出不同型号的电子产品，以达到节省设计和制造成本，实现产品类型丰富，快速上市的目的。

Variant Manager 是一款适用于同一设计项目、具有复杂的器件管理需求的管理工具。

1. Variant Manager 介绍

Variant Manager（简称 VM）是一款贯穿原理图、PCB、VisECAD 甚至 EDM 的多领域器件管理工具。其数据存放在中央数据中心（iCDB），用户在任何软件工具中对其操作，都可以通过集成的数据环境，将信息彼此传递。

通常如果对一份设计数据进行多版本 BOM 管理，需要大量的手工操作，花费很大的力气进行对比校验。即使这样，也难免会发生器件状态不对的问题。VM 可以根据设计，创建多份器件清单，实时对各个清单中的器件进行 Unplace（不固定）、Replace（替换）等操作。根据各份清单中器件的信息，方便快捷地生成 BOM 文件，多版本原理图及 PCB Assembly（装配）图样。

除了对单个器件进行管理外，通过 Variant/Function Matrix 选项卡还可以对多模块的具体应用进行管理，特别适用于模块式电路的电子产品。如图 9.29 所示。此功能在此不再展开叙述。

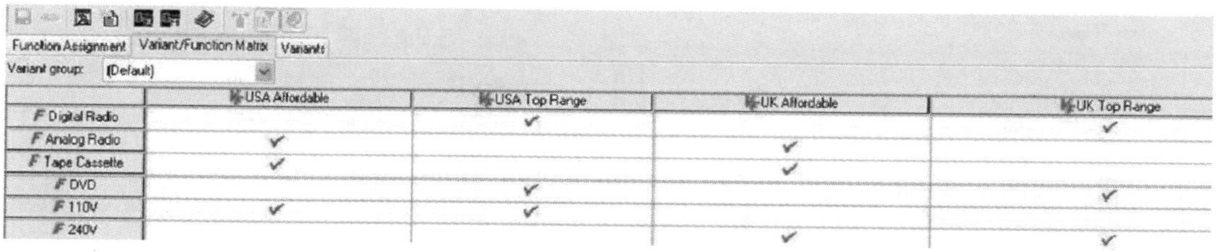

图 9.29　Variant/Function Matrix 选项卡界面

2. 具体环境设定

VM 直接与项目中心库相连，通过 dbc 配置文件可以直接读取器件的属性信息，方便在替换器件或生成 BOM 文件时对属性信息直接调用，通常在使用 VM 之前，需要对以下功能选项进行设置：

1）在 Designer 中通过选择 View→Others Windows→Variants 菜单命令进入操作界面，在 VM 界面中单击 Settings 界面，分别对 General、CAE Interaction 和 Library Query Setup 进行设定。在 General 界面中，可以定义 Unplaced 的关键字，默认为 Unplaced，可以对其进行更

改。还可以对生成的 Report（报告）具体格式进行设定，如图 9.30 所示。

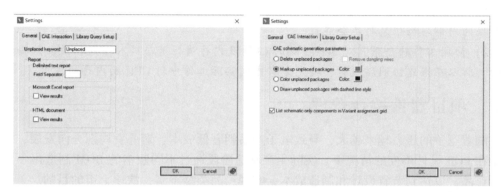

图 9.30　Variants Settings 界面

2）CAE Interaction：在此界面中主要对 Unplace 的器件进行标识设定，可以进行 Delete（删除）、Markup（标记）、Color（上色）几项功能操作，或以虚线方式标识。

3）Library Query Setup：指定 dbc 文件（通常与 Databook 中的 dbc 文件为同一文件），在 Query Settings 中设定搜索结果的参数值，在 Output format 栏中可以设定搜索结果的具体属性栏位，如图 9.31 所示。

3. 实际操作方法

在 Designer 中进入 Variant 操作界面，如图 9.32 所示。

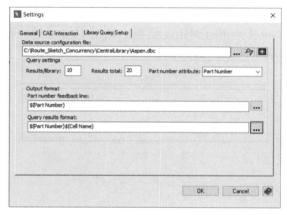

图 9.31　Variant 搜索设定界面

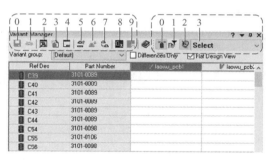

图 9.32　Variant 操作界面

Variant Manager Toolbar（工具栏）

0——Save

1——Reload VM data

2——Setting

3——Variant Definition

4——Variant Title Block Definition

5——Unplace Selected Cells

6——Reset Selected Cells

7——Replace Part

8——Create Variant/Function Schematics

9——Reset Schematics to Master

Cross Probe Toolbar Icons（交互定位图标按钮）

0——Transmit

1——Receive Page Filter

2——Receive mode

3——Select

在管理具体器件之前，首先要创建多份 Variant，通过单击 📋 图标进入 Variant Definition 页面，如图 9.33 所示，根据需要创建多份器件清单。每一份 Variant 都会根据当前原理图设计，读取到所有的器件信息。

除了在每一份器件清单中添加描述信息之外，还可以在 Variant Title Block Definition 界面中为每份清单添加一些必要信息，如图 9.34 所示。

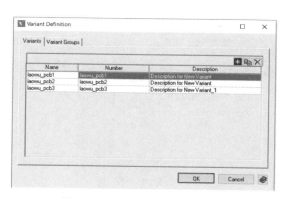

图 9.33　Variant Definition 界面

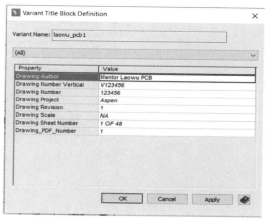

图 9.34　Variant Title Block Definition 界面

（1）器件标注

1）在 Cross Probe Toolbar Icons 工具栏中同时激活 Transmit 和 Receive mode 按钮，保证在 VM 和原理图之间可以启用 Cross Probe（交互定位）功能。

2）激活某一具体 Variant 选项，如图 9.35 所示。

3）在 VM 中选择器件，或在原理图中直接框选多个器件，右击选择 Unplaced 选项，这样就可以一次性对多个器件进行标注。

（2）器件替换

1）首先在 Library Query Setup 中进行具体查找和显示设置。

2）在 VM 中选择器件，RMB 选择 replace 选项，或直接单击 🔄 按钮，会弹出可供替换的器件列表和对应的属性信息。双击具体器件，此器件的 Part Number 就会被输入到对应的栏位中。或者可以直接单击某一栏位，直接输入器件的 Part Number（零件号）并回车，也可以达到同样的效果，如图 9.36 所示。

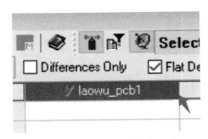

图 9.35　LMB 激活其中一个
Variant 选项

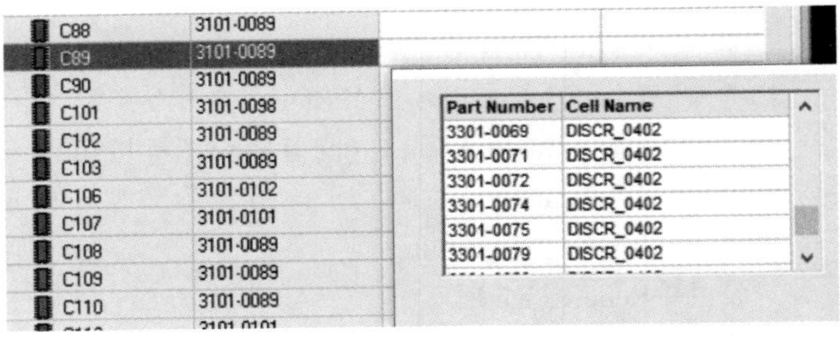

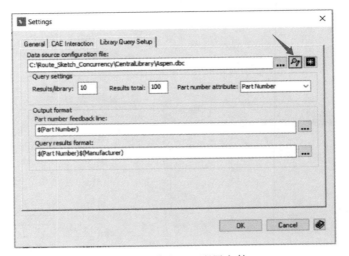

图 9.36　器件的 Part Number 列表

提示：

如果希望可供替换的器件需要满足某一条件，如与原始器件封装相同、厂家相同等，可以在 Define Libraries 中对 dbc 文件进行相应设定，如图 9.37 和图 9.38 所示。

图 9.37　进入 dbc 配置文件

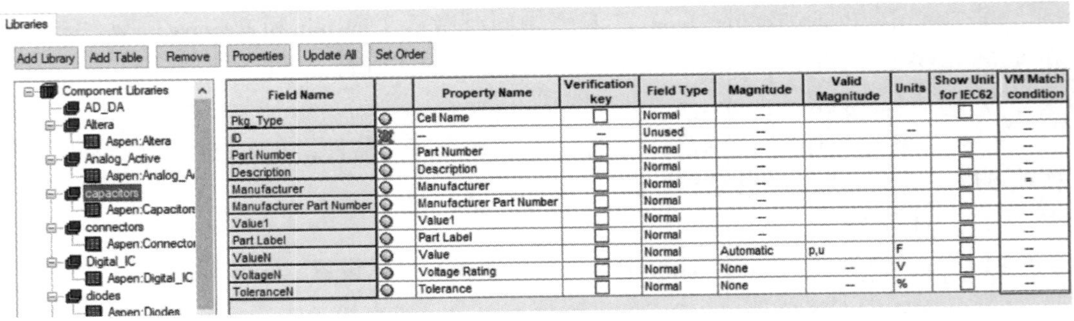

图 9.38　设定器件替换条件

例如：让所有的可替换器件满足 Manufacturer 相同这个条件，可以在 VM Match condition 中将 Manufacturer 对应的值改为 "＝"，并且其他器件类同样的属性也相应更改为 "＝"。这样在执行 Replace 命令时，列出的可供替换的器件都是满足某些前提条件的，以降低器件替换时出错的风险。

需要注意的是，由于器件属性是通过 dbc 文件从属性库中调取的，所以在设定筛选条件时，注意器件的属性值是来源于器件的 Block Value，Instance Value 是无法进行条件对比的。

（3）生成 PDF 图样

1）当某一 Variant 信息输入完毕后，可以针对当前激活的这个 Variant 产生对应的图样文件。在原理图中，通过单击 图标创建特定的原理图，此时原理图为只读模式，可以在此状态下生成 PDF 图样文件（通过单击 File→Export→PDF 命令），如图 9.39 所示。

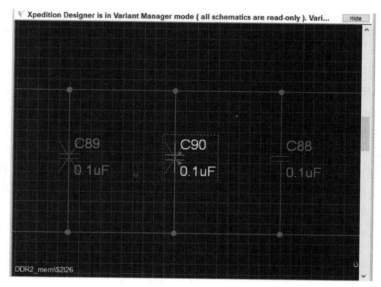

图 9.39　原理图 Variant 模式显示

2）在 PCB 端生成 Assembly（装配）图样。原理图通过 Package 功能，将 VM 信息传递到 PCB 端。通过 Output→Variants 菜单命令进入 VM 界面，在 Settings→PCB Interaction 界面中对需要标识器件的方式进行设定，如图 9.40 所示。

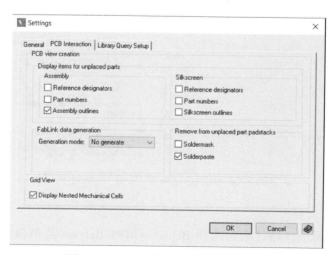

图 9.40　PCB 中设定 Variant 器件显示

激活指定 Variant 后，接下来单击 图标进行 Generate PCB Variant View。根据上面的设定，被标识 Unplaced 的器件，保留了 Assembly outlines，去除了 Solderpaste，此时生成装配的 PDF 文件，就会非常醒目地看出哪些器件是不进行 SMT 的。再通过单击 图标进行 Reset，就恢复了正常的显示状态，如图 9.41 所示。

3）为了能够更加清晰地辨别出哪些器件不需要进行焊接，还可以通过先在中心库中设定 Unplaced Graphics Assembly 层，如图 9.42 所示。分别为器件在 Unplaced Graphics Assembly 层添加一个明显的标识，如图 9.43 所示。这样在 Generate PCB Variant View 时，开启器件的 Assembly Outline，在 Unplaced Part 上就会显示出这个标识，方便工作人员进行辨认，如图 9.44 所示。

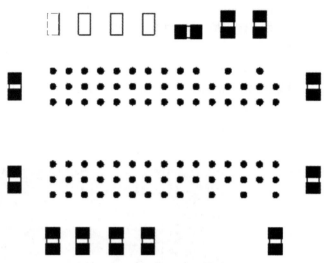

图 9.41　PCB 中 Variant 模式显示

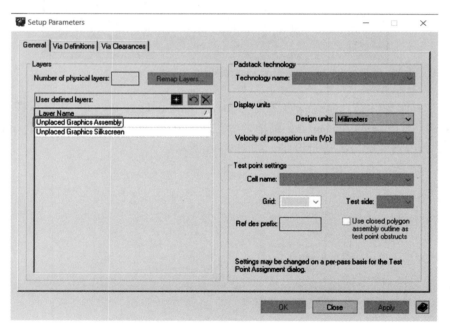

图 9.42　定义 Unplaced Graphics Assembly 层

4. 生成 BOM 文件

1）在 VM 界面中，通过右击选择 Report→BOM Reports 菜单命令进入 BOM Reports 界面，如图 9.45 所示。

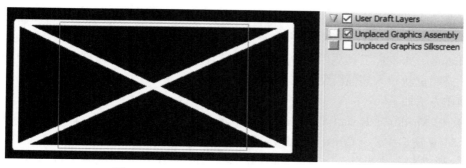

图 9.43　Unplaced Graphics Assembly 器件显示

图 9.44　Unplaced Graphics Assembly 装配图

2）对各个栏位进行设置后，单击 OK 按钮，既可以输出多份符合规格的 BOM 文件。其中 Master 为完整 BOM 文件，其他各个子 BOM 文件中，分别删除了标识 Unplaced 的器件。

提示：

1）原理图器件有变化时，Variant Manager 需要重新启动或手动启动 Reload VM data 功能进行更新。

2）Designer 与 EDM 集成后，所有的 VM 信息可以在 EDM 环境中统一进行管理。虽然 VM 信息在原理图端和 PCB 端都可以进行编辑，彼此信息可以传递，但建议在前端或后端统一编辑，不容易造成数据不一致的情况。

9.4　3D 设计

9.4.1　创建 3D 设计环境

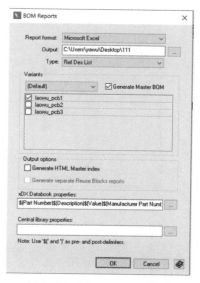

图 9.45　BOM Reports 界面

Mentor Xpedition 具有功能强大、显示效果极佳的 3D 设计环境，不仅支持与二维设计数据实时同步，而且支持结构件 3D 数据的导入，软板空间弯曲等复杂数据联合设计。

操作方法如下：

1）首先通过单击 View→Enable OpenGL 菜单命令开启显卡 3D 工作模式。

2）在 Window 菜单中单击 Add 3D View 选项，创建 3D 设计环境。

9.4.2　导入 3D 器件模型方法

Xpedition Layout 在 3D 环境下设计时，既要求器件之间间距足够紧凑，又要满足生产制造的要求。此时需要导入一些器件模型数据以替代工具自动产生的器件矩形框，使设计数据更加精准可靠。3D 器件模型往往来自于器件厂商、第三方机构或结构工程师。

Align 3D Models 工具适用于中心库中并没有关联 3D 模型的器件和原始 3D 器件模型不准确、需要重新导入其他模型数据的情况。

操作方法如下：

1）在 Xpedition Layout 中通过单击 Window→Add 3D View 菜命令创建 3D 窗口。在 2：3D View 窗口中，＜Ctrl + F＞键搜索需要替换模型的器件并选中。

2）通过右击并选择 Edit Selected Cell 选项，进入 Cell Editor 界面，此时 Align 3D Models 窗口会自动开启。

3）选择器件 Part Number，并单击 Import 按钮进行模型导入，如图 9.46 所示。

4）导入器件模型后，可以与 2D 的 Cell（单元）进行位置对准，通过在 Align 3D Models 窗口中输入具体偏移量来校准 2D 与 3D 的位置信息，如图 9.47 所示。

图 9.46　导入 3D 器件模型

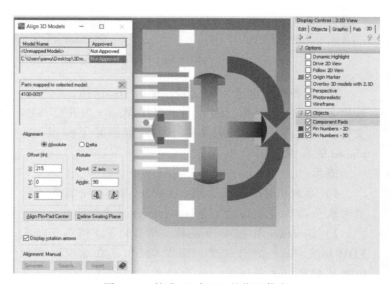

图 9.47　校准 2D 与 3D 的位置信息

5）保存并退出 Cell Editor 界面。此时 PCB 上所有此器件的模型都已经被自动替换，如图 9.48 所示。

提示：

在模型导入过程中，如果将 Align 3D Models 窗口最小化后，需要通过＜Alt + 空格键＞操作先最小化 Cell Editor 界面，然后再恢复 Cell Editor 界面显示，Align 3D Models 窗口便会自动开启。

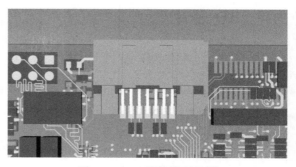

图 9.48　3D 器件模型显示

9.4.3　3D 设计方法

在 3D 设计环境中，当器件模型导入并对齐后，既可以从各个角度观察并验证整体设计在空间中是否符合规范，还可以从内部或采用剖面的模式进行内部设计审核；同时支持结构件的导入并对齐，最后还可以为评审需求输出 3D pdf 文档。下面介绍具体实现方法。

1. 2D 与 3D 同步显示

在 3D 窗口的 Display Control 界面的 3D 栏位中，分别有两个选项来驱动或同步于 2D 窗口的显示。Drive 2D View 允许用户在 3D 窗口中放大或缩小，移动目标时，同时驱动 2D 窗口中的相应显示；Follow 2D View 则是跟随 2D 窗口中的相应操作而自动变更显示状态，如果需要 2D 和 3D 窗口两边实时保持同步状态，则可以将两个选项都选中，如图 9.49 所示。

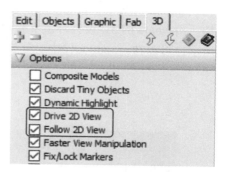

图 9.49　2D 与 3D 窗口数据同步显示

2. Internal 显示设定

通过在 Display Control 中勾选 Include Internal Layers 选项，允许用户观察到内层设计中所有的信号线和过孔情况。由于叠层的真实厚度比较薄，所以当需要观察内层设计状况时，可以先在 Display Control 界面中勾选 Z-Axis Scaling 选项进行叠层放大，然后再通过单击 3D→View→X/Y/Z Cut Plane 菜单命令进行内层剖面分析。

3. 导入 3D 结构件

在器件布局并需要进行空间校验时，用户不仅可以通过导出 3D 设计数据并传递到结构工具中进行校验，而且还支持导入多个 3D 结构件在 Xpedition 中进行精准验证。

通过 3D→Import Mechanical Model，选定指定的结构数据文件，数据支持 asat、iges、igs、prt、sat、step、stp、xtd、xtda 等多种结构数据格式，如图 9.50 所示。

图 9.50　3D 内层数据显示

4. 3D 结构件对齐

在导入一个或多个结构件后，要使其与现存的 PCB 进行正确的空间匹配。具体操作步骤如下：

1）双击结构件，对其类型及坐标进行调整。

2）水平面对齐：选择 3D→Mating→Mate 选项，按住 < Shift > 键同时单击螺纹孔面，再选定 PCB Bottom 面，水平对齐完成。

3）位置对齐：单击选定某一孔中心，再选定与之匹配的 PCB 板孔中心，PCB 与结构件自动进行对齐，如图 9.51 所示。

5. 3D 文档导出

在产品前期数字化展示或设计评审时，都需要一份清晰、多方位可视并且方便传递的文档。Xpediton 的 3D 设计环境支持将 3D 环境中的数据直接输出为 3D PDF 文件，如图 9.52 所示，可以在 *.pdf 文件中对其旋转和任意角度观察。

图 9.51　3D 结构件对齐

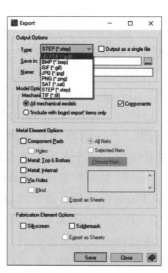

图 9.52　3D 文档导出

9.5　虚拟引脚点在复杂拓扑中的应用方法

随着传输信号速率的不断提升，拓扑结构越来越复杂，有时需要在网络分支前后分别做一组线段的等长设定。分支处可以为引脚、过孔或铜平面，但在 Constraint Manager（简称 CM，约束管理器）中并不能将过孔或铜平面作为节点而创建相应的 Pin Pair（引脚对）。此时就需要通过添加 Virtual Pin（简称 VP，虚拟引脚）的方法，创建虚拟的引脚点，再进行对虚拟引脚点创建 Pin Pair（引脚对），就可以很好地解决上述问题。

操作方法如下：

1）首先布置好需要放置 VP 点的过孔，整个链路可以完全连通，也可以暂时完成部分信号线，如图 9.53 所示。

2）在 CM 中将相应网络拓扑类型更改为 Custom，如图 9.54 所示，使其与 PCB 数据同步并退出 CM 界面。

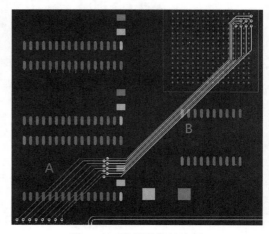

图 9.53　虚拟引脚的应用

Constraint Class/Net	Net Class	# Pins	Topology	
			Type	Ordered
⊞ ⌁ FADDR10	FADDR	2	MST	No
⊞ ⌁ FCLK	CLOCKS	2	MST	No
⊞ ⌁ FCLOCK	CLOCKS	2	MST	No
⊞ ⌁ FDATA0	FDATA	3	Custom	Yes
⊞ ⌁ FDATA1	FDATA	3	Custom	Yes
⊞ ⌁ FDATA2	FDATA	3	Custom	Yes
⊞ ⌁ FDATA3	FDATA	3	Custom	Yes
⊞ ⌁ FDATA4	FDATA	3	Custom	Yes
⊞ ⌁ FDATA5	FDATA	3	Custom	Yes
⊞ ⌁ FDATA6	FDATA	3	Custom	Yes
⊞ ⌁ FDATA7	FDATA	3	Custom	Yes

图 9.54　更改网络拓扑类型

3）在 Route（总线）模式下，选择放置好过孔的网络，通过单击 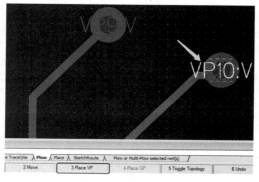 按钮进入 Netline（网络飞线）编辑模式，单击快捷键 <F3> 进行 VP 点的放置，如图 9.55 所示。此时为了确保 VP 点与过孔中心完全重合，建议打开布线格点。

4）由于整个网络此时相当于增加了一个引脚点，所以要对各个网络点的连接关系进行定义。根据连接关系依次单击整个网络各个引脚点，生成新的网络飞线。最后需要删除原始的网络飞线，以防止形成飞线闭环。单击 <F12> 键结束 VP 点的添加。

图 9.55　放置 VP 点

5）为了后续的等长设定，此时需要进入 CM 界面，对新添加 VP 的网络进行 Pin Pairs 设定。可以通过 Edit→Pin Pairs→Add Pin Pairs 选项进行手动编辑，也可以直接调用 Edit→Pin Pairs→Auto Pin Pair Generation 选项进行自动添加，如图 9.56 所示。

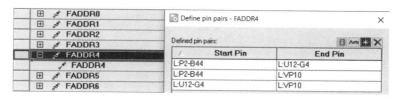

图 9.56　Pin Pairs 设定

6）设定好 Pin Pair 后，再根据实际情况，使用等长设定方法对各线段进行等长约束设定，如图 9.57 所示。

提示：

1）当放置的 VP 点与过孔并未连接时，可以适当移动过孔或 VP 点，此时 VP 点会自动与过孔进行连接，并且以后再移动过孔时，会发现 VP 点与过孔组合为一整体。

2）在添加 VP 点过程中，为了更便捷地编辑网络飞线，可以使用 Mark/Unmark 的显示功能，只显示当前网络飞线，避免由于飞线过多造成错误编辑。

Constraint Class/Net	Net Class	Min Length	Match	Tol (th)l(ns)
⊟ FDATA0	FDATA			
FDATA0	FDATA			
L:P2-B51,L:VP1			A	20
L:U12-C16,L:VP1			B	20
⊟ FDATA1	FDATA			
FDATA1	FDATA			
L:P2-B52,L:VP2			A	20
L:U12-D16,L:VP2			B	20
⊟ FDATA2	FDATA		A	
FDATA2	FDATA			
L:P2-B53,L:VP3				
L:U12-D14,L:VP3			B	20
⊟ FDATA3	FDATA		A	
FDATA3	FDATA			
L:P2-B54,L:VP4				
L:U12-D15,L:VP4			B	20
⊟ FDATA4	FDATA		A	
FDATA4	FDATA			
L:P2-B55,L:VP5				
L:U12-E13,L:VP5			B	20
⊟ FDATA5	FDATA		A	
FDATA5	FDATA			
L:P2-B56,L:VP6				
L:U12-E14,L:VP6			B	20
⊞ FDATA6	FDATA		A	20
⊞ FDATA7	FDATA		A	20

图 9.57　等长约束设定

9.6　基于 CCE 进行数据对比

9.6.1　CCE 数据输出

要对项目进行审阅时，尤其是将内部文件发往外部，既要保证数据的一致性，又要使数据不可被复制。那么 VisECAD 工具是个很不错的选择，它具有既可以使原理图与 PCB 交互，文档容量较小，保密性强，还可以添加注释等优点。

Export 工具适用于输出 CCE 格式的原理图文件和输出 CCE 格式的 PCB 文件的情况。

操作方法如下：

1. 输出 CCE 格式的原理图

1）选择 Xpedition Designer→File→Export→eDxD Schematic 选项。

2）定义输出文件名称并单击 OK 按钮，完成原理图文件的输出，如图 9.58 所示。

2. 输出 CCE 格式的 PCB 文件

1）选择 Xpedition Layout →File→Export→CCZ 选项。

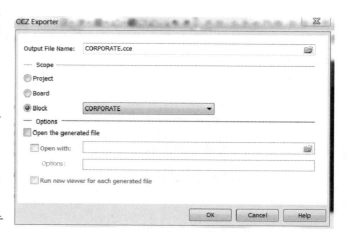

图 9.58　CCE 格式的原理图文件输出

2）确定输出文件路径、衍生信息、Cell 库等。单击 OK 按钮，完成文件输出，如图 9.59 所示。

3）如果期望软件工具可以自动生成这两份文件，可以在 Layout 端 Project Integration 界面中单击 Addition Options 选项，根据情况勾选 Create Schematic View during Forward Annotation 和 Create eExp View during Back Annotation 选项。这时，当每次执行前项或后项标注时，会自动生成对应的 CCE 格式文件，这也会相应地延长了命令执行时间，如图 9.60 所示。

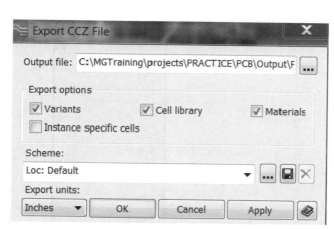

图 9.59　CCE 格式的 PCB 文件输出

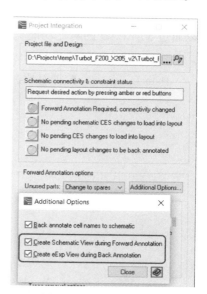

图 9.60　PCB 后项标注
自动生成 CCE 格式文件

9.6.2　CCE 数据导入

开启 VisECAD 界面，通过单击 File→Open CC/CCE/PCB 菜单命令分别导入生成的 CCE 格式文件，如图 9.61 所示。可以在 View 菜单下选择浏览模式，单独查看 PCB 或原理图，或者两个界面同时进行查看，如图 9.62 所示。

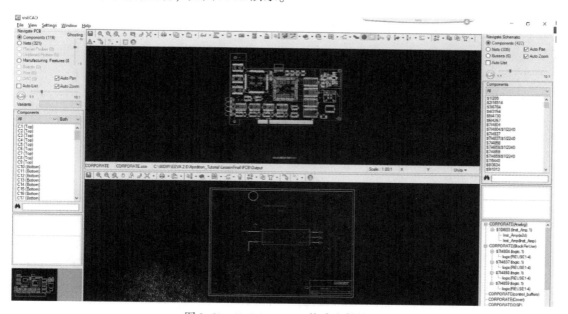

图 9.61　VisECAD CCE 格式文件导入

9.6.3　CCE 数据对比

针对一个项目中不同版本的 CCE 格式文件，或是不同项目的 CCE 格式设计数据，都可以通过 VisECAD 的对比功能，查找出彼此之间的差异点。

1. 对比方式

Data Compare：数据对比，如图 9.63 所示。

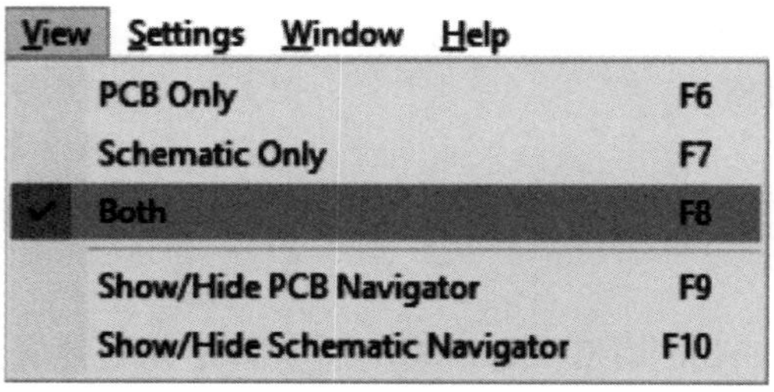

图 9.62　VisECAD 显示模式设定

图 9.63　数据对比设置

Net list Compare：网表对比。

Graphical Layer Compare：图形对比，如图 9.64 所示。

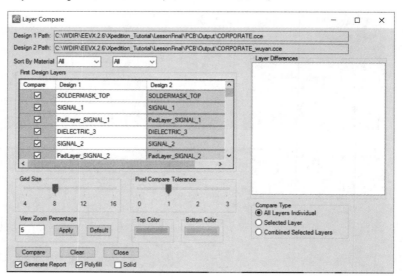

图 9.64　VisECAD 图形对比

原理图对比有两种方式：Data Compare 📖 和 Net list Compare 𝕐。

PCB 对比有三种方式：Graphical Layer Compare 📖、Data Compare 📖 和 Net list Compare 𝕐。

2. 对比方法

在导入第一个 CCE 格式文件后，选择指定对比方式，然后指向与之对比的文件，单击 Compare 按钮进行数据对比。

3. 对比结果

当对比结束后，各个对比报告以 HTML 格式保存在指定位置，可以通过查阅报告观察不同文件之间的差异，如图 9.65 所示。

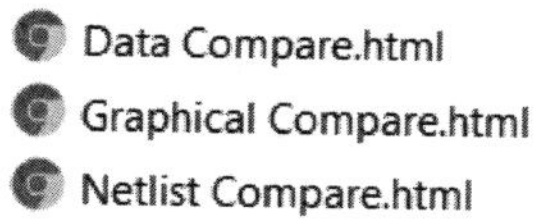

　Data Compare.html
　Graphical Compare.html
　Netlist Compare.html

图 9. 65　VisECAD 对比结果

第10章
电子产品设计应用案例

10.1 软硬结合板简介

软硬结合印制电路板（简称软硬结合板）是指在一块印制电路板上包含有一个或多个刚性区和一个或多个挠性区的印制电路板。它可分为有增强层的挠性板及刚-挠结合多层板等不同类型，如图10.1所示。

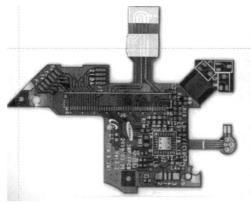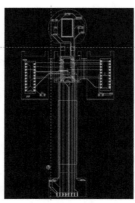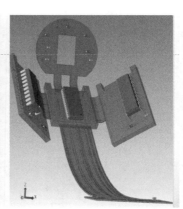

图 10.1　软硬结合印制电路板

工业、医疗设备、5G手机、LCD电视及其他消费类电子产品，如计算机用硬盘驱动器、软盘驱动器、手机、笔记本计算机、照相机、摄录机、PDA等便携式电子产品市场需求的不断扩大，电子设备越来越朝着轻、薄、短、小且多功能化的方向发展。特别是高密度互连结构（HDI）用的柔性板的应用，将极大地带动柔性印制电路技术的迅猛发展，同时随着印制电路技术的发展与提高，软硬结合板（Rigid-Flex PCB）的开发检查将得到大量的应用，预计全球今后软硬结合板的供应量将会大量增加。同时，软硬结合板的耐久性与挠性，也使其更适合于医疗与军事领域的应用，逐步取代刚性PCB的市场份额，如图10.2所示。

图 10.2　软硬结合板在产品中的应用

10.2　软硬结合板生产工艺

10.2.1　软硬结合板的材料

软硬结合板是由刚性电路板（俗称硬板，FR4）与挠性电路板（俗称软板，FCCL）通过黏结剂组合在一起的产品，分有胶板材和无胶板材，有胶板材电铜箔、胶层和基材构成，无胶板材由铜箔和基材构成，如图 10.3 所示。以下分别对构成物料进行介绍。

图 10.3　无胶板材和有胶板材

板材铜箔分为压延铜箔（RA）及电解铜箔（ED）。压延铜箔，如图 10.4 所示，其挠曲性好于电解铜箔，主要用于对挠曲性要求高的产品；电解铜箔利于精细线路的制作，用于对挠曲性要求不高的产品。不同铜箔的应用见表 10.1。

压延铜晶体结构平滑，但与基膜黏结力差

图 10.4　压延铜结构

表 10.1　不同铜箔对比

应　用	建议使用	应　用	建议使用
动态连续动作的软板	RA	大半径低挠曲度的产品	ED
极细线路少连续动作的软板	ED	非动态的软板	ED
非动态但必须承受着动力的软板	RA	挠曲半径≤100mil 的折弯组装	ED
双面电镀通孔的软板	RA 或 ED		

基材分为聚酰亚胺（PI）、聚酯（PET）和聚四氟乙烯（PTFE）三种。

1）聚酰亚胺（PI）：它具有优异的耐高温性能，耐浸焊性可达260℃、20s，介电强度高、电气性能及机械强度好，但易吸潮，为FPC常用基材。

2）聚酯（PET）：许多性能与聚酰亚胺相近，但耐热性差，只能在常温下使用。

3）聚四氟乙烯（PTFE）：只用于低介电常数的高频产品中。

覆盖膜（Coverlayer）相当于刚性电路板的阻焊油墨，起阻焊作用。覆盖膜由PI和胶组成。

黏结部分主要用于层与层之间的黏结及绝缘，分为不流动半固化片（No-Flow PP，NF）、纯胶两种。

1）NF由环氧树脂、玻璃布及填充物组成，溢胶量少，一般用于选择性压合及对压合TG（玻璃态软化点）较高的产品，如软硬结合板。

2）纯胶（Adhesive）俗称亚克力胶，学名丙烯酸，TG在100℃以下，挠折性较好，但热膨胀系数比较大，一般用于多层挠性板压合。

加强片（Stiffener）是软板上局部区域为了焊接零件或增加强度以便于安装而压合上去的硬质材料。一般有聚酯（PET）、聚酰亚胺（PI）和FR-4环氧树脂板三种材料。

1）聚酯（PET）：常用在没有焊接零件的部位。

2）聚酰亚胺（PI）：常用在有焊接零组件的FPC板上。

3）FR-4环氧树脂板：常用在较厚的部位。正常情况下PI采用热敏胶（TSA）粘贴，FR-4环氧树脂板采用压敏胶（PSA）粘贴。

10.2.2 软硬结合板生产工艺

产品的加工流程设计是影响产品可靠性和成本的重要因素，合理优化的设计有利于降低产品的质量管控难度，提高产品质量及降低成本。软硬结合板加工流程如图10.5所示。

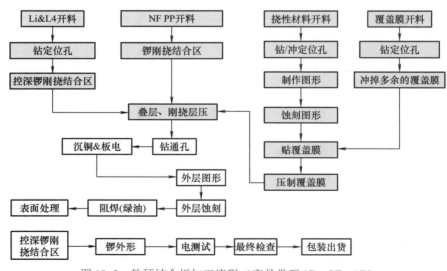

图10.5 软硬结合板加工流程（产品类型1R+2F+1R）

10.3　设计思路和约束规则

软硬结合板在 CAD 设计过程与软板或者硬板有很多不同。

（1）挠性区线路设计要求

1）线路要避免突然的扩大或缩小，粗细线之间采用泪形。

2）采用圆滑的角，避免锐角。

3）增加尺寸稳定性，尽可能添加铜的设计，如图 10.6 所示。

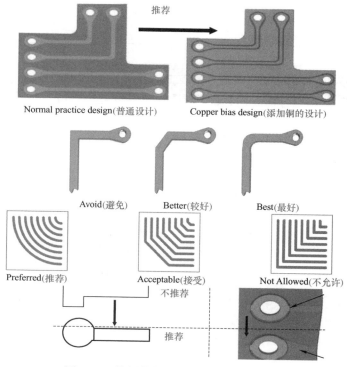

图 10.6　软硬结合板挠性区线路设计要求

（2）弯折区域设计要求

1）垂直于弯曲区，均匀分布于整个弯曲区内。

2）在整个弯曲区内达到最大化。

3）无附加电镀金属。

4）宽度均匀。

5）如果可能的话，中轴应位于层压板的中心导体处。

6）双面电路中的导线相互之间不应直接跨越，从而产生"工"字梁效应。这种情况有必要从电气性能考虑，但更应从机械安装要求考虑。

7）弯曲区内的层数应保持在最低层数之内。

8）弯曲区内应避免出现导通孔和镀通孔。

9）当使用压延铜材时，晶格方向平行于弯曲方向可以提高其挠性。

10）弯折区域做补强铜设计如图 10.7 所示。

挠折区域边缘无大铜
箔连线时，可采用如
上图白色补强铜设计

挠折区域边缘有大铜
箔连线时，可采用如
上图白色补强大铜箔
连线弯折处设计

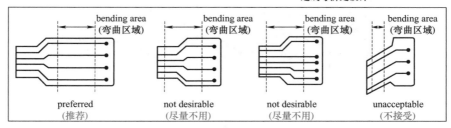

Source：IPC−2223

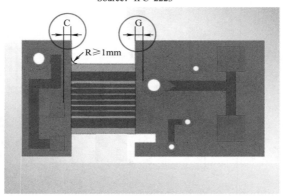

图 10.7　弯折区域做补强铜设计

10.4　软硬结合板设计流程

本节以一个实际案例来介绍利用 Mentor xPedition 展示软硬结合板的一些设计方法和步骤。

10.4.1　定义主板叠层

定义主板叠层参数见表 10.2，主板叠层结构如图 10.7 所示。

表 10.2　定义主板叠层参数

图层名	类　型	用　法	厚度/mm
SolderMask_上部	电介质	焊接掩模	0.01
覆盖层 1	电介质	覆盖层	0.1

（续）

图层名	类　型	用　法	厚度/mm
信号 1	金属	信号	0.02
柔芯 1	电介质	柔性基板	0.51
平面图 2	金属	信号	0.02
覆盖层	电介质	覆盖层	0.1
电介质	电介质	基底	0.51
覆盖层 3	电介质	覆盖层	0.1
平面图 3	金属	信号	0.02
FlexCore 4	电介质	柔性基板	0.51
信号 4	金属	信号	0.02
覆盖层	电介质	覆盖层	0.1
SolderMask_底部	电介质	焊接掩模	0.01

定义主板叠层步骤如下：

1）选择"开始"→"所有程序"→Mentor Graphics PCB→Xpedition Enterprise VX. 2. X→Layout→xPCB layout 选项。

2）在 Xpedition 的起始页中，选择 File→Open 并浏览到教学资源包 \ xpeditionFlex_Workshoppe \ lesson1 \ pcb \ Flex_Wearable. pcb 文件。

3）选择"设置"→"叠层编辑器"选项，打开主板叠层界面，如图 10.8 所示。

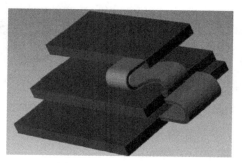

图 10.8　主板叠层结构

4）右击 Soldermask_Top 层，在焊料掩模下方插入覆盖层通过打开"插入下方"→"覆盖层"选项。

5）将层名更改为 CoverLayer_1，厚度更改为 0.1mm。

6）重复步骤4）和步骤5），创建表 10.2 中定义的主板叠层。

7）完成后，关闭 xPCB layout 界面（通过打开"文件"→"退出"选项）。

10. 4. 2　定义多个电路板外框

接下来将定义五个电路板外框，如图 10.9 所示，并使用下面的数值为每个刚性、柔性电路板分配具体的叠层。

1）选择"开始"→"所有程序"→Mentor Graphics PCB→Xpedition Enterprise VX. 2. X→Layout→xPCB layout 选项。

2）在 Xpedition 的起始界面中，选择 File→Open 并浏览到教学资源包 \xpeditionFlex_Workshoppe \ lesson2 \ pcb \ Flex_Wearable. pcb 文件。

3）修改现有电路板外框，使其具有正确的 Teensy_Main 尺寸（25mm×15mm）。

4）打开"板外框"的"属性"对话框，然后更改以下设置：

a. 类型 = 刚性

b. 名称 = Teensy_Main

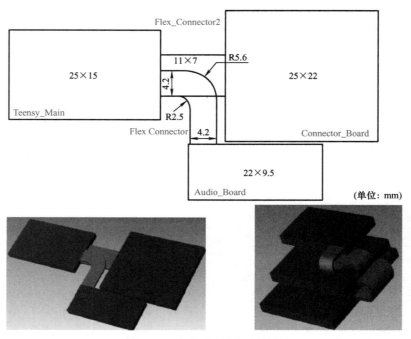

图 10.9　定义多个电路板外框

c. 叠层如图 10.10 所示

5）为其余外框绘制板外框（通过选择"绘制"→"板外框"选项），如图 10.11 ~
图 10.13 所示。

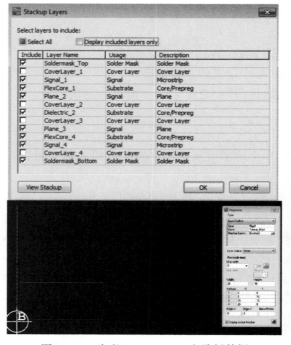

图 10.10　定义 Teensy_Main 电路板外框

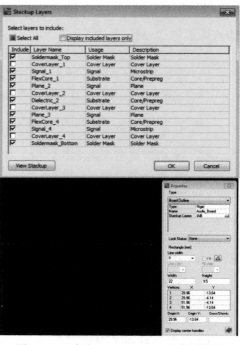

图 10.11　定义 Audio_Board 电路板外框

定义 Audio_Board 电路板外框：

a. X 原点 = 29.96

b. Y 原点 = -13.64

c. 宽度 = 22

d. 高度 = 9.5

e. 类型 = 刚性

f. 名称 = Audio_Board

g. 叠层如图 10.11 所示

定义 Connector_Board 电路板外框

a. X 原点 = 36

b. Y 原点 = -3.5

c. 宽度 = 25

d. 高度 = 22

e. 类型 = Rigid

f. Name = Connector_Board

g. 叠层如图 10.12 所示

定义 Flex_Connector2 电路板外框

a. X 原点 = 25

b. Y 原点 = 4

c. 高度 = 7

d. 类型 = Flex

e. 名称 = Flex_Connector2

f. 叠层如图 10.13 所示

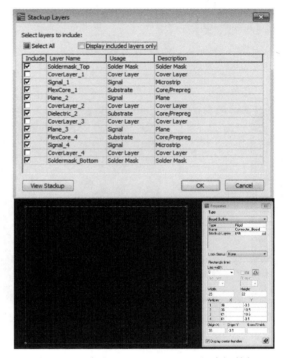

图 10.12 定义 Connector_Board 电路板外框

注意：电路板外框必须一致。可通过选择"绘制"→"修剪板外框"命令，自动修剪重叠的板外框，使它们重合。

6）引入更复杂的电路板外框有多种方法。在本例中，将使用内置工具，选择 polygon 选项（ ⟁ ）并定义图 10.14 所示参数，而不是绘制矩形。

7）选择角点的右上方抓握手柄，将角点改为半径为 5.6mm 圆弧，如图 10.15 所示。

8）对内角重复步骤 7），并将半径设置为 2.5mm。

9）接下来，需要为每个板外框生成单独的布线边框。从 Draw 下拉菜单中选择 Generate Route Borders 选项。

10）启用"每个电路板外框都有一条布线边框"图标，并设置收缩布线边框为 0.2mm，单击"确定"按钮生成布线边框，如图 10.16 所示。

11）完成后，关闭 xPCB layout 界面。

10.4.3 定义弯曲区域

下面将使用"弯曲区域"命令来定义两个柔性区域所需的半径、角度和设计规则约束。

1）选择"开始"→"所有程序"→Mentor Graphics PCB→Xpedition Enterprise VX.2.X →Layout→xPCB layout 选项。

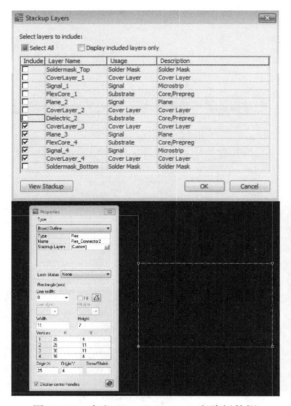

图 10.13　定义 Flex_Connector2 电路板外框　　　图 10.14　绘制复杂电路板外框

2）在 Xpedition 的起始页中，选择 File→Open 并浏览到教学资源包\xpeditionFlex_Workshoppe\lesson3\pcb\Flex_Wearable.pcb 文件。

3）从 Draw 下拉菜单中选择 Bend Area 命令。

4）一个弯曲区域被添加为一条线，并且必须在它所属的板外框之外开始和结束操作。绘图时的 <Shift> 键允许按 45°增量进行捕捉。使用以下属性绘制 Flex_Connector 的弯曲区域，如图 10.17 所示。

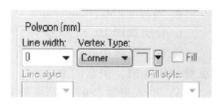

图 10.15　改变角点形状

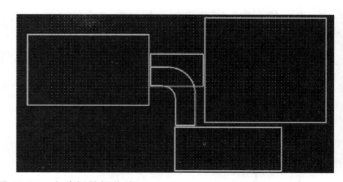

图 10.16　电路板外框收缩

a. 电路板外框 = Flex_Connector

b. 弯曲半径 = 1

c. 弯曲角度 = −180

5）对于具有以下属性的下一个要弯曲的区域，重复步骤 4），如图 10.18 和图 10.19 所示。

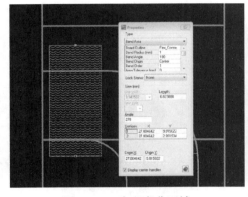

图 10.17　定义弯曲区域　　　　　　　　图 10.18　定义弯曲区域 1

a. 板外框

b. 弯曲半径 = 1

c. 弯曲角度 = 180

d. 电路板外框 = Flex_Connector2

e. 弯曲半径 = 1.5

f. 弯曲角度 = −180

g. 打开三维视图（Window→Add 3D View）

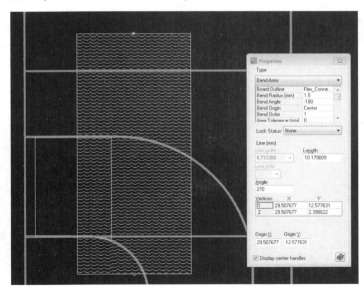

图 10.19　定义弯曲区域 2

6）打开三维视图，如图 10.20 所示。

7）打开 Display Control 对话框，选择 3D 选项卡，如图 10.21 所示。

图 10.20　打开三维视图界面　　　　　　　　图 10.21　选择 3D 选项卡

8）启用 Flex Objects 部分，如图 10.22 所示。

9）现在可以看到软板在定义的角度中弯曲，如图 10.23 所示。

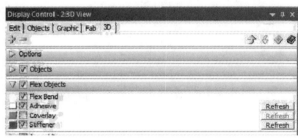

图 10.22　启用 Flex Objects　　　　　　　　图 10.23　软板弯曲 3D 视图

注意：弯曲区域是动态的，如果移动弯曲区域，3D 视图将自动更新。

10）完成后，关闭 xPCB layout 界面。

10.4.4　布线

在本小节中将利用 Multiple Hug Traces Plus 命令来创建遵循板外框的布线，还将在 Xpedition 中对铜填充的交叉网格铜皮参数进行实验。

1）选择"开始"→"所有程序"→Mentor Graphics PCB→Xpedition Enterprise VX. 2. X →Layout→xPCB layout。

2）在 Xpedition 的起始页中，选择 File→Open 并浏览到教学资源包 \ xpeditionFlex_ Workshoppe \ lesson4 \ pcb \ Flex_Wearable. pcb 文件。

3）打开 Net Explorer（"布线"→Net Explorer）界面。

4）标记 Net 类用户组 FlexNets，可看到已标记的网络，如图 10.24 所示。

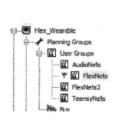

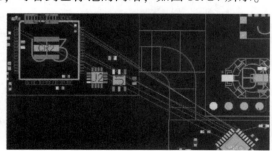

图 10.24　显示已经标记的网络

5）选择从 Smart Utilities 下拉列表中选择 Multiple Hug Traces Plus 命令（Smart Utilities→Routing→Multiple Hug Traces Plus），如图 10.25 所示。

6）使用以下参数设置第 1 层上的所有布线约束，如图 10.26 所示。

a. 间隔 = 0.4

b. 宽度 = 0.1

c. 层 = 1

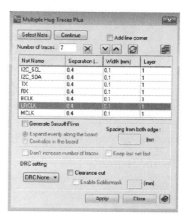

图 10.25　选择 Multiple Hug Traces Plus 命令　　　图 10.26　设置 Multiple Hug Traces Plus 布线约束

7）完成布线配置后，单击 Apply 按钮，通过选择如图 10.27 所示的电路板外框来创建环抱走线的起始点。

注意：将生成一个 X 来表示起点。

8）在如图 10.28 所示的板外框上选择终点。

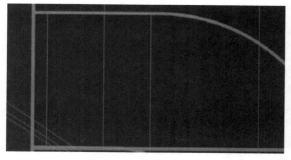

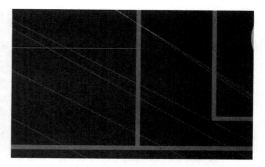

图 10.27　设置创建环抱走线的起始点　　　　图 10.28　设置创建环抱走线的终点

9）在绘制的路径左边单击两次，生成环抱走线，如图 10.29 所示。

10）取消标记 FlexNets 用户组，并标记 FlexNets2 用户组。

11）使用以下参数设置直挠性电缆（Flex_Connector2），重复上述步骤。

a. 间隔 = 0.1

b. 宽度 = 0.1

c. 层 = 4

12）在 flex 连接器内部从左到右布线，如图 10.30 所示。

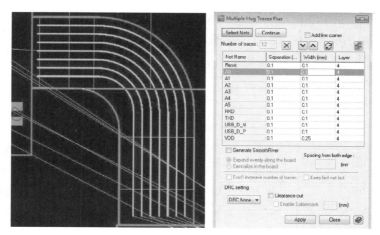

图 10.29　生成环抱走线

13）最后将在柔性电缆上创建一个铜填充。通过选择 Planes→Plane Shape 选项设置以下参数，如图 10.31 所示：

  a. 层 = 3

  b. 净 = GND

  c. 平面类别 = Gross Hatch（网格铜皮）

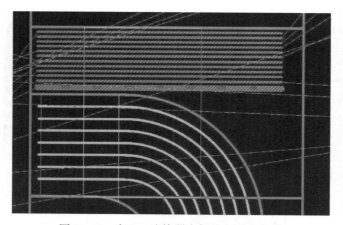

图 10.30　在 flex 连接器内部从左到右布线

图 10.31　在柔性电缆上创建一个铜填充

14）打开"平面类和参数"对话框，选择"阴影选项"选项卡，输入以下设置，然后按"应用"按钮，如图 10.32 所示：

  a. 宽度 = 0.1

  b. 距离 = 0.4

15）完成后，关闭 xPCB layout 界面。

10.4.5　三维可视化和数据交换

三维可视化与协同对于柔性设计至关重要。为了确保所有产品三个维度都得到适当考虑和利用，必须对电路板进行三维可视化，方便与机械设计人员进行交流。在本小节中，将快速浏览 xPCB 中用于 3D 设计的功能，具体过程如下：

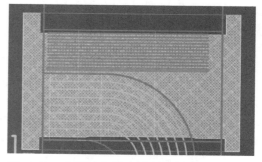

图 10.32　在柔性电缆上创建一个铜填充后视图

1) 选择"开始"→"所有程序"→Mentor Graphics PCB→Xpedition Enterprise VX.2.X→Layout→xPCB layout。

2) 在 Xpedition 的起始页中，选择 File→Open 并浏览到教学资源包 \ xpeditionFlex_Workshoppe \ lesson5 \ pcb \ Flex_Wearable.pcb 文件。

3) 打开 Layout 编辑器底部的 3D 窗口选项卡 [1:Flex_Wearable] [2:3D View]。

接下来导入装配文件。从 3D 下拉列表中选择导入装配文件选项（通过选择 3D→Import Assembly File），操作过程如下：

1) 浏览到 pcb、mech（…、lesson5、pcb、mech）目录中的 assembly.assy 文件，如图 10.33 所示。

图 10.33　打开 Assembly 文件

2) 此时能够查看并检查机械外壳和 PCB 之间的干扰情况，如图 10.34 所示。

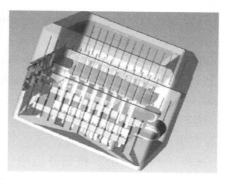

图 10.34　机械外壳与 PCB 的 3D 视图

注意：可以通过更改显示控件中的透明度，以识别任何关键的安全间距问题。

3）接下来将检查 3D 导出选项。从 3D 下拉列表中选择导出选项（通过选择 3D→Export）。

4）选择下拉类型并查看选项，如图 10.35 所示。

注意：可以通过 STEP 或 SAT 导出 MCAD 工具套件中的文档及机械数据。如果要导出步骤模型，要确保启用了 Flex Bend 选项，以导出处于弯曲状态的装配图。

5）将输出选项类型更改为 3D PDF 格式。

6）保留默认设置，单击"保存"按钮生成 3D PDF 文件。

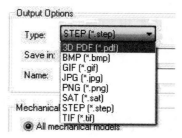

图 10.35　导出 3D PDF 文件

7）浏览到教学资源包\xpeditionFles\Workshoppe\lesson5\pcb\output 目录并打开 3D PDF 文件，如图 10.36 所示。

图 10.36　3D PDF 文件视图

8）完成后，关闭 xPCB layout 界面。

10.4.6　制造输出

为了正确地输出制造数据以使制造人员正确理解真实的设计意图，过去存在着许多挑战。通过 Xpedition 软件，信息交换已经简化到包括刚柔性结构（覆盖层、黏合剂、加强筋、弯曲区域、多层叠层等）。在本小节中将使用 IPC - 2581 导出 ODB ++，以创建生产信息。

1）选择"开始"→"所有程序"→Mentor Graphics PCB→Xpedition Enterprise VX.2. X→Layout→xPCB layout 选项。

2）在 Xpedition 的起始页中，选择 File→Open 并浏览到教学资源包 \ xpeditionFlex_Workshoppe \ lesson6 \ pcb \ Flex_Wearable. pcb 文件。

3）接下来将使用 IPC - 2581 生成 ODB ++。从输出下拉列表选择 ODB ++选项。

4）选择"高级选项"按钮并启用"导出 IPC - 2581"选项，如图 10.37 和图 10.38 所示。

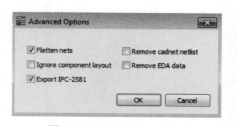

图 10.37　导出 IPC - 2581

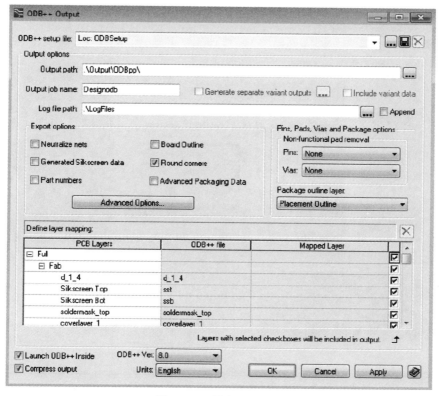

图 10.38 导出 ODB ++

5）启用"压缩输出"选项。

6）启用"内部启动 ODB ++"选项。

7）将 ODB ++ 版本更改为 8.0。

8）确保所有层都已启用，然后单击 OK 按钮创建 ODB ++ 数据。

9）ODB ++ 内部应自动打开，选择层列表底部的刚性和柔性区域。检查从 ODB ++ 导出的 Cam（制造）数据，如图 10.39 所示。

10）完成检查后，关闭 xPCB layout 界面。

10.4.7 将设计转换为软硬结合板

在前面创建的产品设计将转换为 XpeditionVX 版本中新的 Flex Rigid（刚性柔性）工艺技术，具体操作过程如下：

1）选择"开始"→"所有程序"→Mentor Graphics PCB→Xpedition Enterprise VX.2.X →Layout→xPCB layout。

2）从 Xpedition 的起始页中，选择 File→Open 并浏览到教学资源包 \ XpeditionFlex_Workshoppe \ lesson7 \ pcb \ CelluLarrigidFlex.pcb 文件。

3）如果以前没有打开 Flex Rigid 许可，通过选择"设置"→"许可模块"→xPCB Rigid Flex，打开 Flex Rigid 许可，如图 10.40 所示。

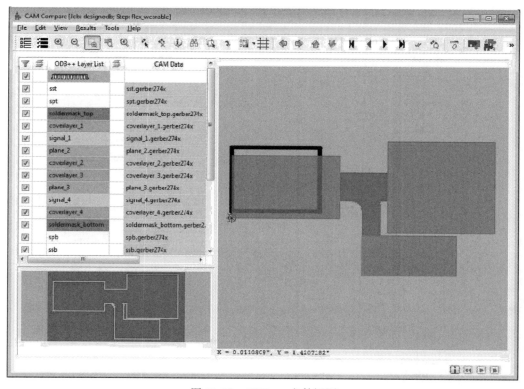

图 10.39 ODB ++ 文件视图

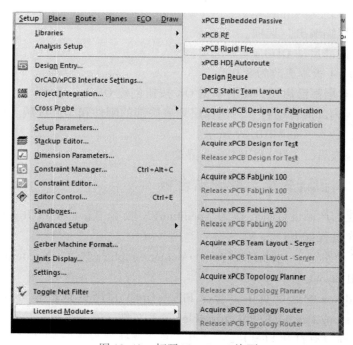

图 10.40 打开 Flex Rigid 许可

4）打开"设置"对话框。

5）在 Design Technology（设计技术）下拉列表中，选择"刚性柔性"选项，然后单击 OK 按钮，如图 10.41 所示。

注意：如果将设计工艺技术改变为刚性柔性，设计将不能恢复。

6）单击 Yes 按钮，确认 Flex Rigid 技术，如图 10.42 所示。

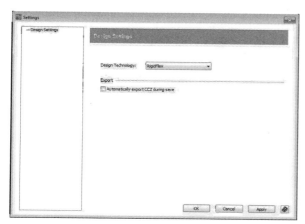

图 10.41　选择 Flex Rigid 工艺技术

图 10.42　确认 Flex Rigid

7）通过选择"设置"→Stackup Editor 打开 Stackup Editor 界面，并进行以下设置，如图 10.43 所示。

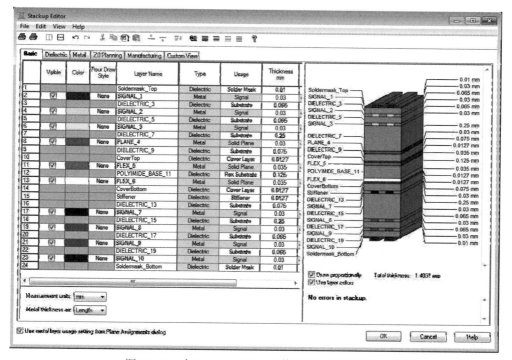

图 10.43　在 Stackup Editor 里修改 Flex Rigid 叠层

a. 在 Flex_5 上方、Flex_6 下方插入覆盖层（CoverTop and CoverBottom）

b. 将 Polyimide_base_11 改为柔性基板

c. 在 CoverBottom 下方插入加强筋

8）更改后单击"确定"按钮。

9）选择图层 Board Outline Flex 上的绘图对象，并将其转换为 Board Outline，如图 10.44 所示。

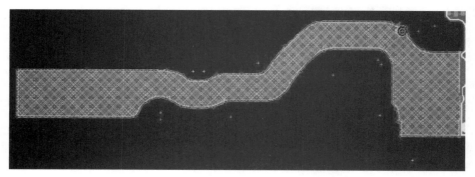

图 10.44　Board Outline Flex 转换为 Board Outline

10）打开"叠层"对话框，在此对话框中，包括如图 10.45 所示的层。

11）正确配置 Flex 叠层后，单击 OK 按钮。

12）在 Flex 的"属性"对话框中，输入以下设置：

a. 类型 = Flex

b. 名称 = FlexOutline

13）在设计中删除原板外框。

14）选择"板外框刚性"图层上的绘制对象，并将其转换为板外框，如图 10.46 所示。

15）这里包括所有层，单击"堆叠层"对话框中的"确定"按钮。

16）在 Flex 的"属性"对话框中，输入以下设置，如图 10.47 所示。

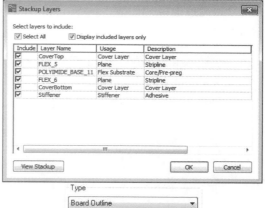

图 10.45　叠层窗口

a. 类型 = Rigid

b. 名称 = RigidOutline

17）接下来在柔性连接和刚性连接附近绘制弯曲区域，设置如图 10.48 所示。

18）在显示控制中选择第 6 层，使其成为唯一可见的层，如图 10.49 所示。

19）在放置在 Flex 外框上的连接件周围画一个加强筋（通过选择 Draw→Stiffener），如图 10.50 所示。

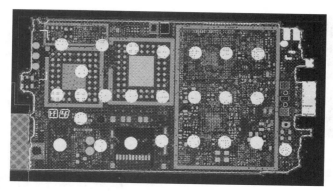

图 10.46　板外框转换

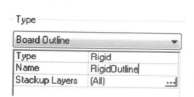

图 10.47　板外框设置

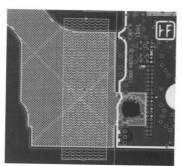

图 10.48　绘制弯曲区域

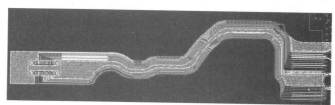

图 10.49　第 6 层视图

图 10.50　绘制加强筋

20）查看 xPCB 300 许可证，删除先前在 Flex 外框上、下定义的空腔，如图 10.51 所示。

21）为整个设计生成 0.1mm 间隙的单个布线边框（通过选择"绘制"→"生成布线边框"选项），如图 10.52 所示。

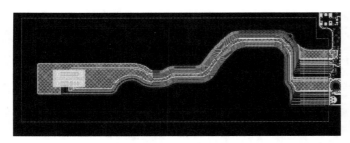

图 10.51 删除空腔

图 10.52 设置布线边框

22）通过选择 Add→3D View 打开"三维视图"界面。

23）在 Display Control 中，选择 3D 选项卡并启用所有 Flex 对象选项，如图 10.53 所示。

现在可以看到弯曲外框弯曲与正确的覆盖层和加强筋的位置。

24）完成数据库检查后，关闭 Xpedition 界面。

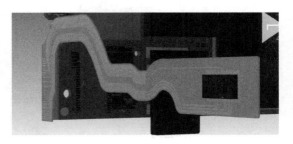

图 10.53 Rigid-Flex 3D 视图

10.5 仿真及验证

如今大多数设计都要求在设计过程中进行某种程度的信号完整性分析。这在单叠层设计中已经足够先进了，现在在柔性-刚性设计中，具有多个刚性叠层、多个柔性叠层、叠层中的部分黏合剂和加强筋的板，必须正确建模才能获得正确的分析结果。

HyperLynx 与 Xpedition 共同开发用于分析柔性-刚性设计的功能，了解互连如何通过不同的叠加方案，并在每个部分应用适当的建模方法。可以以此来分析确保具有复杂叠层的功能设计，如图 10.54 所示。

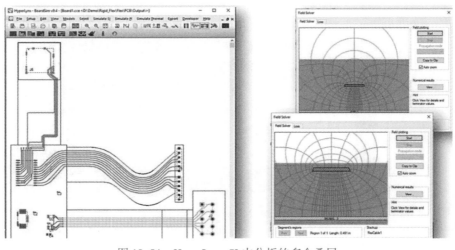

图 10.54 HyperLynx SI 中分析的多个叠层

第11章
西门子智能制造平台集成

11.1　EDM 企业级电子设计数字化平台

如今电子技术发展日新月异，国内外各大中小企业在数字化的大浪潮中，已清楚意识到数字化这一必然的发展趋势，有很多公司已经走在了行业领先位置，更有很多企业因为数字化转型给企业带来新的生机与活力，企业健康高效运作的同时为企业带来了巨大收益。

企业若要快速发展，数字化是关键。企业内部各个部门之间高效协同，高效运作，打破各个部门之间的壁垒，使研发企业内部，各个不同部门之间，通过高效的数据协同管理，充分发挥数字化的优势，保证数据的安全性，数据格式的统一性，数据共享的实时性，从而提升研发设计效率，提高设计复用率，缩短研发周期，降低研发成本。

本节主要介绍 Mentor 解决方案中 EDM 企业级电子设计数字化平台优势，帮助电子设计企业打造企业级电子设计的数字化平台，为企业发展助力。

11.1.1　EDM Library 简介

EDM Library 是面向企业级的统一元件库管理系统，该平台以集成化方式管理电子物料，包括高效可定制化的物料参数管理、供应商物料管理、供应商管理、CAD 库管理、新料申请流程管理、3D 库管理、仿真模型管理、PDF 物料信息管理等，可与 PLM 集成，是 Mentor 产品解决方案为企业级管理 ECAD 库数据、器件数据、设计数据而定制的数字化平台，如图 11.1 所示。

图 11.1　EDM Library 界面

主要特点有：

1）可定制化的物料参数系统，根据不同企业不同部门按需定制器件物料参数，如图 11.2 所示。

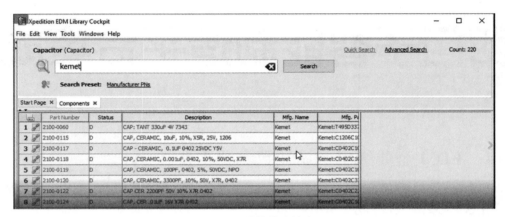

图 11.2　器件快速搜索

2）强大的物料查询系统，帮助工程师快速定位所需查询器件，如图 11.3 和图 11.4 所示。

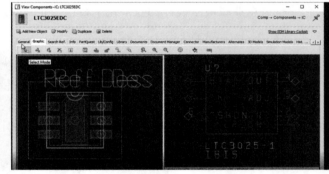

图 11.3　高级属性搜索　　　　　　　　　　图 11.4　Symbol、Cell 信息

3）对每个器件的 Where Used 调用情况进行跟踪，如图 11.5 所示，根据器件的使用频率及所使用位置，即可判定该器件是否可以作为优选料，结合对应器件信息、供应商物料信息（图 11.6），替代料信息（图 11.7），价格信息、剩余数量等，即可快速实现关键器件的选型，指导生产设计。

还提供器件资料二进制文档（PDF 等）数据库存储方案，简单操作即可上传、下载数据表信息，如图 11.8 所示。

4）基于 Web 的器件检索及参数对比，清晰对比器件之间的不同，方便对比查找关键物料参数，如图 11.9 和图 11.10 所示。

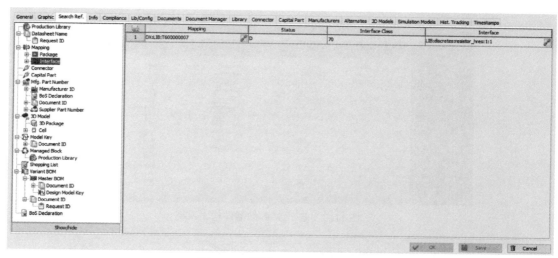

图 11.5　器件 Where Used 跟踪

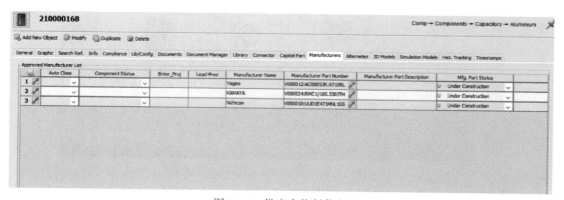

图 11.6　供应商物料信息

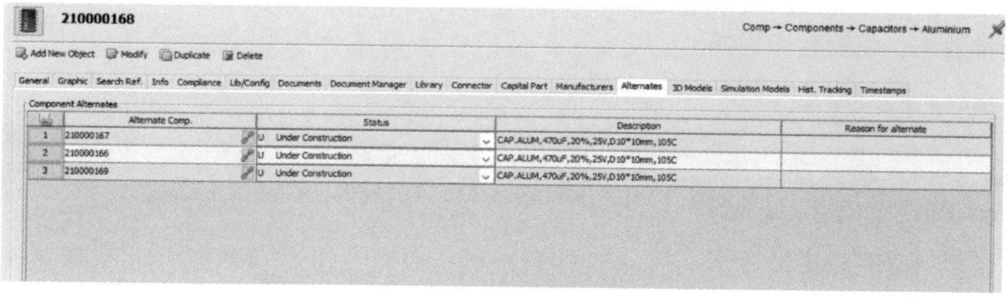

图 11.7　AVL 替代料信息

图 11.8　Datasheet（数据表）信息

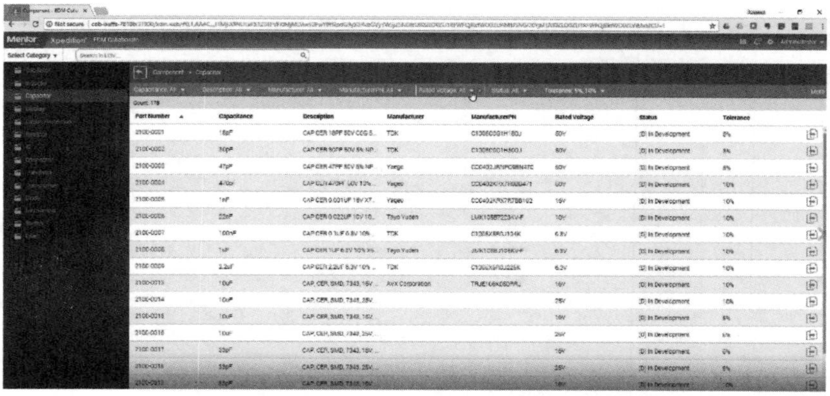

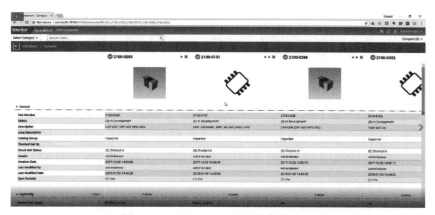

图 11.9　基于 Web 的器件检索系统

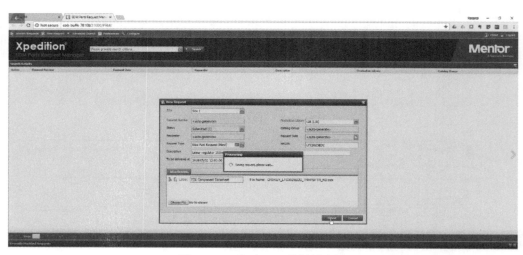

图 11.10　基于 Web 的器件参数对比

5）基于 Web 的可定制化新料申请流程，如图 11.11 所示。结合企业内部设计流程情况，按需搭建特有的新料申请流程，在每个流程节点均有关键角色审批及邮件提醒功能，提高审批效率，缩短建库周期。

图 11.11　基于 Web 的新料申请

6）完善的用户权限配置和管理，支持 LDAP 验证登录，针对不同部门不同角色定义权限，保证信息安全，如图 11.12 所示。

7）支持开源 Postgre Sql 数据库及 Oracle 商用数据库的存储方案，数据库的备份、恢复、性能调整与现有企业级 IT 系统保持一致。

8）支持跨区域多研发团队之间共享基础资源库，公用器件可以按需分配到特定研发团队中，供团队之间共享器件，降低维护成本。

9）EDM Library 高配置性和强大的应用程序开发接口（API）能灵活满足中、小型企业需求，在 Mentor 标准方案的基础上进行深入定制。

10）企业信息整合组件提供 EDM Library 到企业信息系统的双向数据整合，能和 PLM、ERP 系统紧密集成，支撑和管理复杂的大型企业的全球化应用。

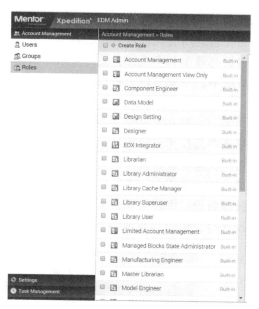

图 11.12　用户角色管理

11）器件合规管理。

保存和管理每一个器件的物理信息，管理物质豁免信息；版本化保存，环保检测规范（如 RoHS 指令）。在设计过程中，随时计算并审核整个或部分设计对指定版本环保规范的符合性，输出设计符合性报告，罗列设计使用的器件检查结果，使管理者和设计人员能够在设计过程和设计的重要阶段动态掌握环保规范的符合情况。

12）Managed Block 管理。

在 EDM Library 数字化统一设计库平台中，对重用模块（Managed Block）进行统一存放和管理，如图 11.13 所示。EDM Library 提供重用模块从中心库（Central Library）导入以及导出到中心库功能，并在 EDM Library 中管理重用模块及其组成之间的关系，在保证信息安全性的前提下，提高对重用模块的查询效率，确保重用数据的一致性和可用性，如图 11.14 所示。

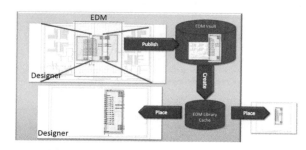

图 11.13　Managed Block 快速原理图复用

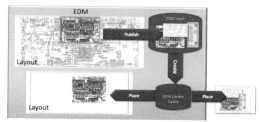

图 11.14　Managed Block 对 Layout 复用

11.1.2　EDM Design 简介

EDM Design 平台是基于过程的企业级电子设计数字化管理平台，该平台集成了 Mentor Xpedition 电子设计流程中的所有平台工具，在一个统一的设计平台中，包含原理图、Layout

布局/布线、RF、仿真分析、DRC、约束和 DFM 可制造性分析的所有内容，因此也可以模板化管理所有设计流程中的各类数据，以防止设计数据发布时不统一。设计管理工具能够通过提高效率和安全性，更好地进行资源管理，减少设计缺陷，使用户减少设计周期和降低设计成本。主要有以下特点。

1. 基于设计过程高效的数据管理能力

（1）管理和恢复设计版本　在电子设计过程中，尤其大型复杂设计，多人协同设计是保证产品快速投放市场的关键方式，在复杂多变的设计需求和功能下，工程设计人员必定要做到快速准确迭代，因此管理设计、版本控制是非常必要的，EDM Design 采用 Vault 数据管理方式，如图 11.15 所示，将电子设计图样及需要管理的相关文件，以版本控制的方式，设计师将设计图样及相关版本控制提交到数据保险库中，如图 11.16 所示，当需要进一步修改设计时，可以容易地将设计文件找到。

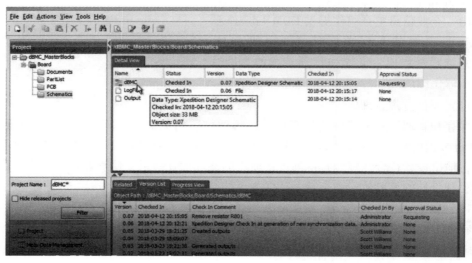

图 11.15　EDM Design 版本管理

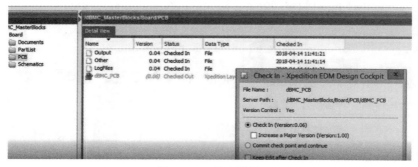

图 11.16　检入设计

（2）访问权限管理　在电子设计中，通常需要不同部门不同职能的设计团队参与项目不同阶段，有时由于设计进度需要，设计往往需要外包给特定服务商，为有效管理数据，避免企业知识产权泄露造成不必要的损失，权限管理对保护企业资源知识产权具有重要的意义。

EDM Design 数字化平台中，根据不同部门不同角色设置不同权限，针对同一设计，可以设定不同级别查看权限，不同的角色由于获取资源等级不同，进而有效地管理企业知识产权，如图 11.17 所示。

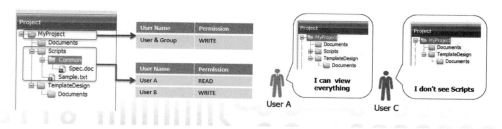

图 11.17 用户权限管理

（3）完整的设计可追溯历史/家族树
电子产品设计有时根据市场需求，需要做变体设计，在传统的设计方案中，需要工程师自己在本地端处理大量数据信息，给工程师的设计带来非常大的版本控制的问题。EDM 数字化平台可以确保每位工程师在实际设计中，在电子设计过程中增加必要的修改记录和评论，并随着设计版本的变化，如图 11.18 所示，进而帮助工程师快速定位，避免设计版本混乱，造成设计缺陷。

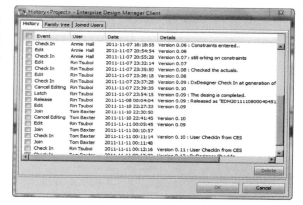

图 11.18 追踪版本变化

（4）基于模板驱动设计，确保可交付成果的一致性 在 EDM Design 平台中，用户可以根据实际项目需求，定义设计模板，每位工程师登陆之后，只需按需选取需要的模板进行设计，在统一模板下提高设计效率，避免设计问题，如图 11.19 和图 11.20 所示。

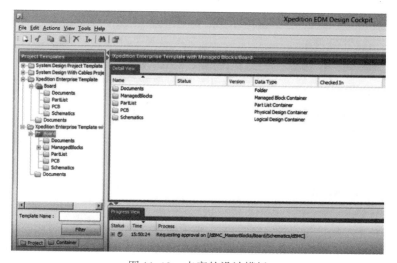

图 11.19 丰富的设计模板

（5）内嵌的客户端环境　内嵌的原理图和 Layout 工具，可以允许工程师直接在 EDM 中检出或编辑企业数据，而不需要手动打开原理图或 Layout 工具，内嵌的 HyperLynx SI 和 PI 仿真工具，允许仿真工程师直接在 EDM 中执行 SI 和 PI 仿真，不需要手动导出仿真分析文件，如图 11.21 所示。

图 11.20　支持 Fablink 拼版

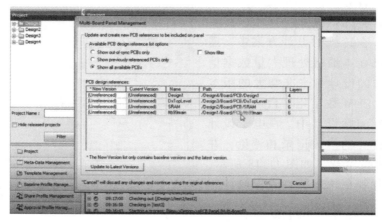

图 11.21　内嵌的仿真分析

（6）EDM Design 基线管理　为确保设计阶段不因版本变化，导致设计不同步，EDM Design 设计过程中，将要发布的数据会按需设定发布基线，保证发布数据准确，有效避免了由于版本变化或人为失误造成的设计不同步问题，如图 11.22 所示。

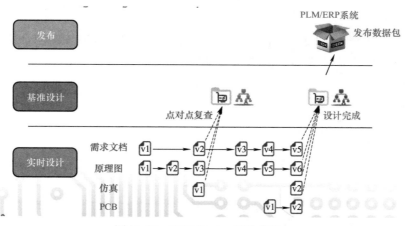

图 11.22　EDM Design 基线管理

2. 跨区域跨团队高效设计协作

在 EDM Design 中，集成 PCB 设计工具端口，可以将 PCB 设计文件检出到 Xpeiditon Layout Team Client 端，支持跨部门跨区域的协作方式，加快设计进度，提高设计效率。如图 11.23 ~ 图 11.25 所示。

3. 基于 Web 的协同在线评审

企业级协同评审是 EDM 数字化平台又一优势，XCC 企业级评审系统可有效节省设计成本，加速产品上市时间。该可视化工具

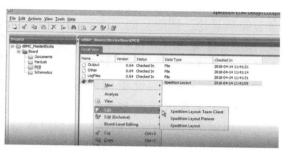

图 11.23　EDM Team Client 端

很适用于公司内多部门协同评审、交换信息，尽早消除可能付出昂贵代价的设计过错问题。

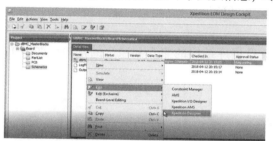

图 11.24　检出到原理图

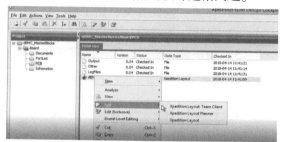

图 11.25　检出到 Layout：团队协同

从设计分析到 PCB 装配、测试和修复活动，XCC 能让所有参与者透过终端有效获取 Layout 和原理图设计数据。

XCC 包含 CAD 和原理图检视功能以及智能化查询、高亮以及文字/图形化审核功能。主要特点如下：

1）提供原理图、PCB 以及审核意见之间的交叉点亮模式。

2）提供用户自定义浏览风格。

3）提供灵活的查询。

4）提供 PCB 和原理图相互独立的检视控制。

5）提供交互的全局视图能力。

6）提供指向设计对象的链接和附件、审批状态变更通过邮件通知，确保评审过程方便快捷。如图 11.26 ~ 图 11.28 所示。

EDM Design 中提供基于 Web 的协同环境，在 Web 界面中，允许有权限的角色登陆并处理文档校验、不同版本对比、设计进度查看等，不需安装额外的

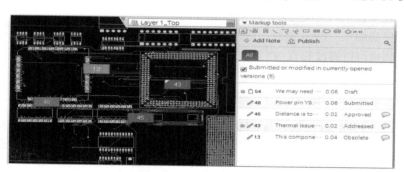

图 11.26　Web 中设计评审

客户端设计软件，如在线评审、远程签署、查看设计状态等软件。评审过程中，可以添加复杂的评论、图形标记。

4. 支持高效可扩展性 EDX，确保与外部系统保持设计和库的完整性

EDX 是一种兼容性很强的标准格式文件，是用于企业内任何 PCB 设计工具和第三方应用程序之间的安全数据交换和过程集成的标准数据格式。区别于传统的数据压缩格式，EDX 有以下几个优点：

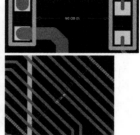

图 11.27　在线测量

1）标准：文件格式是可预测的。
2）安全：设计数据是加密的，但相关文件和源数据是可访问的。
3）智能：包含有关原始工具、内容、关系的源数据。
4）灵活：不受供应商限制，与版本无关。
5）提供独立于发行版、供应商和内部工具数据库结构的兼容和稳定的接口，如图 11.29 所示。

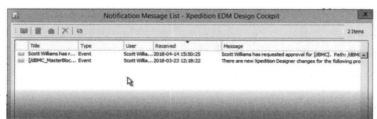

图 11.28　审批流程变更通知

图 11.29　EDX 格式文件

EDX 文件可以存储在 PLM 系统中，取代以前方法中通常使用的压缩格式文件，并通过确保设计数据不能在 PLM 系统中修改来提高安全性。派生文件（如物料清单和制造文件）从 EDX 包中提取，并与 PLM 系统中的相应对象关联。当在 PLM 系统中启动项目变更时，EDX 包被发送回 EDM 数字化平台中以实现变更，如图 11.30 所示。程序集编号、PWB 编号、版本和状态等源数据也可以通过 EDX 文件进行交换。

图 11.30　EDX 与 PLM 数据交互

11.2　Team Center 平台

PDM（Product Data Management），即产品数据管理，是一门用来管理所有与产品相关信息（包括零部件模型、图样、属性、产品结构等）和所有与产品相关过程（包括权限、协同、流程等）的软件技术。PDM 是产品全生命周期（PLM）的基础，PDM 通常在企业范围内部署。

PDM 管理的对象是产品，而不是文档。在这一点上可以将 PDM 系统与文档管理系统相

区分。PDM 中的基本对象是物料，也称为零组件（Item），文件是用来描述物料的，属性也是基于物料对象。在 PDM 系统中，可以存在一个物料，它有编码、有属性，但是可以不包含任何文档。PDM 中的物料可以方便地导出产品结构（BOM）到企业资源计划系统（ERP）中。

　　PDM 中的数据不仅是文件，也包括物料属性，例如材料、重量等。PDM 中的属性不仅包括产品的自然属性，也可以包括其加工属性，如自制件/外购件、零件/部件、表面处理等信息。PDM 的数据还包括其设计者、审批者、零件状态（设计中/试生产/量产/作废）以及审批流程相关信息。

　　PDM 中的数据是集中管理的，数据被存放在 PDM 服务器上而不是单独的客户端中，这使权限管理、系统集中备份变得可行。在 PDM 中的每个零部件都有一个唯一的编码，工程师通过 PDM 系统的零部件编码可以找到唯一正确的文件，这样工程师可以节省寻找零部件的时间并且避免错误。

　　在 PDM 系统中，由于数据存放在服务器上，多个工程师可以进行协同设计，这种协同可以是跨 CAD 的（如 NX、Solid Edge、Xpedition Enterprise），甚至可以是跨领域的（如机械设计和电气设计）。PDM 的数据一旦产生，就可以被整个公司（如销售部门、生产车间）所使用。PDM 能够避免企业出现"数据孤岛"。

　　图 11.31 所示是工业 4.0 智能制造的完整图。产品从设计到虚拟制造、真实制造到真实产品构成了完整的数字孪生。前面两个圈内的虚拟产品和虚拟制造的数据就是在 PDM 中管理的。所以可以说 PDM 是智能制造的基础环节。

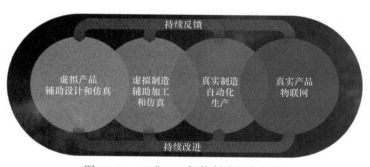

图 11.31　工业 4.0 智能制造的完整图

　　西门子的 TeamCenter（以下简称为 TC）是典型的 PDM 产品，并在未来可以无缝衔接到 PLM（产品全生命周期管理）系统中。

　　TC 是公司产品信息的虚拟门户，连接所有需要与产品和流程协作的人。TC 能够在产品生命周期各环节中对产品和制造数据进行数字化管理。TC 是西门子工业软件的中枢，几乎可以与西门子所有的软件产品，如 NX、Solid Edge、Simcenter、Xpedition Enterprise、Capital、Mendix、Polarion 进行集成。

　　TC 的 PDM 功能包括管理和共享产品设计、文档、产品明细和数据，如图 11.32 所示。企业可以使用标准化的工作流程和变更过程来提高整个组织的效率。

　　TC 具有广泛的适应性，无论是在传统的机械行业，还是高精尖的航空、航天行业，或者消费品行业，只要是对于产品信息的管理，TC 都有用武之地。

　　TC 可以支持多种服务器，包括 Windows 和 Unix 服务器。

数据管理

文档管理

结构管理

流程管理

图 11.32　TeamCenter

TC 还可以支持多种客户端设备，从桌面级计算机、平板计算机到智能手机都可以支持，这使得 TC 成为目前使用最广泛的 PDM 系统之一。

11.3 Xpedition 与 TC 数据传递流程图及集成方法

Xpedition EDM 数据管理平台提供了 Xpedition 与西门子 TeamCenter 和企业 ERP 系统的完整集成方案。该集成方案采用企业数据交换（Enterprise Data eXchange，简称 EDX）共享整个产品生命周期的相关数据。EDX 获取和保护 EDA 数据于一个打包方式，一次性完成安全数据交换，简化过程集成。EDX 采用通用而稳定的接口，可完全独立于平台的版本和内部工具的数据架构。

Xpedition 和 TeamCenter 的集成可以确保整个产品研发过程中电子设计数据的完整性，包括设计库和基于管理的重用模块、设计数据（原理图、PCB Layout、设计约束及生产数据），以及研发过程中的相关文档（产品手册、BOM、设计图档）。

TC 的集成可以让客户登录 TC 打开、保存、导入/导出设计数据，确保 Xpedition 设计数据在 TC 中的精准性，并与其他设计团队的数据保持一致。TC/Xpedition 集成环境提供给客户单一、安全的位置以管理里程碑点和发布点的电子设计数据。同时，设计库的集成可以导入、导出数据及管理 ECAD 物料库和物料信息。TC/Xpedition 集成非常方便于 Xpedition 企业库管理/过程设计数据管理系统同步，管理发布数据，协同设计数据以及与带有供应商的生产和装配数据，并创建包含机械和电子的 BOM。

基于 TC/Xpedition 集成，可以有效实现设计库和设计数据的结构化流程管理，可以减少器件重复，防止使用未批准的或者已经停止供应的电子元器件，并保证设计的合规性。

1. Xpedition 与 TC 数据传递流程图

Xpedition 与 TC 的集成同步电子设计数据，如图 11.33 所示，特点如下：

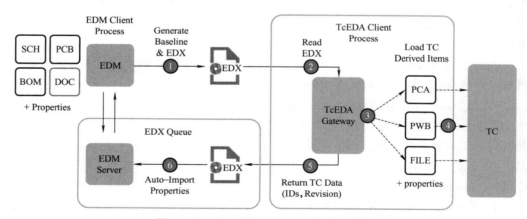

图 11.33 EDM 和 TeamCenter 集成流程图

1）所有电子设计的日常过程数据都存放在 Xpedition 的 EDM 系统中，在 EDM 中管理过程数据的版本、结构化对象、属性等。一旦需要在某个设计节点（里程碑点，如设计评审）以及设计版本基线化、设计归档等，EDM 会根据配置文件，将设计数据打包到安全加密的 EDX 中。

2）TC 在 TcEDA 客户端应用读入 TcEDA Gateway。

3）TcEDA Gateway 将 EDX 数据文件解析，恢复成 TC 的原理图、PCB、BOM、生产文

件等数据格式。

4）保存到 TC 中，进行管理维护、预览、发布推送等。

5）TC 的更新，包括 ID、版本更新信息等数据，通过 TcEDA Gateway 生成新的 EDX 格式。

6）EDM 自动导入数据，确保与 TC 保持数据同步。

2. 集成实例

以下以一个简单实例介绍 Xpedition 与 TC 集成的具体步骤。

1. 在 EDM 编辑设计项目

1）启动 Xpedition EDM Design Cockpit，根据 EDM 系统管理员分配的用户名/密码/角色进入 EDM 系统，如图 11.34 所示。

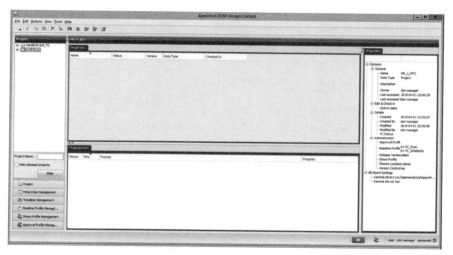

图 11.34　EDM 电子过程数据管理

2）在 EDM 中，Meta Data 管理与 TC 同步的设计对象属性信息，如版本号、原理图和 PCB Layout ID 等，这些特性值可以在 Properties 对话框获取，如图 11.35 所示。

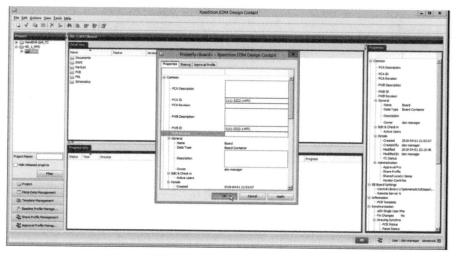

图 11.35　EDM 的数据属性

3）在 EDM 中的设计项目列表中展开原理图，在 Detail View 中选择要编辑的原理图，在右键菜单选择 Edit（Exclusive）→Xpedition Designer 选项，EDM 将该设计原理图从服务器中导出到工程师的原理图编辑工具 Xpedition Designer，如图 11.36 所示。

4）电子研发常常需要通过设计主项目根据市场需要配置不同类别的相似设计，如高端、中端、普通三种产品方案，在电子设计中称为派生设计（Variant）。在 Xpedition

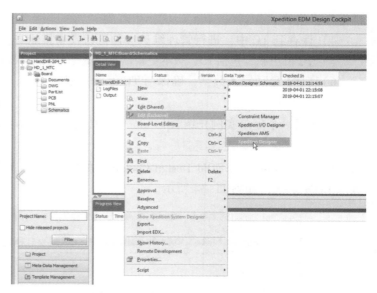

图 11.36　在 EDM 中打开原理图数据

Designer 中通过 Variant Manager 定义、管理不同 Variant 的配置方案，如图 11.37 所示。

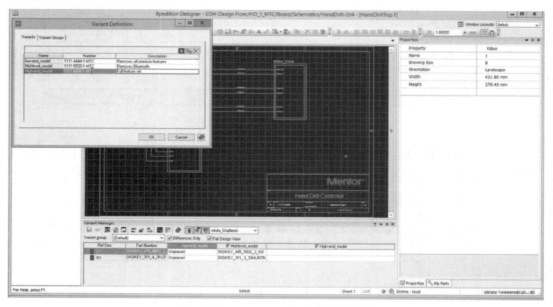

图 11.37　DxDesigner 中定义派生设计

5）完成相应的编辑和方案配置后，可以将最新结果导入（Check In）回 EDM Server 保存，同时导入过程中会更新相关 PCB 设计数据，如图 11.38 所示。

6）将设计导入到 EDM 中，版本信息、编辑时间、说明等可以在 EDM 自动更新，如图11.39 所示。

7）EDM 基线是项目过程中某些特定时间点的设计文件过程版本，通常用在设计评审等里程碑点。EDM 基线会用于触发将 EDM 设计数据保存到 TeamCenter 的进程中。有时候，用

户只是发送原理图和 BOM 到 TeamCenter 中，但在整个项目完成后，所有的设计文件和输出
文档会在最后一步发送到 TC 归档，如图 11.40 所示。

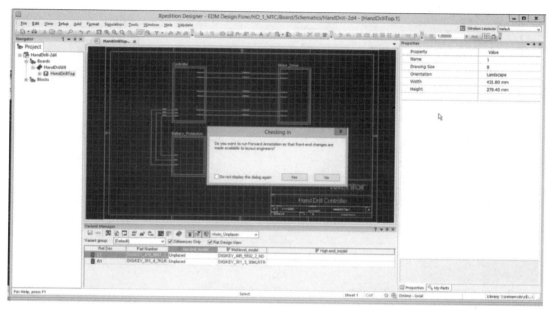

图 11.38　原理图导入 EDM

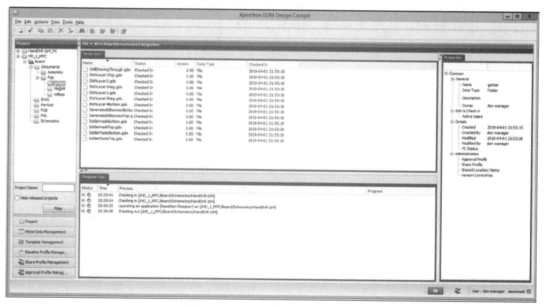

图 11.39　EDM 中查看更新信息

2. 在 EDM 中创建 EDX

基线化流程启动后会自动创建元件清单，然后基线数据输出到单一 EDX 文件，并保存到
TeamCenter 中。EDX 文件为电子设计数据交换中间格式，包含设计数据、导出文件以及特征文
件。一旦基线创建完成，TeamCenter EDA Gateway 自动触发，导入 EDX 文件，如图 11.41 所示。

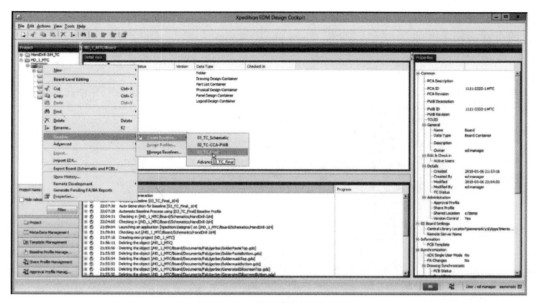

图 11.40　设计数据基线化

3. 在 EDM 中解析 EDX

在 TcEDA Gateway 中解析 EDX 恢复到 TC 的
设计数据对象并保存到 TC 中，包括先前定义的派
生设计、设计数据、生产文件等，如图 11.42
所示。

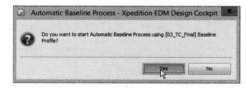

图 11.41　自动生成 EDX

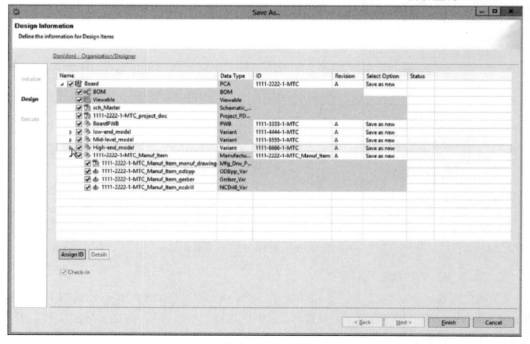

图 11.42　解析 EDX 并导入 TeamCenter

4. 设计数据在 TC 中管理维护

在 TC 的导航窗，通过搜索、定位导入的电子设计项目，可以查看所有通过 EDX 导入的设计数据，包括 BOM、原理图数据、PCB 设计数据、派生设计、Gerber 等生产文件，如图 11.43 所示。

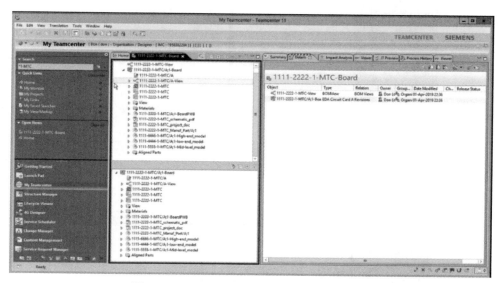

图 11.43　TeamCenter 查看管理电子设计数据

同时，会自动创建、更新各个数据对象的版本号，如图 11.44 所示。

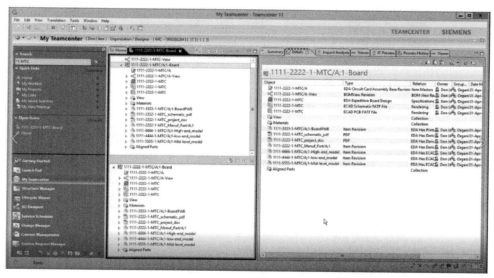

图 11.44　数据结构及版本

打开特定的数据对象，如原理图设计数据，TeamCenter 还提供设计浏览图例，设计所使用的元器件信息等，如图 11.45 所示。

在 TC 的 Structure Manager 中，针对不同版本的设计数据，可以快速比对 BOM 以检查元器件使用的差异，如图 11.46 所示。

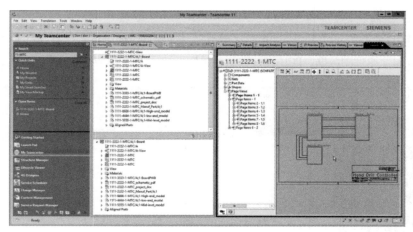

图 11.45　浏览设计数据

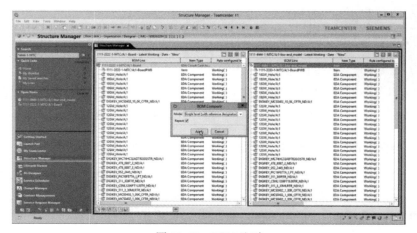

图 11.46　BOM 比对

差异信息用颜色渲染以高亮提示，如图 11.47 所示。

图 11.47　BOM 差异显示

5. TC 的设计数据更新同步到 EDM 中进一步设计编辑

保存在 TC 的设计数据根据项目进度需要，如继续设计或者设计更改，可以下载到 EDM

中，这个过程同样采用 EDX 作为设计数据交换格式，如图 11.48 所示。

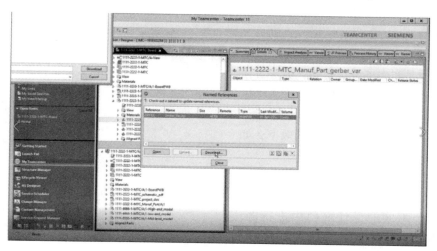

图 11.48 数据同步回 EDM

在 EDM 中打开同步更新的设计数据，可以在 Property 窗口查看到在 TC 中更新的最新的特征信息，如同步状态信息、ID、TC 的版本号等，如图 11.49 所示。

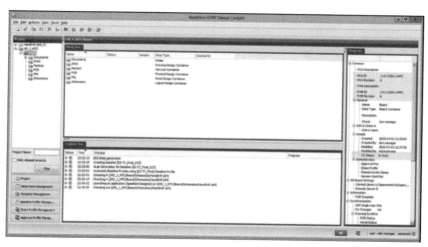

图 11.49 属性同步信息

11.4 电子和机械协同设计（EDMD）

11.4.1 简介

在实际的电子产品中，电路板上除了电子元器件以外，还装有机械元件，如风扇、散热片等。装配好所有元器件的电路板成为一个统一的组件，通过安装螺钉或机械导轨再装配到机械壳体中，才成为一部完整的电子产品。前文的 PCB 3D 设计是在 PCB 设计环境中导入 3D 机械模型（包括电子元器件、机械元件和壳体）进行三维设计，使 PCB 设计满足机械装配要求。

为了应对激烈的市场竞争，电子产品的研发常常是电子设计和机械设计并行进行的，而不是先做电路设计再做机械设计，或者先做机械设计再做电路设计的串行方式。此时传统的把一方的设计结果导入到另一方设计平台中集中验证的方法就行不通了，一方面是产生了设计等待，另一方面是在集中验证时出现任何问题，都将产生设计变更需求，而设计变更必然导致设计返工，这将大大影响并行设计的效率，如图 11.50 所示。

电路设计和机械设计是在完全不同的设计平台上，由不同专业背景的工程师，在两个不同的设计部门中进行的。为了让电路设计和机械设计以"实时"

图 11.50 串行、单向的文件传输
妨碍了沟通并缺乏反馈或协作的机会

方式协作，必须采取直接沟通方法在两个设计团队之间实现双向共享数据流。这一数据流必须支持设计基准和变更提议的"假设分析"情形，并提供赞成或反驳变更的功能。达成设计共识后，该数据流还必须动态更新设计数据库。

Xpedition 的 EDMD 功能就是为了实现该设计需求而开发的，该功能模块为 PCB 设计行业带来了一种集成式实时 ECAD-MCAD 协作环境，它使得电气设计团队与机械设计团队在整个设计流程中都能保持密切合作，从而全方位地支持电子与机械的并行设计，以提高电子产品的开发效率并缩短研发周期。

Xpedition 的 EDMD 功能支持 Xpedition Layout 作为电路设计平台与当前主流的多种机械设计平台的集成，如图 11.51 所示。

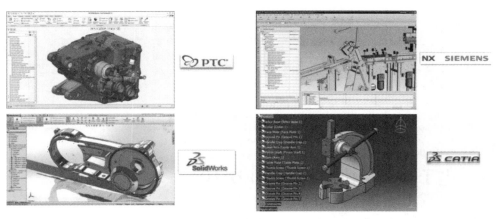

图 11.51 Xpedition EDMD 支持主流的多种机械设计平台

11.4.2 EDMD 设计流程

本节以 Xpedition Layout 作为电路设计平台，以 Siemens NX 作为机械设计平台，介绍电子和机械并行设计的方法和流程，如图 11.52 所示。

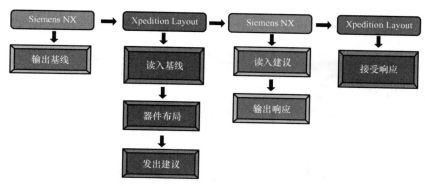

图 11.52　Xpedition EDMD 设计流程

1. 在 NX 中创建设计基线

PCB 的板框、板上的安装孔、板上接插件、按钮和指示灯等必须和机壳的预留位置严格匹配，因此机械设计需要在机壳设计过程中，输出这些信息给电路设计，即在 NX 软件中完成图 11.53a 所示的电路板形状设计，注意这里还包括了一个安装孔和一个接插件（J1）。通过图 11.53b 所示的基线输出功能，输出 IDX3.0 格式的基线文件。

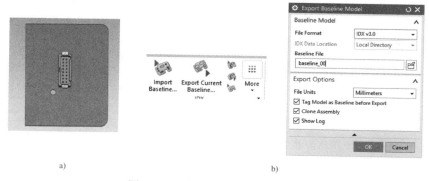

图 11.53　在 NX 中创建设计基线

2. 在 Xpedition Layout 中读入基线并完成器件布局

在上述机械设计的同时，电路设计的原理图已经完成并通过审核，开始 PCB 设计。在 Xpedition Layout 中，通过图 11.54a 所示的菜单进入 EDMD 协同设计对话框，选择文件并单击应用，即可导入基线文件。图 11.55a 所示是 Xpedition Layout 中导入基线文件后得到的板框，可以看到安装孔和接插件（J1）也在上面。在 PCB 设计环境中，继续完成剩余器件的布局，得到图 11.55b 中的结果。

图 11.54　进入 EDMD 协同设计

3. 机电设计数据同步（左侧为电路设计，右侧为机械设计）

在图 11.56a 所示的 Xpedition Layout 的 EDMD 协同设计对话框中单击 Update Tree Data 按钮，得到除了 J1 以外其他元器件列表，单击 Send 按钮。在图 b 的 NX 环境中，通过图示的 Import Incremental Data 按钮导入新增加的元器件，选择 Accept All Changes 并单击 OK，在 NX 中可以得到

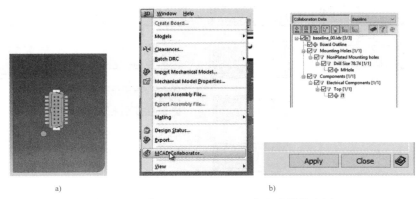

图 11.55　在 Xpendition Layout 中完成器件布局

与 Xpendition Layout 中一致的 3D 板图，同时自动发出响应文件 response.idx，在 Xpendition Layout 的 EDMD 对话框中选择该文件并单击 OK。此时，电子设计和机械设计的数据是完全一致的。

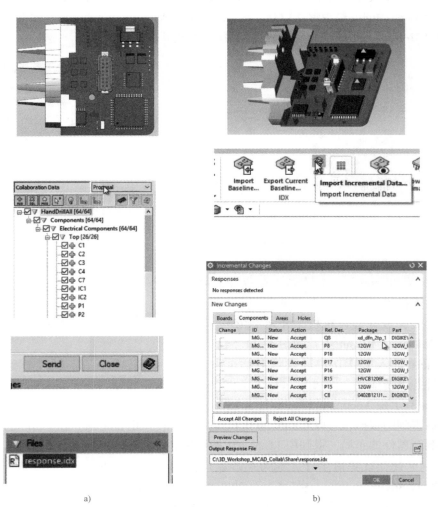

图 11.56　机电设计数据同步

4. 设计端修改

电子设计提出两项修改，机械设计端一项同意，一项拒绝（左侧为电路设计，右侧为机械设计）。

在 Xpedition Layout 端，为了布线或铺铜的需要，电子设计师旋转了右上角的 IC1 芯片，并移动了接插件 J1 的位置，进入 EDMD 对话框，以增量方式发送修改给机械设计端。在 NX 界面，和步骤 3 中的操作相同，但只同意 IC1 的旋转，不同意 J1 的移动。然后自动生成的响应文件 response. idx 到达 Xpedition Layout 的 EDMD 环境中，J1 将回到原来位置，如图 11.57 所示。

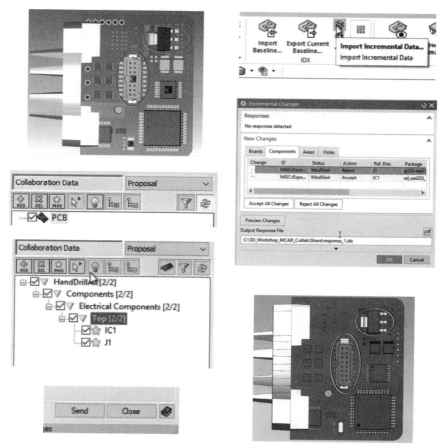

图 11.57 设计端修改

5. 数据端修改

反过来，在设计过程中，NX 也可以发送增量的变化数据给 Xpedition Layout，如板框的修改，安装孔的移动等，电子设计师可以根据自己的情况同意或拒绝这些修改申请，并自动反馈给机械设计师。

11.4.3 小结

通过上面的简单示例，可以得出以下结论：

1）电子和机械两端，增量地发送与对方相关的改动信息，减少了通信数据量，有效帮助对方识别改动，并快速做出判断和响应。

2）通过虚拟样机设计尽早发现机械干涉问题，可以消除印制电路设计和机械外壳因返工而产生的时间和费用成本，从而降低设计成本。

3）EDMD 协作为电子和机械团队提供了一致和连续的沟通渠道，使得设计团队在自己熟悉的系统工作时能够保持同步。

4）EDMD 有利于针对"假设分析"情形实现快速的实时协作以及实时评估，从而为所有人提供即时反馈和消除耗时耗力的重复返工。

5）共同的功能和机械要求团队确保产品质量、可靠性和性能在严格的外形参数约束下获得优化。

11.5 从研发到生产

Mentor 产品解决方案的 Valor 系列将整个电子制造流程数字化，如图 11.58 所示，打破了数据孤岛，从而提供集成的电子设备制造解决方案（PCBA 方案），如图 11.59 所示。

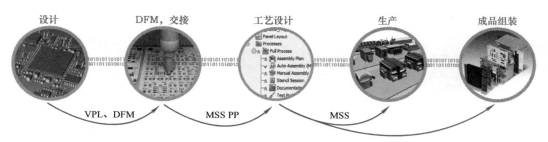

图 11.58　电子制造流程数字化

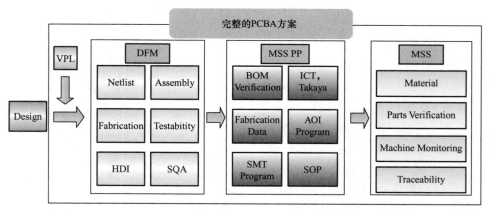

图 11.59　完整的 PCBA 方案

1. DFM（Design for Manufacturing）

可制造性分析解决方案，透过系统化的检查机制，将潜在的问题在制造前先行解决，以达到降低成本、提升质量、缩短时间的目的。DFM 包含以下方面：

（1）Netlist Analyzer　使用实时核对技术去获取实体线路的 Netlist（网表文件），再与来自 CAD 系统的 Netlist 做比对与分析。经过分析后以反映实体线路并过滤成 Opens 或 Shorts 类型，提前在输出 Gerber 光绘文件之前便可避免额外成本。

其分析项目包括以下项目：

☑ **Shorted Nets**　　　　　　☑ **Broken (Open) Nets**
☑ **Extra Nets**　　　　　　　☑ **Missing Nets**
☑ **Extra Net Points**　　　　☑ **Missing Net Points**
☑ **Isolated Plane Points**　☑ **Intentional Shorts**
☑ **Intentional Opens**

（2）Assembly/Testability Analysis　针对电子组装的潜在风险，提前在正式生产前找出制造方面的问题，事先修正，以避免重做、废板等资源浪费。此模块还可检查零件限高干涉的问题，分区域设定限高，避免机构组装的问题；同时，还可分析测试点涵盖率，提供改善的依据。过去必须等到板子洗出来才能知道测试点涵盖率，相当不经济，且修改又要再花时间，也无法确认是否正确，以此模块可大大改善此现象。

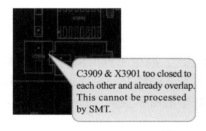
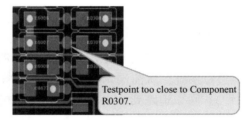

图 11.60　集成/测试分析

其分析包括九大项，共超过 300 个细项：

☑ **Fiducial Analysis**　　　　☑ **Component Analysis**
☑ **Padstack Analysis**　　　　☑ **Testpoint Analysis**
☑ **Solderpaste Analysis**　　☑ **Pin To Pad Analysis**
☑ **Automatic insertion**　　　☑ **Embedded Passives Checks**
☑ **Alternative Parts**

（3）Fabrication Analysis　此分析可提前分析 PCB 的可制造性，提供 PCB 制造厂可立即生产的 Gerber 数据，以避免因来回确认所浪费的时间，以及 PCB 制造厂疏忽所造成的质量问题，如文字重迭，多余的线路和钻孔，过去必须等到制造厂回复才能知道问题，部分有经验的制造厂会进行修改，但不一定会提供修改的项目，此为潜在风险，必须有效避免。

此分析包括八大项，共超过 300 个细项：

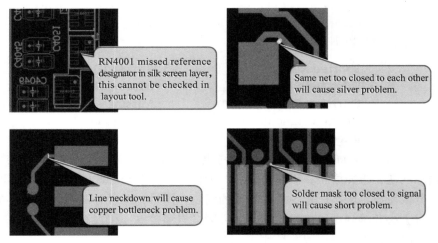

图 11.61　制造分析示意

☑**Drill Checks**　　　　☑**Signal Layers Checks**
☑**Power/Ground Checks**　☑**Solder Mask Checks**
☑**Silk Screen Checks**　☑**Profile Checks**
☑**Backdrill Checks**　　☑**Etching checks**

2. MSS PP

组装线工程解决方案主要处理从设计发布到生产之前的流程，包含 BOM 分析、连板设计、钢板设计、产线优化与平衡程序、测试治具与程序输出、SOP 工作指导书自动化编辑，将过去必须通过七八种工具才能完成的作业在一个整合性的系统中完成，并且大幅缩短作业时间。

3. MSS

利用 ODB＋在生产线和工厂之间无缝移动生产，减少工程时间，提高最终产品质量。生产监控追踪系统，从前端物料管理、防错料系统、SMT Real-time 监控，再到 Traceability（可追踪性），可以追踪到 PCB 级别，让工厂端能够随时掌握到生产信息，实时分析问题并进行处理，目前已获得许多国外制造企业的使用。

4. VPL（Valor Parts Library）

Valor 系列零件数据库为 Mentor 解决方案依据实际零件来建立的数据库，内容与实体是 100％ 吻合，让设计者在实际拿到零件之前，就能知道零件的形状、尺寸、特征点以及各种相关信息（图 11.62），提高设计的正确性。

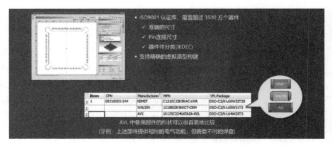

图 11.62　VPL